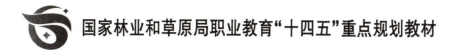
国家林业和草原局职业教育"十四五"重点规划教材

园林工程施工技术

（第 3 版）

陈科东　主编

内容简介

《园林工程施工技术》(第3版)是在第2版的基础上进行了修订与优化,围绕国家生态文明建设及乡村振兴战略与人居环境建设,全面系统地介绍了园林景观工程各要素施工技术过程,着力于工程要素施工程序、施工技术要点、施工问题解决等技能,所编内容收入了编者的许多实际工程施工经验,引入现实园林工程范例,并附有必要的工程范例和参考用表。全书分园林工程施工概述、园林工程施工前期准备、园林工程现场施工放样、园林土方工程施工、园林给排水工程施工、水景工程施工、景石与假山工程施工、园林建筑小品工程施工、园路工程施工、大树移植工程及园林工程现场施工资料整理共11个单元,增补了实用技术工程点点通等,内容更加丰富。

本教材可作为高等职业教育园林工程技术、园林技术专业、风景园林设计或相关专业教材,也可供园林设计、施工单位工程技术管理者及有关岗位人员使用。

图书在版编目(CIP)数据

园林工程施工技术 / 陈科东主编. —3版. —北京:
中国林业出版社, 2022.8(2025.6重印)
国家林业和草原局职业教育"十四五"重点规划教材
ISBN 978-7-5219-1712-3

Ⅰ.①园⋯ Ⅱ.①陈⋯ Ⅲ.①园林-工程施工-高等职业教育-教材 Ⅳ.①TU986.3

中国版本图书馆 CIP 数据核字(2022)第 095895 号

中国林业出版社·教育分社

策划、责任编辑:田 苗

电　话:(010)83143557　　　　传　真:(010)83143516

出版发行　中国林业出版社(100009　北京市西城区刘海胡同7号)
　　　　　E-mail:jiaocaipublic@163.com
　　　　　http://www.forestry.gov.cn/lycb.html
印　刷　北京中科印刷有限公司
版　次　2007年7月第1版(共印6次)
　　　　2016年3月第2版(共印6次)
　　　　2022年8月第3版
印　次　2025年6月第4次印刷
开　本　787mm×1092mm　1/16
印　张　18.25
字　数　462千字(含数字资源32千字)
定　价　58.00元

未经许可,不得以任何方式复制或抄袭本书之部分或全部内容。

版权所有　侵权必究

《园林工程施工技术》（第3版）
编写人员

主　　编　陈科东

副 主 编　刘云峰　石　亮

编写人员（按姓氏拼音排序）

　　　　　　卜卫东（广西生态工程职业技术学院）
　　　　　　陈科东（广西生态工程职业技术学院）
　　　　　　赖九江（江西环境工程职业学院）
　　　　　　林上海（广西生态工程职业技术学院）
　　　　　　刘云峰（广西生态工程职业技术学院）
　　　　　　石　亮（湖北生态工程职业技术学院）
　　　　　　谢　芳（福建林业职业技术学院）
　　　　　　许　娟（安徽林业职业技术学院）

《园林工程施工技术》（第2版）编写人员

主　　编　陈科东

副 主 编　操英南

编写人员（按姓氏拼音排序）

　　卜卫东（广西生态工程职业技术学院）
　　操英南（湖北生态工程职业技术学院）
　　陈科东（广西生态工程职业技术学院）
　　赖九江（江西环境工程职业学院）
　　林上海（广西生态工程职业技术学院）
　　谢　芳（福建林业职业技术学院）
　　许　娟（安徽林业职业技术学院）

《园林工程施工技术》（第1版）编写人员

主　　编　陈科东

编写人员（按姓氏拼音排序）

　　陈科东（广西生态工程职业技术学院）
　　赖九江（江西环境工程职业学院）
　　林上海（广西生态工程职业技术学院）
　　谢　芳（福建林业职业技术学院）
　　许　娟（安徽林业职业技术学院）

第3版前言

本教材是在《园林工程施工技术》(第2版)的基础上根据园林工程的新特点进行修订的。第1版自2007年出版以来共印刷6次，2016年依托园林工程的新要求进行第2版改进完善，补充并更新了部分内容，第2版印刷了6次，在全国范围广泛使用，深受欢迎。

本次修订紧紧围绕国家生态文明建设及乡村振兴战略，针对人居生态环境建设，融合工程施工新技术新做法，配套与园林工程项目匹配的数字资源，突出园林工程的实际施工环境。修订中对部分内容进行了优化提升，增加了"工程点点通"等实用技术内容，融入国家职业技能大赛园艺赛项的基本要点，阐述了园林工程施工元素的专业做法，内容力求切入现实的工程实践，体现当前园林景观工程的特色和方向。

本教材是为解决高等职业教育园林类专业群用书短缺而重点开发的技能型教材，是国家林业和草原局职业教育"十四五"重点规划教材，可作为高等教育中高职高专园林工程技术、园林技术、风景园林设计及相关专业学生学习用书，也可供园林设计、生态景观规划、施工单位工程技术管理人员和其他有关专业技术人员使用。

本教材由广西生态工程职业技术学院陈科东教授主编。编写分工如下：陈科东拟定教材编写大纲并编写单元1、单元2及工程点点通；林上海、卜卫东编写单元3和单元4；赖九江编写单元5和单元6；许娟编写单元7和单元8；谢芳编写单元9与单元10；石亮编写单元11；刘云峰增补了教材中数字资源内容。全书由陈科东教授统稿。

教材编写过程中参考了有关著作和资料，在此向有关作者表示由衷的感谢。在第2版教材使用过程中，部分读者提出了很多好建议，在此一并感谢。

尽管多次修订，但随着园林工程项目更趋向综合，技术要求更高，加上施工材料不断更新，对技术要求更高，本教材所阐述的施工方法在某些特定环境中还存在不足；加之编者所在区域和工程实践经验有限，未能方方面面顾及，疏漏和不妥之处敬请广大读者批评指正。

陈科东
2022年2月

第2版前言

本教材是在《园林工程施工技术》(第1版)的基础上进行修订的。第1版自2007年出版以来,共印刷6次,在全国范围广泛使用。本次修订对部分内容进行了优化,阐述了园林工程各施工要素的专业技术知识,内容力求切入现实的工程实践,体现当代科技成果,贯彻新工程标准和规范。同时,教材各节后附有"知识拓展""实训与思考"和"学习测评",学习起来更为人性化。

本教材是为解决高职高专园林类专业用书短缺而重点开发的技能型教材,可作为高等教育中高职高专园林工程技术、园林技术、风景园林设计及相关专业学生学习用书,也可供园林设计、施工单位工程技术管理人员和其他有关专业技术人员使用。本教材由广西生态工程职业技术学院陈科东任主编。编写分工如下:陈科东编写了本教材大纲并编写第1章、第2章;林上海、卜卫东编写第3章和第4章;赖九江编写第5章和第6章;许娟编写第7章和第8章;谢芳编写第9章和第10章;操英南编写第11章。全书由陈科东统稿。

教材编写过程中参考了有关著作和资料,在此向有关作者表示由衷的感谢。

本教材在如何更有效地解决园林工程施工技术在特定施工环境中的应用方面仍感不足,加之编者水平所限,时间仓促,疏漏和不妥之处在所难免,敬请广大读者批评指正。

陈科东
2015年10月

第1版前言

随着人们对生态环境与人居环境的要求越来越高,社会对高等园林工程技术施工人才的需求在不断增加,园林工程施工技术在传承我国传统园林工程技术的基础上,根据不同的设计与施工环境,如城市公园、农业观光园、主题游乐园、森林公园、自然风景区等的需要,工程施工技术变得更为复杂和综合。为了适应这种全方位工程施工技术及我国高等职业技术教育发展,培养具有高素质、复合型的高级专门技术人才,我们编写了《园林工程施工技术》这本教材。

为了保证本教材的编写质量,参编人员对教材编写大纲进行了认真细致的研究和讨论,经有关专家多次论证酌定,再选定相关院校的专业教师编写。在编写过程中,力求突出工程施工特色,做到概念简要,图表实用,内容新颖,并收纳最新的工程技术。

本教材阐述了园林工程各施工要素的专业技术知识,内容力求切入现实的工程实践,体现当代科技成果,贯彻最新工程标准和规范。同时,全书各节后附有"友情提示"和"实训与思考",学习起来更为人性化。

本教材由广西生态工程职业技术学院陈科东任主编。其中陈科东编写了本教材编写提纲并编写第1章、第2章、第11章;福建林业职业技术学院谢芳编写第9章和第10章;江西环境工程职业技术学院赖九江编写第5章和第6章;安徽林业职业技术学院许娟编写第7章和第8章;广西生态工程职业技术学院林上海编写第3章和第4章。全书由陈科东统稿。

在教材编写过程中,参考了有关著作和资料,在此向有关作者表示由衷的感谢。

本教材在如何更有效地解决园林工程施工技术在特定施工环境中的应用方面仍感不足,加之编者水平所限,时间仓促,疏漏和不妥之处在所难免,敬请广大读者批评指正。

陈科东

2006 年 11 月

目录

第 3 版前言
第 2 版前言
第 1 版前言

单元 1　园林工程施工概述 ……………………………………………………………… 1

1.1　园林工程概述 …………………………………………………………………… 1
1.1.1　园林工程的概念及其特点 ……………………………………………… 1
1.1.2　园林工程的发展 ………………………………………………………… 4
1.1.3　园林工程的主要内容 …………………………………………………… 6

1.2　园林工程施工管理概述 ………………………………………………………… 9
1.2.1　园林绿化建设程序 ……………………………………………………… 9
1.2.2　园林工程施工管理的概念和特点 ……………………………………… 10
1.2.3　园林工程施工的内容与应用范畴 ……………………………………… 10
1.2.4　园林工程施工管理的新趋势与新要求 ………………………………… 11

单元 2　园林工程施工前期准备 …………………………………………………………… 17

2.1　园林工程施工前准备工作特点和要求 ………………………………………… 17
2.1.1　工程施工前准备工作的特点 …………………………………………… 17
2.1.2　工程施工前准备工作的要求 …………………………………………… 18
2.1.3　工程施工前准备工作应注意的问题 …………………………………… 19

2.2　园林工程施工前准备工作 ……………………………………………………… 20
2.2.1　技术资料准备 …………………………………………………………… 20
2.2.2　施工人员准备 …………………………………………………………… 20
2.2.3　施工材料准备 …………………………………………………………… 21
2.2.4　施工机械设备准备 ……………………………………………………… 21
2.2.5　施工安全准备 …………………………………………………………… 21

2.3　园林工程现场施工准备工作 …………………………………………………… 22
2.3.1　施工现场清理 …………………………………………………………… 22
2.3.2　临时设施准备 …………………………………………………………… 22

单元 3　园林工程现场施工放样 ········· 26

3.1　施工放样概述 ········· 26
3.1.1　施工放样技术要求 ········· 27
3.1.2　施工放样常用的基本方法 ········· 27
3.1.3　现场施工放样常见问题 ········· 29

3.2　各类园林要素施工放样具体做法 ········· 29
3.2.1　湖池、堆山土方施工放样 ········· 29
3.2.2　园路施工放样 ········· 31
3.2.3　园林建筑小品施工放样 ········· 33
3.2.4　喷灌系统安装放样 ········· 37
3.2.5　园林照明系统安装放样 ········· 39
3.2.6　绿化种植施工放样 ········· 39

单元 4　园林土方工程施工 ········· 45

4.1　土方施工概述 ········· 46
4.1.1　土方施工的特点 ········· 46
4.1.2　影响土方施工进度的主要因素 ········· 47

4.2　土方施工技术 ········· 49
4.2.1　土方施工一般程序 ········· 49
4.2.2　人工挖方技术要点 ········· 51
4.2.3　机械挖方技术要点 ········· 53
4.2.4　土方的运输与夯压 ········· 57
4.2.5　常见土方施工机械 ········· 60
4.2.6　不良条件下的土方施工技术要点 ········· 62

单元 5　园林给排水工程施工 ········· 76

5.1　给水工程施工 ········· 76
5.1.1　给水管网的安装施工 ········· 76
5.1.2　园林喷灌系统施工 ········· 80
5.1.3　喷灌系统的日常养护 ········· 87

5.2　排水工程施工 ········· 87
5.2.1　排水的常用方式及应用环境 ········· 87
5.2.2　排水设计技术要点 ········· 88
5.2.3　排水管线工程施工技术 ········· 95

单元6　水景工程施工 …… 104

6.1　湖池工程施工 …… 104
6.1.1　施工流程 …… 104
6.1.2　施工方法 …… 104
6.1.3　湖池配套工程施工 …… 107
6.1.4　施工注意问题与成品保护 …… 113

6.2　人工瀑布施工 …… 114
6.2.1　施工流程 …… 114
6.2.2　施工方法 …… 114
6.2.3　管线安装要点 …… 115
6.2.4　施工中容易产生的问题与解决方法 …… 116
6.2.5　成品保护与日常养护管理 …… 116

6.3　人工清溪施工 …… 116
6.3.1　施工流程 …… 116
6.3.2　施工方法 …… 116
6.3.3　施工常见问题及其处理 …… 118
6.3.4　成品保护 …… 118
6.3.5　清溪施工实例 …… 119

6.4　喷泉工程施工 …… 122
6.4.1　喷泉施工流程 …… 122
6.4.2　施工要点 …… 122
6.4.3　喷泉管线布置基本要求 …… 122
6.4.4　管线安装技术与试喷 …… 123
6.4.5　喷泉施工实例 …… 124
6.4.6　喷泉的日常管理 …… 126

6.5　临时水景施工 …… 126
6.5.1　施工流程 …… 126
6.5.2　施工方法 …… 127
6.5.3　施工常用材料 …… 127
6.5.4　成品保护 …… 127
6.5.5　施工实例 …… 128

单元7　景石与假山工程施工 …… 137

7.1　假山概述 …… 137
7.1.1　假山的概念 …… 137

	7.1.2 假山的作用	137
	7.1.3 假山的分类	138
	7.1.4 假山材料	138
7.2	景石工程施工	140
	7.2.1 景石组景手法	140
	7.2.2 施工设备与施工材料	143
	7.2.3 施工流程	144
	7.2.4 施工要点及注意事项	145
	7.2.5 成品保护	146
7.3	假山工程施工	146
	7.3.1 假山施工工具、机械及常用构件	146
	7.3.2 假山布置技巧	149
	7.3.3 假山基本施工结构	151
	7.3.4 假山施工技法	158
7.4	园林塑石、塑山施工	162
	7.4.1 常见塑石、塑山的种类和应用	162
	7.4.2 塑石、塑山的施工方法	163

单元 8　园林建筑小品工程施工 … 169

8.1	景亭施工	169
	8.1.1 景亭的施工程序	169
	8.1.2 景亭的施工结构	170
	8.1.3 景亭的施工方法	170
	8.1.4 施工注意事项	178
8.2	景桥施工	178
	8.2.1 景桥的基本构造	178
	8.2.2 景桥的施工流程及施工方法	179
	8.2.3 注意问题及成品保护	184
8.3	花架施工	185
	8.3.1 花架的基本构造	186
	8.3.2 花架的分类	187
	8.3.3 施工流程及施工方法	187
8.4	园凳施工	189
	8.4.1 园凳在园林中应用	189
	8.4.2 园凳常用施工材料	189
	8.4.3 园凳施工中一些技术要求	190

　　　　8.4.4　施工流程及施工方法 …………………………………………… 190

单元 9　园路工程施工 …………………………………………………………… 195

9.1　园路概述 …………………………………………………………………… 195
　　9.1.1　园路布置一般要求 ………………………………………………… 196
　　9.1.2　园路的功能 ………………………………………………………… 196
　　9.1.3　园路的类型 ………………………………………………………… 198
　　9.1.4　园路的布局手法 …………………………………………………… 203

9.2　园路施工方法 ……………………………………………………………… 208
　　9.2.1　施工流程 …………………………………………………………… 208
　　9.2.2　常见园路施工 ……………………………………………………… 214
　　9.2.3　不良路基园路施工方法 …………………………………………… 226
　　9.2.4　路缘及道牙石铺设 ………………………………………………… 227
　　9.2.5　台阶与坡道铺装 …………………………………………………… 227

9.3　路面倾斜要求与常见施工结构 …………………………………………… 228
　　9.3.1　路面倾斜要求 ……………………………………………………… 228
　　9.3.2　园路施工结构图示例 ……………………………………………… 229

单元 10　大树移植工程 ………………………………………………………… 236

10.1　大树移植概述 …………………………………………………………… 236
　　10.1.1　大树移植基本特点 ……………………………………………… 237
　　10.1.2　移植前准备工作 ………………………………………………… 237

10.2　大树移植技术 …………………………………………………………… 239
　　10.2.1　大树移植季节 …………………………………………………… 239
　　10.2.2　大树移植方法 …………………………………………………… 239
　　10.2.3　大树移植后的养护管理 ………………………………………… 244
　　10.2.4　大树移植注意事项 ……………………………………………… 247
　　10.2.5　大树移植其他技术问题 ………………………………………… 249

单元 11　园林工程现场施工资料整理 ………………………………………… 256

11.1　现场施工资料的种类 …………………………………………………… 256
　　11.1.1　现场施工资料收集的意义 ……………………………………… 256
　　11.1.2　现场施工常见资料种类 ………………………………………… 257
　　11.1.3　现场施工资料收集、整理的要求 ……………………………… 258

11.2　现场施工资料整理的方法 ……………………………………………… 258
　　11.2.1　施工现场签单程序与要求 ……………………………………… 258

11.2.2 现场施工资料整理、建档的方法 …………………………………… 260
11.2.3 工程施工资料移交 …………………………………………………… 260
11.2.4 现场施工资料常用表格 ……………………………………………… 261

参考文献 ………………………………………………………………………… 275

单元 1　园林工程施工概述

学习目标

【知识目标】
(1) 熟悉园林工程主要内容与特点；
(2) 了解园林工程施工管理概念、内容与要求。

【技能目标】
(1) 能结合具体项目熟悉工程内容及应用范围；
(2) 能通过工程组织了解施工管理的技术走向。

【素质目标】
(1) 具备园林工程实践意识及运作素养；
(2) 培养工程职业意识与不怕艰苦的劳动工作态度。

园林是在一定的地域内运用工程技术手段和造园艺术手法，通过改造地形、种植树木花草、营造建筑和布置园路等途径建成的具备一定审美意义的游憩境域。要最终成就这种舒适的游憩境域，必须经历工程实施过程，这一过程涉及地形、植物、建筑、园路及相关的配套设施，如供电供水、设备维护等，因此园林工程不单单是某种工程技艺，更是各种工程技术手段的综合。本单元主要针对园林工程的基本特点、基本要求、基本内容及实施过程做简要介绍。

1.1　园林工程概述

当前，园林工程的含义和范围已经有了全新的拓展。它是集建筑、掇山、理水、铺地、绿化、供电、排水等为一体的大型综合性景观工程。这一系统工程重点是如何应用工程技术的手段来塑造园林艺术形象，使地面上的各种人工构筑物与园林景观融为一体，以可持续发展观构筑城乡生态环境体系，为人们创建舒适、优美的休闲、游憩和生活空间。

1.1.1　园林工程的概念及其特点

1.1.1.1　园林工程的概念

园林建设离不开园林工程。从广义上说，园林工程是综合的景观建设工程，是由项目起始至设计、施工及后期养护的全过程。这是因为现代园林景观工程是一项工艺比较复杂、技术要求很高、施工协作关系较多，且与之相关的技术规范及标准更是不能被忽视的工作。但在实际的操作过程中，在工程操作程序和技术要求的层面上，高职教育往往又将它分立成多门课程，即园林设计、园林工程招投标、园林工程及园林工程施工管理等。这种分立使专业更有针对性，更利于教学组织，但同时也人为地将系统的园林工程单项化。因此，在理解园林工程这一概念时，不应只关注传统的含义，更要重视其系统全局的特点。

狭义的园林工程，是把园林工程视为基于工程手段和艺术方法，通过对园林各个设计要素的现场施工使其成为特定优美景观区域的过程，即在特定范围内，通过人工手段（艺术的或技艺的）将园林的多个设计要素（也可称施工要素）进行工程处理，以使建园地达到一定的审美要求，形成一定的艺术氛围。这一工程实施过程就是园林工程。此概念是园林工程的基本含义，重点解决园林工程要素施工问题，其中心内容是如何在最大限度发挥园林景观功能的前提下，解决建设中的工程设施、构筑物与园林景观各要素间相互关系的问题。从这一意义看，其基本点不是如何对平面图上设计要素进行处理，而是通过理解设计思想，对其设计要素在现场进行合理组织与施工。所以园林工程是实践性的、是现场的，是直接利用各种施工材料，运用各种施工技术和管理方法来完成的一个再创作的过程。

再从园林这个层面上分析园林工程，要最终成就审美意义的游憩境域，必须经历工程实施过程，这一过程涉及地形、植物、建筑、园路及相关的配套设施，如供电供水、设备维护等。因此，园林工程不单单是某种工程技艺，更是各种工程技术手段的综合。

从园林工程施工环境角度看，园林工程施工环境与园林工程设计环境有着密切联系。园林设计环境涉及面广，从类型上常见的有：城市公园、郊野公园、广场、庭园、楼盘、厂区校园、街边花园、屋顶花园、风景名胜区、森林公园、生态农业观光园、主题游乐园、乡村古寨、农家乐等。因此，从工程施工技术视角分析也必须与设计类型一致，根据设计环境因地制宜采取工程措施，以保证项目施工质量与园林艺术性。

1.1.1.2 园林工程的特点

园林工程实际上包含了一定的工程技术和艺术创造，是地形地物、树木花草、建筑小品、道路铺装等造园要素在特定地域内的艺术体现。因此，园林工程与其他工程相比有其鲜明的特点。

(1) 园林工程的艺术性

园林工程是一种综合景观工程，它不是一般性的工程技艺，而是一门艺术工程，它涉及诸多艺术，如建筑艺术、雕塑艺术、造型艺术、文学艺术等。园林要素都是相互统一、相互依存的，共同展示园林特有的景观艺术。例如，瀑布水景就要求其落水的姿态、配光、背景植物及欣赏空间相互烘托。植物景观也是一样，要通过色彩、外形、层次、疏密等视觉来体现。园路铺装则需充分体现平面空间变化的美感，使其在划分平面空间时不只是发挥交通功能。

分析园林工程的艺术性应注意园林绿化与园林艺术两者的区别。园林绿化是广泛的概念，一般指的园林绿化达不到园林艺术的要求，在一定场地上种植植物建成绿地，就可称为园林绿化；但园林艺术不同，建设成的绿地有艺术性，一山一池、一亭一桥、一坊一榭、片草片树……都有特别的审美要求，需要精心布局，体现园林特有的艺术韵味。园林艺术是带有灵性的大地艺术品。

(2) 园林工程的技术性

园林工程是一门技术性很强的综合性工程，它涉及土建施工技术、园路铺装技术、苗木种植技术、假山叠造技术以及装饰装修、油漆彩绘等诸多技术。

(3) 园林工程的综合性

园林作为综合艺术，在进行园林施工时，所要求的技术无疑是复杂的，加之园林工程日趋大型化，协同作业、多方配合更为突出（图1-1），新材料、新技术、新工艺、新方法的广泛应用，园林各要素的施工更是

图1-1 工程施工需要各方面协同作业

技术的综合。随着施工材料的多样化，选择性加强，施工方式、施工方法也相互渗透，单一的技术应用难以满足现代园林工程的需要。

(4) 园林工程的时空性

园林实际是一种五维艺术（3D+T+E，即三维空间3D，时间维T与情感维E），除了其空间特性，还有时间上的要求以及造园人的思想情感。园林工程的空间性是因其特定的地域而表现的迥异形式，作品是现实的、非图纸的，因此在建设时要重点表现各要素在三维空间中的景观艺术性。园林工程的时间性，则主要体现在植物景观上，即常说的生物性。植物作为园林造景最重要的因子，其种类繁多、品种多样，要求生境各异，因此在造园时必须按各自的生境要求科学配置。

(5) 园林工程的安全性

"安全第一，景观第二"是园林工程的基本原则。这是由于园林作品是给人观赏体验的，是与人直接接触的，若工程中某些施工要素存在安全隐患，其后果不堪设想。在提倡以人为本的今天，重视园林工程的安全性是园林从业者必备的素质。因此，工程项目在设计阶段就应关注安全性设计，并把安全要求贯彻于整个项目施工之中。对园林景观建设中的景石假山、水景驳岸、供电防火、设备安装、大树移植、建筑结构、索道滑道等须倍加注意。

(6) 园林工程的后续性

主要表现在两个方面：一是园林工程各施工要素有着极强的工序性。例如，园路工程、栽植工程、塑山工程，各工序间要很好地衔接，应做好前道工序的检查验收工作，以便于后续作业的进行。二是园林作品不是一朝一夕就可以完全体现景观设计的最终理念的，必须经过较长时间才能展示其设计效果。因此，项目施工结束并不能说明作品已经完成。

(7) 园林工程的体验性

园林工程的体验特点，是时代性要求，是欣赏主体——人的心理美感要求，是现代园林工程以人为本最直接的体现。人的体验是一种特有的心理活动，实质上是将人融于园林作品之中，通过自身的体验得到全面的心理感受，这种审美追求给园林工作者提出了很高

的要求。园林工程正是给人们提供这种心理感受的场所，这就要求园林各个要素都尽量做到完美无缺。

分析园林工程的特点，还应重视施工技术、施工材料、施工方法的选用。工程施工中选择合理的施工方法与施工技术体现了从业者驾驭工程的能力，也是完成项目施工的具体保证。我们常说必须在现场施工组织中注重技术管理，加强质量监督，确保安全施工，提高施工效率。要达到这些目标，在进行项目设计，特别是施工设计时，就要对施工各环节进行技术性限定，并在施工方案或施工组织设计中加以优化，而不是到现场施工时才醒悟过来。

(8) 园林工程的时代性

现代生态园林特征之一就是融合国家关于人居环境建构的时代政策，将生态文明建设和乡村振兴融合起来，以环境生态学、人居美学等指导园林景观设计。园林工程应从材料选用、施工方式选择、成品保护等方面多思考，运用生态营造技术突出园林景观的时代特质。比如，在乡村环境建设中要选择适应乡村的树种，可多用果树及竹材；而在城郊接合部的生态型公园，可运用生物多样性理念建园，选择湿地植物及色叶树种，打造丰富的园林景观。铺地材料方面，应根据场地采用多类型铺装方法，结合地形设计排水，融入生态文化符号。

1.1.2 园林工程的发展

园林工程的发展与我国园林的发展是同步的，在吸收我国古典园林基本做法的基础上不断创新实践，发展至今天已成为综合的景观工程。我国传统园林中地形处理方法、理水掇山手法、园路设计技术、各类建筑小品选择与景观设计无不表现到了极致，成为后人学习与发扬的造园艺术。

我国有五千年的文明史，中国园林文化源远流长、独具风格，在长期的发展过程中积累了丰富的理论与实践经验。这些由历代的园林匠师和手工艺人在数千年的园林建设实践中总结出的精辟理论与经验，不仅是中国人民的宝贵财富，同时也是世界园林艺术的瑰宝。

皇家园林、私家园林、寺观园林是中国古典园林的三大类型。根据文献记载，早在商周时期我们的先人就已经开始利用自然的山泽、泉瀑、树木、鸟兽进行初期的造园活动。最初的形式是"囿"。囿是指在圈定的范围内让草木和鸟兽生活繁育，此外，还挖池筑台，供帝王、贵族们狩猎与享乐。早在公元前11世纪，周武王就建有"灵囿"。

春秋战国时期的园林已经有了成组的风景，出现了人工造山。当时在囿中将土壤堆筑成高台。最为有名的是春秋时吴王夫差在今江苏灵岩山所建姑苏台与宫馆。吴王夫差在灵岩山十里尽作苑囿，有记载："三年乃成，周环诘屈，横亘五里。崇饰土木，殚耗人力。宫妓千人，又别立春宵宫。为长夜之饮。"可见，此时自然山水园已开始萌芽，而且在园林中构亭营桥，种植花木。园林的组成要素已具备，不再是简单的囿了。

秦汉时期的山水宫苑则发展成为大规模挖湖堆山的土方工程，并形成了"一池三山"的传统模式，同时在水系疏导、铺地、种植工程等方面都有了相应的发展。当时，秦始皇大兴土木，八百里秦川到处是宫廷建筑群。据《史记》："东西八百里，南北四百里，离宫别馆相望属。"可见规模之宏大，宫廷建筑之盛。秦代所建上林苑中离宫别馆与城内宫殿，一直认为是汉代宫廷园囿的基础，汉初许多宫廷园囿都据此改造而成。如汉武帝时的建章宫，就是其代表。在该宫的西北向筑太液池，池中有蓬莱、方丈、瀛洲三岛，后称"三山"，是仿神话传说中海中仙山而造，开创我国传统造园"一池三山"的人工山水布局先河。

唐代进入了园林的全盛时期，各种水系、水景工程以及种植工程与园林艺术紧密结合，融为一体。唐代造园思想、艺术、水准、谋篇、布局等不仅全面继承了历代造园的优秀传统，而且有所创新和发展，对后来的造园影响巨大。北宋的造园艺术又有了新的突破，以改造地形，富于诗情画意的规划设计为主，写意山水成为显著特色。如当时人工营建的艮岳寿山就是规模宏大的山水园林。全园以山水为骨干，寿山为构图中心，水来自景龙江，并在园内创造出河、湖、沼、溪、涧、瀑、潭等多种水景。该园的假山规模和掇山技艺都是前所未有的，由此形成的假山工艺开创了中国传统造园艺术的先河。

明清时期的造园已达到了登峰造极的地步。以北京的颐和园为例，其结合城市水系和蓄水功能，将原有与万寿山不相称的小水面扩展为山水相映的昆明湖，水系和园林景观融为一体，达到"虽由人作，宛自天开"的境界。又如江南私家园林中的扬州个园，园内"四季假山"的设计手法独具匠心。假山采用分峰立石的做法，结合合理的植物配置，形成了寓意鲜明的四季景观：春景为石笋与竹子，象征"雨后春笋"；夏景以太湖石与青松相配，通过山石、池水的调和映衬产生夏日清爽凉意；秋景则用黄石与柏树，利用黄石在光照下的色彩变化映射金秋时节；冬景通过宣石和梅花的搭配象征冬意浓浓。可见该园的掇山耐人寻味，颇具特色。因此，明清时期的园林建筑不论是皇家园林还是私家园林，形成了两大鲜明的个性，即皇家园林规模宏大，以建筑统领全局；私家园林小中见大，形成优美的自然山水意境。但在叠山理水以及亭台楼阁的构筑、空间尺度的控制上均具有异曲同工之妙。

中国的古代园林不仅积累了丰富的实践经验，同时也总结出了不少的精辟理论，如北宋沈括的《梦溪笔谈》、宋代的《营造法式》、明代文震亨的《长物志》、明代计成的《园冶》及徐霞客的《徐霞客游记》、清代沈复的《浮生六记》等。

现代园林工程吸取了传统园林造园经验，其重要方面是生态园林。生态园林是生态文明建设的核心要素，其特质是更关注优美人居环境的建构，突出生态居住环境的人性化。由此，各地正在全力推进的生态乡村、美丽乡村建设也就与城镇化建设搭接，成为当前生态园林建设的重要内容之一。

从施工方面看，建筑业的发展带动了建筑中各种技术的发展，特别是施工材料、施工技术、施工机具等得到了全新发展，从多方面优化提升工程施工。园林工程属于景观技术工程，它涉及多个学科领域，在施工技术上尤其与建筑学密不可分。建筑施工中许多工程技术、施工材料、施工组织过程与园林工程施工要求是一致的。比如，建筑施工材料，贴面砖、墙砖、青砖、花岗岩、大理石等都已应用于园林之中；又如，园林中的大树移植、大型景石吊装、大型塑山工程等均应用建筑中的施工机械与施工方法，正是由于建筑学的发展，使园林工程施工技术得到了全新的优化，施工速度更快，也大大提升了施工质量。

除建筑施工技术外，其他学科也在发展并融入园林工程，比较明显的如配光技术。园林工程中的喷泉工程、瀑布工程、假山工程、行道树景观工程等都要进行配光设计，这种设计需要特别的艺术处理，这不单是供电配线问题，更重要的是光的景观设计问题。光电工程的发展，灯饰不断变化，使园林景观中通过灯光处理而营造空间艺术的佳例层出不穷。

园林要素在特定空间的表现需要多元素组合来营造，小到一个组景，大到都市景观，要素的展示通过和谐的组合才能突出特色与景观水准。桂林"两江四湖"工程之所以成功，就在于其大规模都市水景框架的构思，而水景的构思又是与配光分不开的，榕湖、杉湖通过树下隐约朦胧的配光来营造都市的夜景，木龙湖、桂湖则减少光源，以平远赏景来配置，从远观极具景深，突出了两湖的特色；杉湖由于有"日月双塔"，在配光上还得调和高处，结合周边主要建筑景观加大了灯光力度，使两座塔之光与树下光相映互补，层次丰富，很有韵味。上述两例只是说明材料的发展、技术的进步促进了园林工程技术的改进。强调新技术的应用不是淡化对传统工程技术的吸收。掇山理水，驳岸护坡，嵌花路面、青砖路面施工等传统工程施工技术还有很好的应用。某些特殊的环境处理，如园路技术中的"彩云追月""十二生肖""传说典故"等采用传统做法更有意味。从这个层面讲，吸收也是为了发展。

1.1.3 园林工程的主要内容

园林工程的内容是随着园林建设事业的发展而不断拓展的，现代园林景观工程已是综合性、整体性的工程，因此园林工程所涉及的内容也在扩充。为了全面了解和熟悉园林工程的内容，可将其分为三大部分：园林项目操作与管理部分、园林工程技术要素部分和园林工程施工组织部分（表 1-1）。

表 1-1 园林工程的主要内容

序号	工程类别	包含因子	主要内容
1	项目操作与管理	1. 项目调查与可行性报告 2. 计划任务书（项目任务书） 3. 工程招标与投标 4. 工程承包合同	重点在于园林工程项目的前期实施与管理，通过项目调查，编订可行性报告、计划任务书，经过工程的招投标，签订工程承包合同，承包方取得项目的实施权
2	工程技术要素	1. 园林地形景观设计 2. 土方工程 3. 给排水工程 4. 园路工程 5. 水景工程 6. 景石与假山工程 7. 园林建筑小品工程 8. 栽植工程 9. 园林配套工程 10. 文化符号工程	这是园林工程的主要部分，是工程的单体技术要素，工程的切入点及工程经验更多以此为基础。实质上是对园林几个设计要素施工技术的详述
3	施工组织管理	1. 施工组织设计或施工方案 2. 施工准备工作 3. 现场施工组织 4. 工程现场监理 5. 工程竣工验收	主要内容是园林工程施工的组织方法和管理措施，施工方案或施工组织设计编制，工程竣工技术方法。实际上要解决项目现场施工的操作问题

由于工程分工的需要，本教材详述园林工程概况、项目操作、工程技术要素、施工组织及工程验收等内容。

（1）土方工程

土方工程主要包括园林地形处理、土方计算和土方施工三方面内容。地形处理也称地形设计，其目的是造园空间中造园各要素在竖向上的合理高程问题，合理的地形设计有助于其他造园因子的景观塑造。地形处理的方法有等高线法、断面法和模型法几种。等高线法是表示地形的基本方法，它有4种主要应用：陡坡变缓坡或缓坡变陡坡、平垫沟谷与削平山脊、场地平整、道路设计。断面法是用诸多断面来表达设计地形及原地形状况的方法，该法表示了地形按比例在纵向与横向的变化，能较好地表现地形在立面上的景观效果。但由于其量度性差，不能很好展现地形的全貌，因此一般只作为设计的辅助手段。

模型法不同于等高线法与断面法，它是通过现实的制作材料将设计地形立体形象地表达出来，具有空间立体感，适于对设计方案的评价。在假山工程、建筑小品工程等较专业性的施工时也往往先制作模型，后施工。

土方计算的方法较多，目前园林工程应用的方法主要有3种：快速计算法、断面法及方格网法。土方施工应做好施工前准备工作，分析施工现场条件，制定出特殊施工条件下施工措施与方法。土方施工实际是挖、运、填、压、修5个工序的综合，与之相应的是这些环节的施工方法——人工施工或是机械施工。施工中应重视影响施工进度、施工质量、施工安全的因素，并适时做好施工调度工作。

（2）基础工程

基础垫层工程、砌筑工程、混凝土及钢筋混凝土工程、地面工程、抹灰工程等归纳为基础工程。这些工程常见于给水排水、供电、建筑小品、假山景石、园路广场、水景等景观中，属于基础性构筑工程。

（3）给排水工程

给排水工程是园林绿地的一个组成部分，在园林绿化建设中占有很重要的地位，包括给水工程和排水工程。为了满足各用水点在水质、水量和水压三方面的要求，需要设置一系列的构筑物，从水源取水，然后将水送至各用水点等一系列的工程设施即称为给水工程。排水工程则是指收集、输送、处理污水或雨水的工程设施。

（4）园路工程

园路是贯穿全园的交通网络，是联系若干个景区和景点的纽带，是组成园林风景的要素，并为游人提供活动和休息的场所。它在交通引导、划分组织空间等方面有很好的作用。园路多按面层铺装材料分类，常见有整体路面、块料路面、碎料路面及特殊路面。施工结构上一般分为路基、垫层、基础、结合层、胶黏层及面层。就施工速度看，有快速施工及传统施工等多种。

园路施工在园林工程中占有重要地位，施工重点在于控制好施工面高程，并注意与园林其他设施在高程上相协调。施工中要注意基层的稳定性，面层的景观性及园路的整体艺术性，其施工工艺流程为：施工放线→路基开挖→基层施工→结合层施工→路牙石施工→面层施工→洒水保养。

(5) 水景工程

掇山理水是中国古代园林中最主要的造园手法之一,水景与山景合称为山水。水景工程是指园林工程中与水景相关的工程总称,所涉及的内容有水体种类、各种水景形式、驳岸与护坡以及喷泉等。

(6) 景石与假山工程

景石与假山是中国传统园林的重要组成部分。假山是以游览为主要目的进行造景,以自然山水为蓝本,经艺术提炼,概括、夸张地形成模拟山系,以自然山石为主要材料人工再造的山景或山水景物的统称。按假山的堆积材料的差异分为石山、石包土和土包石3种。假山从结构上讲究层次变化,其基础层、拉底层、中层及收顶均有较严格的技术要求。

景石则是以具有一定观赏价值的自然山石,进行独立造景或作为配景布置,主要表现山石的个体美,不具备完整山形的山石景物。景石布置手法灵活,多面可观,体量别致,在现代园林中得到广泛应用。景石按布置方式的不同分为特置、对置、散置、群置等。

由于自然景石资源有限,加之对自然景观资源保护越来越受重视,于是在工程施工中开始流行园林塑石塑山。这种人造景石是采用石灰、砖、水泥、玻璃纤维等非石质材料经人工塑造而成的,常见的有砖骨架和钢骨架两大类。近年来因新材料、新工艺的应用,又出现了诸如玻璃纤维强化塑胶(fiber glass reinforced plastics,FRP)、玻璃纤维强化水泥(glass fiber reinforced cement,GRC)、碳纤维增强混凝土(carbon fiber reinforced cement or concrete,CFRC)等多种新型塑山塑石材料。这些新材料结构性好、强度高、耐高温、质地轻,同时可工厂化生产,因此得到了很好的应用。

图1-2 用真石漆做面层修饰的花架

(7) 园林建筑小品工程

园林建筑小品相对于一般性建筑工程而言有着园林自身的特色,除要求符合市政工程技术规范外,必须满足一定的功能及景观要求,符合人的心理生理需求,保证人体尺度。常见的园林建筑小品有亭、台、楼、榭、桥、廊、塔、舫、花架等。材料上除了沿用传统的砖、石、木、钢等以外,还开发了诸如真石漆等面层材料,图1-2是用真石漆做面层修饰的花架,在使用效果上与真实石材相差无几,有省时、省工、省成本等优点,而且避免了施工时对材料的切割所产生的粉尘、噪声污染等。

(8) 栽植工程

目前园林工程中栽植工程占有重要地位,这是由于植物是环境绿化的主体,是造园的主要手段,是形成园林景观的关键因子。栽植工程一般包括乔灌木栽植、铺地植物种植、花坛施工、草坪建植及其后期养护等内容。因为园林植物种类多,树形大小不同,习性差异较大,园址生境也不一样,在种植施工时一定要分析建园地的立地条件,很好地选择绿化植物,要以"适生第一,合理引种,生态环保"为原则,以保证绿地的科学性和实用性效果。

(9) 园林配套工程

园林中许多景观建设都需要相应的配套工程作为条件,比较突出的有给水工程中的喷灌系统,水景工程中的喷泉、瀑布,园路工程中的照明系统。这些景观工程中涉及两种配套设施,即供电与管线。园林供电一般可分地上供电和水下供电两种,前者以园路、广场配光为主,后者以喷泉、瀑布配光为主。无论哪种配光,都是以安全、节能、美观为原则。

管线多应用于给水排水、水景建造、供电配光等工程中,多为地下隐蔽工程。因此,管线施工要特别注意施工材料质量、管线埋深、管线连接、管线调试及施工中间检查,只有检查测试合格后才能进入下道工序。

如果设计或施工环境是农业生态观光园、生态农家乐等较大规模的场地,园林配套工程中还涉及保护性工程(如挡土墙、生态防护沟、直壁护坡等)、电信线路工程、特殊游憩地(自行车道、磴山道、自驾营地等)工程。

(10) 园林文化符号工程

园林工程从整体内容看有三个方面,即自然生态要素、人工工程要素及人文历史要素。在实际工程设计施工中对人工工程要素关注度高,而对人文历史元素重视不足,因此在工程中投入精力不够,运用技法也不丰富,文化的可视性表现不突出等。要加强园林文化符号的表现及施工,如在风景标识工程中要应用适合的材料,减少玻璃、钢材及塑料的使用,多用仿木、石材等材料;园路工程中要结合道路情况多融入文化要素,在平面、立面进行创作,提升路面的品格与底蕴。

1.2 园林工程施工管理概述

1.2.1 园林绿化建设程序

园林绿化建设是城市基本建设的重要组成部分,因而常被列入基本建设之中,并按照基本建设程序进行。基本建设程序是指某个建设项目在整个建设过程中各阶段、各步骤应遵循的先后顺序。要求建设工程先勘察、规划、设计,后施工;杜绝边勘察、边设计、边施工的现象。根据这一要求,园林绿化建设程序的要点是:对拟建项目进行可行性研究,编制设计任务书,确定建设地点和规模,开展设计工作,报批基本建设计划,进行施工前准备,组织工程施工及工程竣工验收等。归纳起来一般包括计划、设计、施工和竣工验收4个阶段。

(1) 计划

计划是对拟建项目进行调查、论证、决策,确定建设地点和规模,写出项目可行性报告,编制计划任务书,报主管部门论证审核,送当地发改委或建设主管部门审批,经批准后才能纳入正式的年度建设计划。因此,计划任务书是项目建设确立的前提,是重要的指导性文件。其内容主要包括:建设单位、建设性质、建设项目类别、建设单位负责人、建

图 1-3 工程施工中要特别注意安全
（图示支撑确保安全）

设地点、建设依据、建设规模、工程内容、建设期限、投资概算、效益评估、协作关系及环境保护等。

（2）设计

根据已批准的计划任务书，进行建设项目的勘察设计，编制设计概算。园林建设项目一般采用二段设计（初步设计和施工图设计），所有园林工程项目都应编制初步设计和概算，施工图设计不得改变计划任务书及初步设计已确定的建设性质、建设规模和概算等。

（3）施工

建设单位根据已确定的年度计划编制工程项目表，经主管单位审核报上级备案后将相关资料及时通知施工单位。施工单位要做好施工图预算和施工组织设计编制工作，并严格按照施工图、工程合同及工程质量要求做好生产准备、组织施工，搞好施工现场管理，确保工程质量（图 1-3）。

（4）竣工验收

工程竣工后，应尽快召集有关单位和质检部门，根据设计要求和施工技术验收规范进行竣工验收，同时办理竣工交接手续。

1.2.2 园林工程施工管理的概念和特点

在园林工程建设过程中，设计工作诚然是十分重要的，但设计仅是人们对工程的构思，要将这些工程构想变成物质成果，就必须进行工程施工。园林工程施工是指通过有效的组织方法和技术措施，按照设计要求，根据合同规定的工期，在实地中完成设计内容的全过程。其任务是：根据工程实施过程的要求，结合施工单位的自身条件和以往的建设经验，采取规范的建设程序和先进的工程施工技术及现代科学管理制度，进行组织设计，安排施工前准备工作，组织现场施工，进行竣工验收及绿化植物的养护，以完成既定的园林作品。

园林项目施工是个综合的过程，要求协同作业工序多，各个施工环节链接关系密切。园林施工现场条件一般较为复杂，许多景点、设施等都是建于起伏多变的地形之上，加大了施工难度，因此，往往需安排足够的施工前准备工作。同时，施工材料的多样性及施工要素的专业性，要求更高的施工技术，否则诸如古建筑、瀑布喷泉、假山置石、大树定植等工程就难以做好。此外，园林工程施工是有时间要求的，且季节性比较明显，因之讲究施工进度，保证工期，视季节变化拟定施工方案，搞好现场施工组织，加强工程检查与验收是十分重要的。

1.2.3 园林工程施工的内容与应用范畴

比较综合的园林景观工程，其施工内容及范畴可根据施工性质，结合园林本身特点概括为两大类：基础性工程和园林技术性工程（表 1-2）。

表 1-2 园林工程施工要素类型

工程元素	所含工程施工项目	所属园林要素范围
基础性工程	土方工程施工	地形景观改造、湖池、驳岸护坡、园路、建筑地基、给排水管网、场地平整用建筑地基等
	钢筋混凝土工程施工	人工池、驳岸、建筑小品、塑石塑山、整体路面等
	配套安装工程施工	水景景观、喷灌系统、给水排水管网、供电配光等
	给排水及防水工程施工	给排水设施、湖池、园林建筑、园路等
	供用电工程施工	供用电线路、配光工程、电信工程
	园林装饰工程施工	人工池、建筑小品、假山塑山、园路、文化元素等
	管线工程施工	供电、给水排水、水景景观、湖池、假山园路等
园林技术性工程	景石假山工程施工	景石、假山、塑石、塑山
	水景工程施工	湖池、喷泉、瀑布、小溪、叠水等
	园路工程施工	广场砖、冰纹片、片石、卵石、青砖、预制砖、透气性砖、花岗岩、切割石材、台阶、步石等
	栽植工程施工	大树移植、种植乔灌、铺地植物、攀缘植物、草坪建植等
	建筑小品工程施工	亭、桥、廊、花架、石桌、雕塑等

1.2.4 园林工程施工管理的新趋势与新要求

园林工程施工管理的过程实质上是将设计要素变成园林现实产品的过程。加强施工管理是保证园林设计作品成功之基本要素。目前，在园林工程施工管理中，根据施工复杂程度、艺术要求，出现了一些新特点、新趋势和新要求，主要表现在以下几个方面。

（1）工程施工管理更加综合，要求的景观艺术性更高

这种趋势首先出现于大树移植工程，因为大树移植的要求越来越高，有些绿地工程的要求是大树不能修剪，而且采取非移植季节移植，导致移植困难。为提高成活率，施工单位必然采取更加复杂的施工技术，如大树复壮技术、大树包装技术及快速运输法。由于这些技术不单是树木栽培问题，而且是更广泛的其他技术方面，如机械吊装技术、生长调节物质应用技术等。这就促使园林工程施工大型化、先进化、复杂化。另一设计要素施工——景石施工，也很能说明这一问题。由于山石日趋大型化、体量重，施工变得异常困难，需要多种施工技术配合，如大型吊装技术、山石切割技术、基础工程技术、支撑技术及现场组织管理技术。再加上艺术上的要求，主景面的吊装，使大型景石施工更加综合。这就要求采取更加安全、有效的现场施工组织方案，从而发展了山石吊装技法，也促进了施工方式的优化。

（2）施工方案更为实际有效，现场组织更加科学

施工方案是指导工程要素现场施工的规范性技术文件，具有重要的指导意义。加强对施工方案编制的指导，制定科学、合理的施工方法，编定切合实际的施工进度，布置比较优化的施工平面布置图,建立可操作的施工技术保障措施等,都是施工方案必不可少的重点内容。其中施工进度计划显得特别的重要,目前在施工进度计划编制的方法方面主要采用网络法和横道图法。在建筑施工中,网络法应用广泛,是先进的计划技术方法,随着建筑施工技术在园林工程中的应用,园林工程日趋综合大型性,网络法在园林工程中得到很好的应用。这就说明,施工方法、施工程序的先进化,会加快施工进度,提高施工质量。

现场施工组织在管理方面也有创新,特别是机械施工更加科学合理和先进。正如前文所说,景石施工是相当复杂的,要求的施工技术及施工元素配合更多,由此要切入的技术要素也更多,这必将促进现场施工组织合理性的不断改进和提高。因此,PDCA(即计划、实施、检查、处理)管理技术得到了应用,大大提高了施工管理水平。

(3) 工程施工中对动态管理要求更高

这里所说的动态管理实际上是施工中对设计图纸的优化,对施工现场施工条件的适应,对施工人员的科学调度,对施工中可能出现的问题所准备的预案等。动态管理把握得好,有利于现场施工,利于项目进度,利于质量管理。

正确的动态管理对施工管理人员要求更高,如施工管理人员的专业知识和技能、现场施工方案熟悉程度与指挥艺术、与施工基层人员沟通协调的能力、现场进度调配人员的调配控制能力、图纸设计思想及现场设计环境分析的能力、施工各要素综合调配的能力等。

(4) 园林工程施工管理更关注重点施工环节的管理

施工重点环节有时也称施工重点工序,是采用网络图中影响关键进度的因素。在不同的施工项目中其关键性施工工序是不一样的。因此,施工人员应具有比较明晰的前瞻性,能预见关键工序,并在制定管理方案时加以重点考虑,投入更多精力。这样的现场施工管理相当有效,能保证施工进度。表 1-3 归纳出施工重点阶段。

表 1-3 园林工程管理的五个重点阶段

管理阶段	所设管理机构	重点管理工作	实现的管理目标
投标签约阶段	企业经营部	1. 根据企业特点及项目经验,对工程项目提出投标、决策,并按项目要求全面收集市场信息,编制有竞争力的投标文件; 2. 参加项目投标,并熟练运用投标技巧; 3. 如中标,依法与业主签订工程承包合同	项目中标并如期签订工程承包合同
施工准备阶段	项目经理部	1. 按施工部署要求成立工程项目经理部,配备必要的技术人员; 2. 及时编制施工方案或施工组织设计; 3. 制定现场施工管理相关制度,做好施工准备工作; 4. 现场勘察,对水、电、路、通信等做充分准备; 5. 编写开工申请报告并上报待批; 6. 注意工程作业计划制订及施工任务单派发	按项目施工要求全面准备以保证按时开工,并能确保连续施工

（续）

管理阶段	所设管理机构	重点管理工作	实现的管理目标
现场施工阶段	项目经理部	1. 根据施工方案或施工组织设计组织施工，做好施工中动态控制，保证施工进度、施工质量、施工安全，并能保证施工成本最优； 2. 加强现场施工管理，做好各施工因子调控； 3. 协调好与监理方、建设方及周边单位的关系，严格合同法律性； 4. 注意施工中各种原始资料的记录与保管	完成工程承包合同中规定的全部施工任务，达到工程验收交付标准
竣工结算阶段	项目经理部	1. 工程收尾工作，实地自检，按设计要素对照图纸，如有不合格者及时组织完成； 2. 提交工程竣工验收申请； 3. 工程预检，进行正式验收； 4. 各种竣工验收文件移交，并进行工程款结算； 5. 编制竣工总结，办理工程交接手续	加快竣工工程的验收，进行总结评价，做好工程款结算，及早开放
后期服务阶段	公关部 工程部	1. 按合同规定做好在责任期内对施工要素、植物材料的维护与养护工作； 2. 做好环境协调工作，处理相邻权； 3. 技术咨询，工程回访，听取意见； 4. 项目策划与营销	做好后期养护工作，及时处理问题，加强企业形象构建

（5）园林工程施工对项目投资控制更加科学严谨

园林项目建设需要投资，项目规模越大，投资额度越大，因此，项目投资分析和控制就显得非常重要。常规项目有运作，多从材料、机械和人工三方面考虑，但随着园林项目趋于规模化，仅考虑这三者并不全面，必须更细致更严谨剖析工程造价，需要从设计概算入手，做好施工预算，细分成本目录，列出投资条目，比照合同与投标价，组建项目市场部，保证各项目成本得到控制。必须做到科学控制，科学就是必须保证工程质量，决不能因为成本控制去赶工减料，不搞面子工程，严禁出现豆腐渣工程。

知识拓展

1. 关于课程学习

园林工程项目的操作是实践性很强的课程内容，包括了园林工程的基本概念、内容及其特点；工程项目综合资料的调查与可行性报告的编制；园林工程的招标投标以及工程承包合同的简述。这些过程都要求有较宽的知识面和实际项目操作经验。因此，在学习中，应抓住重点，对内容的基本操作程序和知识点做重点把握，熟悉其内容和步骤，学生应在教师的引导下，完成作业，而且要做到作业规范，要保证作业质量。

学生在学习中，还应注意教师在课堂上导入的工程经验，对这些工程项目要好好分析、体会，从工程实施中学会这方面的经验，与工程有关的数表、图纸及文字资料都应收集积累。另外，学生应重视有限的课程时间，注意听讲，跟上老师的授课思路，并要将自己的思维经验融入学习中,采用联想、模拟、对比等方法听课,其学习效果会更好。

学习该课程,不是单纯的理论堆积与程序记忆,而是必须依据项目施工环境、设计要求、施工条件与施工经验,结合工程与造景相适的原则,做到技术与艺术相结合。要善于吸收前人的造园经验,还要敢于创新实践,在掌握工程原理和工程技术规程的同时,要熟悉工程操作程序,施工组织方法,施工管理要点,并不断加强艺术修养,提高审美能力。

本课程是一门实践性很强的专业课,要求学生通过课堂教学、课程设计、现场传授、实际施工等教学环节,将理论与实际结合;要求学生扩充思维、努力创新,并在不断学习和反复实践中积累素材、丰富经验。学生在具体学习中,要注意各章后的学习提示、技能考证,加强重点内容的学习与记忆,对难点部分通过实训加以了解与融通;学生务必要认真完成老师布置的课程设计、施工实训,并在实训中参与施工过程,并学会施工方法,此时学生应按实训项目分类写出施工日志,编出施工材料表,最好记下施工材料的购买价格,对实训中遇到的技术问题也要记下,并附上该问题解决的方法。

2. 关于园林工程职业技能比赛

目前园林工程施工职业技能比赛已经成为重要赛项,层次级别也多样。从类型看有横向行业与企业举办的,有纵向政府举办的。从层次看,有校级、市厅级、省部级及国家级,近年还包括世界级。就比赛内容看,一般包括两个层面:一是园林作品设计,二是作品现场施工。从组织流程看,先进行项目(作品)设计,再在现场进行施工,比赛时间多为1d+2.5d。以团队为参赛单位,1d设计比赛,2.5d施工比赛,人数2+2,即设计2人,施工2人。

由于级别不一样,需要选拔,所以省赛非常重要,每个省只有1~2支队伍出线,再集中到指定地点开展国赛。所有比赛的评判标准基本按照国标执行,对整个施工过程进行打分评判。比如施工安全、施工现场清洁、参赛人员配合度、施工放线、施工定位、材料选用、施工要素完成度、施工成品效果等诸多项目评分。

近年来,各地组织的省部级园林工程施工项目赛项基本上是准备三套基本题,比赛开始前1h抽签决定采用哪套赛题。每套赛题施工难度及复杂程度基本一致,一般含有地形处理、水池施工、片石叠山、木平台制作、步石安装、木桥制作、花池砌筑、景窗砌筑、青砖铺地、预制立体花墙制作、草坪铺地、植物种植施工等。比赛时,对每个项目单独评分,而且是全程评判。

评价指标很严格,设计作品主要评判设计方案的效果,要素选用,标注情况,尺度比例,图面规范性及施工可行性、任务完成性,完成时间,存盘打印情况等。施工项目主要看设计作品施工结合度,坐标及重点标高准确性,地形处理是否到位,砌体规范性,木件制作熟练度,水池防水情况,提水出水效果,步石青砖勾缝水平,植物配置效果,主树种植是否标准,立体花件制作水平,预制花池安装情况,草坪铺地情况,所有施工材料是否用完,木料损耗情况,现场保洁情况,机械操作问题,废料放置,两人配合情况,施工安全问题等。

评分是全过程进行，不是等整个作品施工完成后才一次性评分。因此，某个项目施工完就评该项目，后续不再对该项目评分。整个比赛是全过程评判，各评判组轮流单独对各参赛队评分，不受任何干扰。单个项目施工给分也有层次性或节奏性，如砌体，从整平、挖坑、打夯、基础、砌体、勾缝、整洁等诸多环节评分。又如水体施工，要看放线坐标、水池标高、叠石位置、水池防水布铺设、堆山叠石高度及稳定性、埋管情况、出水铁盘安装、试水情况等。

实训与思考

1. 列出自己接触过的园林工程项目(也可老师提供)，进行分类与归纳，看看一般都有哪些施工因素？
2. 在老师的指导下，用表格的形式列出园林工程施工管理所需要的专业能力。
3. 结合专业学习，全班分组讨论现代园林工程施工出现了哪些新特点、新要求，如何适应这些新特点、新趋势。

学习测评

选择题：

1. 园林是在一定的地域内运用工程技术手段和造园艺术手法，通过(　　)等途径建成的有审美意义的游憩境域。
   A. 改造地形　　　　B. 种植树木花草　　C. 营造建筑　　　D. 布置园路

2. 江南私家园林中的扬州个园，假山采用分峰立石的做法，结合合理的植物配置，形成寓意鲜明的四季景观：春景为(　　)，夏景以(　　)，秋景则用(　　)，冬景通过(　　)。
   A. 宣石和梅花搭配　　　　　　　　B. 太湖石与青松搭配
   C. 黄石与柏树搭配　　　　　　　　D. 石笋与竹子搭配

3. 园林工程的项目操作与管理主要包含以下因子。(　　)
   A. 项目调查与可行性报告　　　　　B. 计划任务书
   C. 工程招标与投标　　　　　　　　D. 工程承包合同

4. 土方工程主要包括哪三方面内容？(　　)
   A. 园林地形处理　　　　　　　　　B. 土方计算
   C. 土方施工　　　　　　　　　　　D. 喷灌工程

5. 园林地形处理的方法有(　　)。
   A. 等高线法　　B. 断面法　　　　C. 模型法　　　D. 估算法

6. 土方施工实际是(　　)等工序的综合
   A. 挖　　　　　B. 运　　　　　　C. 填　　　　　D. 压
   E. 修

7. 园林基础工程包括(　　)。
   A. 基础垫层工程　　　　　　　　　B. 混凝土及钢筋混凝土工程
   C. 绿化种植工程　　　　　　　　　D. 抹灰工程

8. 园林绿化建设程序归纳起来一般包括(　　)等几个阶段。
　　A. 计划　　　　　B. 设计　　　　　C. 施工　　　　　D. 验收
9. 对园林工程项目提交工程竣工验收申请，移交各种竣工验收文件，并进行工程款结算，编制竣工总结，办理工程交接手续的工作是(　　)。
　　A. 施工准备阶段　　　　　　　　　B. 现场施工阶段
　　C. 竣工结算阶段　　　　　　　　　D. 后期服务阶段
10. 园林工程是一种综合景观工程，它不仅是一般性的工程技艺，也是一门艺术工程。如植物配置就要充分考虑(　　)等视觉感受。
　　A. 色彩　　　　　B. 形态　　　　　C. 层次　　　　　D. 疏密

数字资源

单元 2　园林工程施工前期准备

学习目标

【知识目标】
(1) 明晰园林工程施工准备工作内容与特点；
(2) 掌握园林工程施工要素的准备程序及具体工作要求。

【技能目标】
(1) 能编制工程施工准备工作计划及流程图；
(2) 能组织项目施工做好各环节准备工作；
(3) 能指挥现场进行场地清理等技术管理。

【素质目标】
(1) 具备良好的组织协调能力；
(2) 培养现场准备与组织管理所必需的职业意识。

施工前期准备工作是施工单位进行现场施工及现场管理的重要内容，它是在对施工任务和施工现场所进行的全事务性的组织监控与管理工作前进行的一系列准备事务。包括从承接施工任务开始到进行施工前准备工作、技术设计、施工方案编制、施工现场准备等全过程。

2.1　园林工程施工前准备工作特点和要求

2.1.1　工程施工前准备工作的特点

（1）准备工作的全局性

园林工程施工准备工作非常重要，工作做得好利于整个施工组织。由于施工准备期需做的工作很多，如现场施工条件考察准备、施工设计文件技术交底、施工人员配备、施工机具设备准备、施工期间天气分析、施工技术设计及施工方案、施工预案等诸多因素。因此，在准备工作中不能只注重某个或某些要素而忽视其他因子，要顾及全局，全面做好工作。

（2）准备工作的细致性

细致与认真、责任与时间都是工程施工必需的。强调准备工作的细致性，是由工程施工本身的特点决定的。①工程项目施工是个综合的过程，要求协同作业工序多，各个施工环节链接关系密切。②园林施工现场条件一般较为复杂，许多景点、设施等都是建于起伏多变的地形之上，加大了施工难度，除此，施工材料的多样性及施工要素的专业性，要求更高的施工技术，否则诸如古建筑、瀑布喷泉、假山石洞、大树定植等工程就很难做好。

③园林工程施工是有时间要求的,且季节性比较明显,因此讲究施工进度,保证工期,视季节变化拟定施工方案,才能保证施工质量。由此可见,对施工准备工作提出了更高要求。

(3)准备工作的协调性

园林工程施工涉及的施工要素多:①施工材料多。构成园林的山、水、树、石、路、建筑等要素的多样性,也使园林工程施工材料具有多样性。一方面要为植物的多样性创造适宜的生态条件;另一方面又要考虑各种造园材料在不同建园环境中的应用。如园路工程中可采用不同的面层材料,片石、卵石、砖等形成不同的路面变化;现代塑山工艺材料以及防水材料更是各式各样。②施工的复杂性。工程规模日趋大型化,协同作业日益增多,加之新技术、新材料的广泛应用,对施工管理提出了更高要求。施工中涉及地形处理,建筑基础,驳岸护坡,园路假山,铺草植树等多方面;有时因为不同的工序需要将工作面不断转移,导致劳动资源也跟着转移,工程施工多为露天作业,施工中经常受到不良气候等自然因素的影响,这种复杂的施工环节要求有全盘观念,有条不紊。正是由于这种复杂的施工关系要求整个施工过程做好工序搭接,保证各施工要素间、各工序间顺利交接,使施工有序进行。

(4)准备工作的前瞻性

准备工作要做好施工预案,分析施工条件,结合自身施工力量与施工经验对该项目施工进行全面综合的考察,预见可能出现的施工问题,提出解决的技术措施,这在工程施工中特别重要。园林工程作品讲究艺术性,而艺术的表现又与施工质量密切相关,对作品建成后的预见也成为施工管理的必备技能。还有施工具有季节性、露天性、安全性等要求,这些要求一样需要良好的预见性,做好施工预案。

(5)准备工作的目的性

准备工作目的性是指施工准备工作要按施工要素进行针对性准备。不同的施工要素要求的准备工作有差异性,景石施工需要特别做好施工吊装机械、基础施工的准备;塑石施工要做好现场及塑石材料准备;瀑布等水景施工要求施工环境条件较高,各种动力设备及材料有序进场;而大树移植要特别注意施工工序,什么时候起苗,何时定植,尽量减少搬运次数,以保证成活率。因此,施工准备工作不是不分主次、杂乱无章地进行。

(6)准备工程的政策时代性

园林工程施工关系到安全生产问题。安全生产在项目建设中非常重要,必须高度重视。在准备工作中要制订好安全工作计划,坚持"以人为本、预防为主、综合防范"的安全生产方针,明确安全技术措施,并做好安全教育培训。在准备施工时要在施工现场悬挂安全须知及警示语。安全问题关键是安全意识和安全预防,前者要培养与积累,加强宣传;后者要全面布局,通过制度、措施、预案、严格流程进行规范。园林土方、给排水、供电配光、建筑小品、山石吊装、大树移植、园林机械操作等诸多施工内容都存在安全问题,需要高度关注。

2.1.2 工程施工前准备工作的要求

园林工程项目施工前准备工作要求主要有以下几方面。

(1) 准备工作要做细做全，认真到位

最好根据施工图中规定的施工要素列表逐一准备，由专人负责，每个施工环节都不能遗漏。对现场施工条件要多次考察，根据现场条件校对施工方案；临时设施准备要从安全、实用原则出发，尽量减少投入；各种机具准备要按施工要素计算好进场时间，避免浪费。人员准备要到位，特别要注意按不同的工种，如绿化工、花卉工、电工、木工、普通工等来配备施工队伍。对于技术交底工作的准备，要与设计单位、建设单位及监理单位一同协商分析，领会设计思想，同时做好交底技术文件签字归档工作。

(2) 对施工中可能出现的问题做好预案

园林工程项目施工对小工程来说，做到常规准备一般可以满足施工要求，但工程项目较大，施工要素复杂，技术含量高的项目，就必须做好施工预案。比如，大型塑山工程、喷泉水景工程、瀑布工程、大树移植工程、大型山石吊装工程、景观桥梁工程等都必须制定预案，制定施工现场保证措施，一旦出现问题能及时处理。

(3) 施工方案必须做到科学合理

施工方案作为施工前准备工作重要技术文件，是用于指导现场施工实践的，其内容要反映整个工程项目施工要求，突出施工现场环境，其施工方法、施工进度、施工平面图、施工措施等要切合实际。实际中，如发现与现场不符的要进行校正，以减少盲目性。

(4) 从管理层面上要做好管理准备工作

管理工作是软科学，管理不好，不到位，就会导致整个现场施工混乱。要做好这项工作，务必从项目管理机构入手，施工单位要成立高效率的管理机构，制定项目管理制度，明确管理责任，要以表格形式将项目施工各种规定、要求、标准挂于墙上，并注意对各项工作进行检查。

(5) 注意做好各施工相关部门或单位的协调和沟通

工程项目施工所涉及的单位主要有建设单位、设计单位、施工单位和监理单位，有些工程还遇到相邻单位，因此要做好彼此沟通，特别是技术交底工作、施工质量标准、验收标准、管理职责、双方材料互签等。施工单位内部，也要做好部门间的协调，保证施工单位各技术要素按要求准备。

2.1.3 工程施工前准备工作应注意的问题

(1) 重视施工期间防火及易燃易爆物品堆放工作

对焊接、木工制作、油漆、爆破等施工用品要特别注意划定堆放地和施工地，保证施工现场安全。

(2) 注意考察大型施工材料运输、吊装运输路线

主要包括大树、山石、大型构件、支柱性基础等，由于体量大、单件重，加之运输设备自重，所以必须对运输路线进行考察分析，考察是否有桥梁，桥梁能否满足承重，装车后是否超高超重。

(3) 临时设施准备以够用为原则，要注意施工基层人员生活的需要

这方面特别要重视野外作业各种生活设施的准备。高速公路绿化、农业观光园、农家乐园、主题景区等大型项目工程，外业时间长，准备工作更要到位，施工预案更要充分。

2.2 园林工程施工前准备工作

现场施工组织中一项很重要的工作就是要安排合理的施工准备期。施工准备工作的主要任务是领会设计意图，掌握工程特点，了解工程质量要求，熟悉施工现场，合理布置施工力量。这个阶段的工作内容很多，一般应做好以下几方面工作。

2.2.1 技术资料准备

（1）施工设计图纸

主要是施工单位根据施工合同的要求，认真审核施工图，领会设计意图。这之前要与设计单位、建设单位和监理单位共同做好技术交底工作。另外，要收集相关的技术经济资料、自然条件资料。对施工现场实地踏察，要对工地现状有总体把握。

（2）施工方案准备

施工单位编制施工预算和施工方案（或施工组织设计）。施工方案中包括该工程项目基本情况、工期、施工方法、施工进度、施工平面布置图、施工力量配备、施工技术保障措施及相关施工等事宜，对整个施工组织进行全面计划，具有重要的指导意义。施工方案编制好后，施工人员务必要熟悉其内容，特别是如何通过施工平面布置图和施工进度计划合理指导现场施工。这项工作准备得越充分，越有利于施工组织。

（3）施工验收标准

施工验收标准主要应用于施工中间验收和竣工验收，凡有国家标准的按国家标准验收，没有国家标准的按地方标准验收。验收标准要提前准备，并打印成册送相关单位或人员。

同时，建设单位组织有关方面要做好技术交底和预算会审工作。施工单位还要制定施工规范、安全措施、岗位职责、管理条例等。

2.2.2 施工人员准备

施工人员准备包括以下内容：

① 成立工程项目指挥中心，配备领导小组。

② 根据施工要素配备施工管理人员（表2-1）。

③ 按施工工序、施工要素聘用技术工人（表2-1）。

表2-1 某工程劳动力需要计划

序号	工种名称	人数	月 份												备注
			1	2	3	4	5	6	7	8	9	10	11	12	

④进行施工前教育培训工作,熟悉施工程序和施工方法。

⑤做好施工中施工队伍调度准备预案,并依靠施工进度进行人员力量配置等。

总的要求是:根据工程规模、技术要求、施工期限等合理组织施工队伍,制定劳动定额,落实岗位责任,建立劳动组织。做好劳动力调配工作,特别是采用平行施工或交叉施工时,更应重视劳务的配备,避免窝工浪费。

2.2.3 施工材料准备

施工中所需的各种材料、构配件等要按计划组织到位,做好验收和出入库记录;制订苗木供应计划;选定山石材料等(表2-2)。

表2-2 各种材料(建筑材料、植物材料)配件、设备需要计划

序号	各种材料配件设备名称	单位	数量	规格	月 份												备注
					1	2	3	4	5	6	7	8	9	10	11	12	

2.2.4 施工机械设备准备

施工机械等需要按计划及时组织到位,按要求计划好进场时间、安装与调试等。对于大型施工机械要计划好台班数,和机手沟通,加强现场勘察,做到安全施工(表2-3)。

表2-3 某工程机械需要量计划表

序号	机械名称	型号	数量	使用时间	进场时间	退场时间	供应单位	月 份					备注
								1	2	3	…	11	12	

2.2.5 施工安全准备

工程施工安全工作十分重要,关系重大,加强安全工作是确保施工进度和施工质量的关键,因此,准备工作期间就要加以重视,做好细致工作。一是建立安全生产制度,严格施工管理;二是对施工人员进行安全教育培训,增强责任感,提高安全意识;三是在施工现场准备好安全施工各项工作;四是选派安全监督员;五是对易燃易爆施工材料特别保管。安全工作要通过制度、措施、预案、严格流程进行规范。园林土方、给排水、供电配光、建筑小品、山石吊装、大树移植、园林机械操作等诸多施工内容都存在安全问题,需要高度关注。

2.3 园林工程现场施工准备工作

2.3.1 施工现场清理

(1)现场勘察

施工前,根据施工要求施工单位要对施工场地进行全面细致的勘察,了解施工现场条件,分析施工场地现状,特别是要对现场供水供电及交通条件做出评估,同时了解现场各类构筑物、管线、古树名木等。考察时要注意施工场地与周边单位的情况,了解施工排水走向,初步定好施工临时交通道路及出入口。

(2)现场管线处理

现场考察时如发现有管线(如高压线、电缆线、燃气管、城市供水管、排水管等)通过施工现场,先要与相关单位联系,协商解决的方法,不得随意处理。如地下管线不能移动,施工前要将管线走向标出,最好打桩标明。如管线属于废弃物,施工前务必要原安装单位或管理单位签字。

(3)场地平整

在界定施工范围,根据设计要求做好场地平整工作。这项工作必须认真,严格按设计高程进行,对需要改造的地形,平整时要兼顾土方填挖平衡。平整场地时不能将原地名木古树、文物小品及其他需保留的物体清理掉。平整场地原则上随基整形,整地深度不超过30cm(超过30cm视为土方工程)。

2.3.2 临时设施准备

(1)施工现场布置

主要工作有:现场工程测量,设置平面控制点与高程控制点。对施工方案中确定的临时设施进行合理布置,用平面控制图形式做好施工管理。

(2)临时施工道路

施工临时道路选线应以不妨碍工程施工为标准,结合园路设计、地质状况及运输荷载等因素来确定。注意临时道路最宜布置成环状,这样利于交通,不影响相互往来的施工车辆。

(3)现场供水供电

做好现场水通路通电力通是保证如期施工的基础条件,施工现场的给排水应满足施工要求,做好季节性施工的准备。施工用电要考虑最大的负荷容量及是否方便施工。现场供水供电要注意几点:供水水源(自来水水源还是抽水水源),供水线路(是否要增压),供电电源(电源引入点、电源箱数、变压设备),线路方式(地埋式、架空式),安全防范措施等。

(4)临时设施搭设

主要包括施工用的临时仓库、办公室、宿舍、食堂及必需的附属设施,如临时抽水泵站、混凝土搅拌站。临时管线也要按要求铺设好。修建临时设施应遵循节约、实用、方便的原则。临时设施完成后要将各类项目基本资料(如施工流程、安全须知、作业条件、进度计划等)制作成挂图悬挂于墙上。一些大型工程项目还要在设施集中点设置项目评估室、资料保存室、员工休闲娱乐室(场)等。

(5) **现场排水工作**

一般的园林工程施工都会遇到排水问题，原因是园林工程设计的水景工程大多需要挖方，容易出现积水，加之不可预见的天气情况，需要做好排水准备。现场排水可考虑环状明沟，通过集水井采用潜水泵排水。如施工现场原有水体不变，也可就近将水排入水体内。凡要排水的施工场地，应与相邻单位或住户沟通，不能为了自身排水而影响他人。

(6) **后勤保障准备**

后勤工作是保证工程施工顺利进行的重要环节。施工现场应配套简易医疗点和其他设施。做好劳动保护工作，强化安全意识，搞好现场防火工作等。

科学合理的现场准备，应该能满足现场施工要求，并利于施工进度的优化，提升现场管理水平。

知识拓展

1. 施工方案小贴士

施工方案是园林工程施工十分重要的技术文件，施工方案不仅应用于现场施工之中，也是工程招投标的必备技术资料之一。进行工程投标，投标方在编制标书时，应根据招标方提供的工程材料编写切合实际的施工方案，该方案为评标的重要因子。

2. 吊装作业小贴士

在准备大型起重吊装作业，如大树、山石、预构件等时，要认真选择起重设备，起重设备荷载应大于被吊装物。以山石施工为例，如山石自重80t，应选用2台(每台)80t的汽车起重机，如果选用2台(每台)50t的汽车起重机则不易吊装，原因是2台机加起来看似有100t，实际上在吊装过程中，由于山石的不规则性，起吊后落在某台起重机上的重量会超过50t，这时就很容易发生生产事故。因此，为了施工安全，应确保安全的吊装承重。对于超过50t的非规则物体最好不要用单台机吊装。

3. 施工材料小贴士

在园林道路铺装中需要明确铺装材料的情况，如用什么材料，用量多少，如此才能选购相关施工材料。例如，铺设卵石健身路，如果采用常见的黄彩卵石(块径3~4cm)铺设，1t卵石可铺设7~8m^2，如果采用冰纹片铺设，同样1t石料能铺设约8m^2。

实训与思考

1. 在教师指导下，选取任一种施工要素，如大树、景石等，模拟施工，列出施工准备工作中应包括的各项工作。

2. 结合所在地方，分析工程施工中影响施工进度的因素，并草拟具体的工程技术解决措施。

3. 模拟一施工项目，将劳动力、施工材料、施工机械设备需要数量用表2-1至表2-3列出，以熟悉3个表格的使用。

4. 园林工程施工准备工作中为什么要突出安全技术措施的制定？

5. 以某项目工地为基础，拟出该项目临时施工设施内容及关键环节。

学习测评

选择题：

1. 园林工程施工前准备工作要做好（　　）。
   A. 技术资料准备　　B. 施工人员准备　　C. 施工材料准备
   D. 施工机械设备准备　　E. 施工安全准备

2. 园林工程现场施工准备工作包括（　　）。
   A. 施工现场清理　　　　　　　　　B. 临时设施准备
   C. 技术资料准备　　　　　　　　　D. 施工机械设备准备

3. 在景石施工中，采取如下哪种措施十分必要？（　　）
   A. 现场标示安全警示语　　　　　　B. 施工人员佩戴安全帽
   C. 禁止非作业人员进入施工现场　　D. 汽车起重机司机不需操作执照

4. 园林工程中俗称"一图一表一案"指的是（　　）。
   A. 施工现场平面布置图、施工进度计划表、施工方案
   B. 设计图、工程造价表、策划方案
   C. 施工图、工资表、计划方案
   D. 平面图、预算表、施工方案

5. 施工现场的四通一平是指（　　）。
   A. 通水　　　　　　B. 通电　　　　　　C. 通路
   D. 通信　　　　　　E. 土地平整

6. 在平整施工场地时应做好以下哪些工作？（　　）
   A. 按设计与施工要求和标高平整土地
   B. 施工前拆除待拆除的建筑物或地下构筑物
   C. 施工现场残留的树木都要进行伐除
   D. 拆除待拆除的建筑物或地下构筑物应遵守现行《建筑施工安全技术规范》

7. 施工方案必须做到科学合理，其（　　）等要切合实际。
   A. 施工方法　　B. 施工进度　　C. 施工平面图　　D. 施工措施

8. 管理层面上要做好管理准备工作，要做好这项工作，务必从项目管理机构入手，做到（　　）。
   A. 施工单位要成立高效率的管理机构
   B. 制定项目管理制度，明确管理责任
   C. 以表格形式将项目施工各种规定、要求、标准挂于墙上

D. 注意对各项工作进行检查
9. 园林工程项目施工所涉及的单位主要有(　　)。
A. 建设单位　　　　B. 设计单位　　　C. 施工单位　　　D. 监理单位
10. 园林工程现场施工准备工作施工现场布置主要工作有(　　)。
A. 现场工程测量　　　　　　　　　　B. 设置平面控制点
C. 布置高程控制点　　　　　　　　　D. 合理布置施工方案中确定的临时设施

数字资源

单元 3 园林工程现场施工放样

学习目标

【知识目标】
(1) 掌握现场施工放线的技术要求;
(2) 熟悉园林各施工要素的放样方法。

【技能目标】
(1) 能解决现场施工放线中遇到的技术问题;
(2) 能有效组织指挥各要素现场施工放线。

【素质目标】
(1) 具备良好的工程现场组织指挥能力;
(2) 培养现场管理所需要的严谨作风和标准意识。

园林现场施工放样是园林建设工程在施工阶段需要进行的第一个步骤,是各园林要素建造的依据。园林现场施工放样是根据施工现场的平面控制网和高程控制网进行测设工作的,应遵循"从整体到局部,先控制后碎部"的原则来组织实施。

3.1 施工放样概述

俗话说,"三分设计,七分施工"。合理的设计方案需要通过精心的施工来实现,而细致的施工又可以促使设计水平的提高。在施工工作的具体操作过程中,园林施工放样就是把园林工程施工图中需要建设的各园林要素的平面位置和高程,按设计要求以一定的精度测设到地面,作为施工依据的测量工作。高质量的放样工作是保证施工按照设计要求进行的重要步骤。施工放样具有以下几个特点。

①施工放样是在建立施工场地的测量控制和场地平整后进行的,它直接为工程施工服务,因此必须与施工组织计划相协调。施测前要认真阅读施工图等有关技术资料,弄清设计对定位的要求,仔细核对各部分的尺寸和标高,若有不清楚或者发现有矛盾的地方,应向原设计人员询问并核对修正。施工测量过程中,要按有关规范要求,确保施工测量精度。要掌握工程进度及现场的变动,使测设精度满足施工需要。

②施工测量的精度主要体现在相邻点位的相对位置上。测设的精度主要取决于待建要素的大小、性质、用途、施工方法等。若放样的精度不够,会造成质量事故;精度要求过高,则增加难度和工作量,降低效率。因此,应按工程要求选择合理的施工放样方法和精度。

③园林工程施工现场往往是多工序、多工种交叉作业,运输频繁,地面情况多变化,施工放样工作常受到影响,故放样的标志从形式、选点到埋设均应考虑便于使用、保存和检核,应竖立醒目标志。若遭破坏,应及时恢复。

3.1.1 施工放样技术要求

(1) 图纸技术要求

一个设计方案想要得到如实的体现，须有一套完善的施工图纸。完美的施工首先要建立在准确的施工放样基础上，而精确的放样是根据准确的施工图纸得出的结果。施工图纸包括总平面定位图、平面布置图、竖向设计图、局部详图、节点图等，不同内容的图纸指导不同的放样工作。

施工放样要求现场技术人员能识图用图。识图就是要能快速准确识别施工图各种图示要素，特别是其内涵，即其表示的技术含义。一些项目工程比较简单，施工元素不多，比较容易识别。但是有些项目施工元素多，节点复杂，图示符号也多，必须正确接图，分清节点，尤其是断面图、剖面图、节点放样图。这些图所标注的数据都非常重要，不能判读错。

工程识图一般分为技术交底阶段与现场施工阶段，有时在竣工图阶段还需识别。技术交底时要重视施工图符号的含义，各节点的施工技术方法，整体放样坐标，注意问题等。现场施工阶段要注意施工节点施工说明，施工要求及设计方反复强调的技术问题。对于弄不清楚的地方必须与设计方取得联系，会同监理方把问题搞清楚，绝不能随意更改数据。

(2) 场地要求

为了保证施工放样的准确性、可用性，避免重复放样，影响施工进度，施工现场必须具备四通(路通、水通、电通、通信)一平(土地整平)的施工条件。

(3) 仪器工具要求

施工放样需借助仪器工具来完成，同时，不同的放样精度要求应用不同的仪器设备进行放样。常用的仪器主要有水准仪、经纬仪、平板仪、全站仪等；常用的工具主要有皮尺、钢尺、铁锹、木桩、棉线、双飞粉等。全站仪是一种集测方位角、测距、测高程于一体的智能化仪器。当放样精度要求较高时，全站仪则是较合适的仪器。

(4) 人员素养要求

进行施工放样的人员须具有施工员的技术素质，能读懂施工图纸，具有校核图纸错误的能力，会使用各种测量仪器。其专业素养应建立在测量、建筑制图的专业知识之上。读不透图纸的施工人员是很难放线准确的。

3.1.2 施工放样常用的基本方法

施工放样基本上是通过确定点的位置，再把点连成线来确定测设要素的平面位置和高程位置。测设点位的平面位置的常用方法有：直角坐标法、极坐标法、角度交会法、距离交会法和网格法。

(1) 直角坐标法

直角坐标法是按直角坐标原理确定一点的平面位置的一种方法。如图3-1所示，设计

点 A 其坐标 (x,y) 在图纸中标明，若在施工现场同一平面直角坐标系的控制点有 2 个，则可确定此坐标系的原点和方向，则可由坐标差定出设计点位。

待测设的目标的主轴线平行于平面控制网的一边，且量距又方便时或若施工平面控制网为互相垂直的主轴线或方格网时，则选用直角坐标法测设点位最适宜，不仅放样数据的计算、外业测设简便而且放样精度高。

(2) 极坐标法

极坐标法是根据极坐标原理确定一点平面位置的方法。放样点的位置由一个角度、一个从控制点到待测点的水平距离来确定。适用于测设点靠近控制点，便于量距的现场。如图 3-2 所示，欲测设点 P，可由 M 点到 P 的距离 S_{MP} 和夹角 β 来确定。S_{MP} 和夹角 β 在放样前可由图上量出或计算出来。由各点已知坐标计算得距离和角度，称为坐标反算。

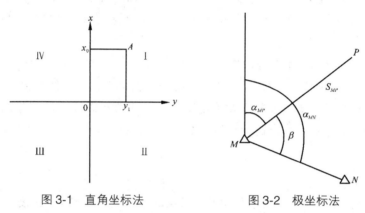

图 3-1　直角坐标法　　　图 3-2　极坐标法

根据坐标反算公式，MP 方向的坐标方位角：

$$\alpha_{MP} = \arctan\alpha = \Delta Y_{MP}/\Delta X_{MP}$$

夹角：

$$\beta = \alpha_{MN} - \alpha_{MP}$$

MP 的水平距离：

$$S_{MP} = \sqrt{(X_p - X_m)^2 + (Y_p - Y_m)^2}$$

测设时，安置经纬仪于 M 点，瞄准 N 点，向左测设夹角 β，并在此方向测设水平距离 S_{MP}，定出欲测设点 P。

(3) 角度交会法

角度交会法是根据角度所定的方向交会出点平面位置的一种方法，此法是根据前方交会原理，一般用两架经纬仪从两个控制点，如图 3-3 所示的 A、B 点，向同一待定 P 点分别测设两个水平角 (β、γ)，两测设方向线的交点，即为测设的点 P。当待定点远离现控制点且不便量距时，宜采用此法。

测设时用两架经纬仪分别安置在 A、B 两点，各测设 β、γ 角。根据 β、γ 角，在找出方向线 AP 和 BP 后，沿两方向线在 P 点附近各钉两个小木桩，桩顶上钉上小钉，在两方向线的小钉上各拉一根细铁丝，两铁丝的交点即为 P 点。角度交会要求交会角在 30°~12° 之间。

(4)距离交会法

距离交会法是根据测设的距离交会定出点的平面位置的一种方法。如果场地平坦、无障碍物且测设点靠近控制点,不超过钢卷尺的长度,或无经纬仪供测角时,宜采用距离交会法。如图3-4所示,P为待定点,测设前根据P的设计坐标及控制点A、B的已知坐标(控制点可以是现场现有的,能与图纸对应的建筑物、大树或较固定的参照物),按坐标反算法(或根据图纸比例推算)算得距离AP、BP。测设时分别将两根钢卷尺的零点对准A、B点,同时拉紧和摆动钢尺,两尺上读数分别为AP、BP时的交点就是待定点P的位置。

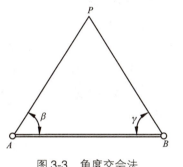

图3-3　角度交会法　　　　图3-4　距离交会法

(5)网格法

网格法是按比例在设计图上和现场分别找出距离相等的方格(边长5m、10m、20m或根据施工的精度确定),在设计图上量出测设点到方格网纵横坐标的距离,再到现场相应的方格中按比例量出坐标的距离,即可定出测设点的位置。网格法也可以说是直角坐标法的扩展。

3.1.3　现场施工放样常见问题

现场施工放样要严格按照施工方案和施工图纸来进行,同时也要兼顾现场情况的变化,注意其他工序交叉施工带来的影响,要避免以下几种情况,以免造成窝工、返工。

第一,施工图纸阅读不全面。只读定位图,不读竖向图,造成标高测设错误。

第二,仪器未校正,造成放样误差较大,甚至错误。

第三,现场参照点与图纸给定参照点不对应。

第四,不按分项工程施工的先后顺序放样,导致放好的线受到施工的破坏。

3.2　各类园林要素施工放样具体做法

3.2.1　湖池、堆山土方施工放样

湖池岸线、园林地形其形状一般比较自然,在施工中常用方格网法来放样。方格网的大小根据地形的复杂程度和施工方法而定。地形起伏较大时宜用小方格;用机械施工时,可用大些的方格。其流程为:

准备工作→图纸分析(技术交底)→方格网布设→施工地边界测设→人工标识放线→放线后核查。

(1) 方格网的布设

一般是根据设计总平面图上各种建筑物、道路、管线、等高线等的分布情况,结合现场地形情况与施工现场总平面图,先选定方格网的主轴线,再全面布设方格网。当场地面积较大时,可分级布设,先测定"十"字形、"口"字形主轴线,然后进行加密,如图3-5所示。

(2) 挖湖、堆山边界线的测设

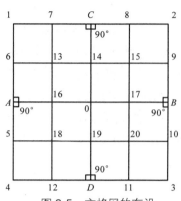

图 3-5 方格网的布设

把设计地形等高线和方格网的交点,一一标到地面上并打桩,桩木上要标明桩号及施工标高(图3-6、图3-7)。堆土时由于土层不断升高,桩木可能被土埋没,所以桩的长度应大于每层土的高度,土山不高于5m的,可用长竹竿做标高桩,在桩上把每层的标高定好(图3-8A),不同层可用不同颜色标志,以便识别。另一种方法是分层放线设置标高桩(图3-8B),这种方法适用于较高的山体。

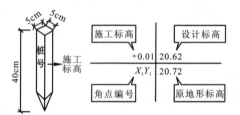

图 3-6 桩木与施工桩标示

图 3-7 现场打标桩

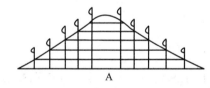

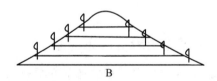

图 3-8 每层标高和分层放线标高

挖湖工程的放样工作和山体的放线基本相同,但由于水体挖深一般较一致,而且池底常年隐没在水下,放线可以粗放些,但水体底部应尽可能整平,不留土墩,这对养鱼捕鱼有利。岸线和岸坡的定点放线要准确,这不仅因其是地上部分,与造景关系密切,而且和水体岸坡的稳定有很大关系,为了精确施工,可以用边坡样板来控制边坡坡度(图3-9)。在施工中,图上标注坡度一般采用边坡系数 n 或 m,坡度系数为 i,如果 $m=1$,说明坡角为45°。施工时各桩点不要破坏,可留出土台,待水体开挖接近完成时,再将此土台挖掉。

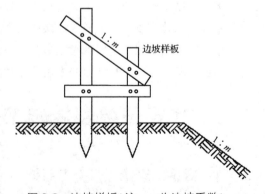

图 3-9 边坡样板(注:m 为边坡系数)

3.2.2 园路施工放样

园路施工放样可分为路基施工放样和路面施工放样。如果园路较平直,可用坐标法和交会法进行放样;如果园路较为弯曲复杂,则可用网格法进行放样。用上述方法放样时,可先定出中线桩,再往两侧各偏移设计宽度的一半;也可直接定出道路的边线桩。

园路的中线放样就是根据施工图纸把园路中线的各桩号,如交点桩(或转点桩)、直线桩、曲线桩(主要是圆曲线的主点桩)在实地上测设出来。

3.2.2.1 路基的边桩放样和边坡放样

路基放样就是把设计好的路基横断面在实地构成轮廓,作为填土或挖土的依据。

(1) 路基边桩放样

路基边桩放样就是将每一个横断面的路基两侧的边坡线与地面的交点,用木桩标定在实地上,作为路基施工的依据。其方法如下:

①图解法 在横断面设计图上,可直接量取中桩至边桩的距离,然后在实地上量得其位置。

②解析法 解析法是通过计算求出路基边桩至中桩的水平距离,然后现场测设该距离,得到边桩的位置。分为平坦地面和倾斜地面两种情况。

第一,平坦地面路基边桩的放样:如图 3-10A 为填方路基,称为路堤,图 3-10B 为挖方路基,称为路堑。路堤边桩至中桩的距离为:

$$L = B/2 = b/2 + mh$$

路堑坡顶边桩到中桩的距离为:

$$L = B/2 = mh + b_0 + b/2$$

式中 b——路基设计宽度;

   $1:m$——路基边坡坡度;

   h——填土高度或挖土深度;

   b_0——路堑边沟顶宽。

第二,倾斜地面路基边桩的放样:如图 3-11A 为路堤,图 3-11B 为路堑。

由图 3-11 可得路堤边桩至中桩的距离为:

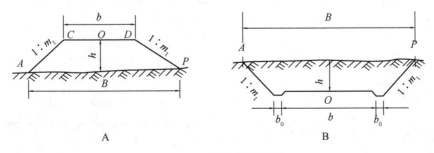

图 3-10 平坦地面放样

A. 路堤边桩放样 B. 路堑边桩放样

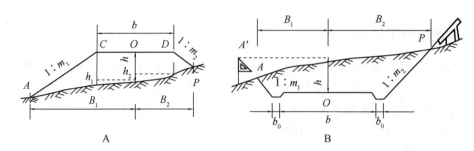

图 3-11 倾斜地面路基边桩放样
A. 路堤边桩放样　B. 路堑边桩放样

斜坡上侧：
$$B_2 = b/2 + m_2(h - h_2)$$

斜坡下侧：
$$B_1 = b/2 + m_1(h + h_1)$$

路堑边桩至中桩的距离为：

斜坡上侧：
$$B_2 = b/2 + b_0 + m_2(h + h_2)$$

斜坡下侧：
$$B_1 = b/2 + b_0 + m_1(h - h_1)$$

式中　h_1——斜坡下侧边桩与中桩的高差；
　　　h_2——斜坡上侧边桩与中桩的高差。

（2）路基边坡的放样

根据《城市绿化工程施工及验收规范》规定，园路开挖路槽应按设计路面宽度，每侧加放 20cm 开槽。一般园路的填挖幅度是不大的，所以就没有边坡的放样了。但如果园路基地地形复杂，需要修设边坡来保护路面，则需要进行边坡放样。边桩测设完后，为保证填、挖达到设计要求，往往把设计边坡在实地标定出来，以便指导施工。

用竹竿、细线测设：图 3-12A 为填土不高时的挂线放坡示意图，A、B 为边桩，O 为中心桩，根据设计边坡和填土高度 H 在地面上找出 C、D 两点，继而在 C、D 两点竖立的竹竿上找出 C'、D' 两点，用细线拉出的 AC'、BD' 即为设计边坡线；当填土较高时可将填土高度 H 分成 h_1、h_2、h_3，然后分层挂线测设，如图 3-12B 所示。

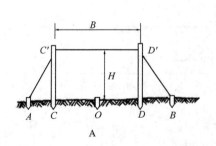
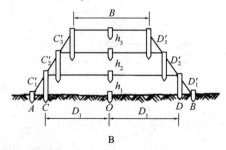

图 3-12　用杆线测设路基边坡

用边坡板测设：第一，用活动边坡尺测设，如图 3-13A 所示，当选定 1:m 的边坡尺上的水准气泡居中时，边坡尺斜边所指示的坡度即为设计的坡度；第二，用固定边坡样板测设，如图 3-13B 所示，在开挖路堑前，于坡顶桩外侧按设计边坡设立固定样板，在施工中起检核、指导作用。

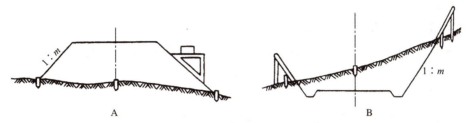

图 3-13　用边坡板测设路基边坡

3.2.2.2　路面施工放样

园路路面一般划分为垫层、基层、面层等几个结构层。后一个工序的施工往往会对前一个工序的放样造成破坏，所以在施工过程中，每个工序的放样都需要校正，或者进行新的放样。例如，面层的施工放样就要在基层施工完毕后，根据施工图进行新的定点拉线（包括面层的边缘线和高程两方面），以确保符合设计的要求。

路面施工放样会影响到土方工程，为了真实反映园路挖方情况，只要挖深大于 30cm，都可按土方工程操作。道路设计宽是路面的真实宽，但在开挖时要加放挖方线，挖方线一般在路两边各加宽大 20cm 或 50cm 放出。所以在计算土方时要按加宽后的面积计算。

3.2.3　园林建筑小品施工放样

3.2.3.1　园林建筑小品的定位

园林建筑物的定位，就是将建筑物外廓的各轴线交点（简称角桩），测设到地面上，作为基础放样和主轴线放样的依据。根据现场定位条件的不同，可选择以下方法。

（1）利用"建筑红线"定位

在施工现场有规划管理部门设定的建筑红线，可依据此红线与建筑物的位置关系进行测设，如图 3-14 所示，AB 为建筑红线，新建筑物茶室的定位方法如下：

①从平面图上，查得茶室轴线 MP 的延长线上的点 P' 与 A 间的距离 AP'、茶室的长度 PQ 及宽度 PM。

②在桩点 A 安置经纬仪，照准 B 点，在该方向上用钢尺量出 AP' 和 AQ' 的距离，定出 P'、Q' 两点。

③将经纬仪分别安置在 P' 和 Q' 两点，以 AB 方向为起始方向精确测设

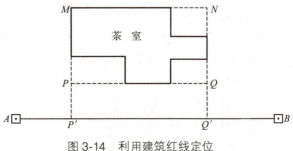

图 3-14　利用建筑红线定位

90°角，得出 $P'M$ 和 $Q'N$ 两方向，并在此方向上用钢尺量出 $P'P$ 和 PM 的距离，分别定出 P、M、Q、N 各点。

④用经纬仪检查 $\angle MPQ$ 和 $\angle NQP$ 是否为 90°，用钢尺检验 PQ 和 MN 的距离是否等于设计的尺寸。若角度误差在 1′以内，距离误差在 1/2000 以内，可根据现场情况进行调整，否则应重新测设。

(2) 依据与原建筑物的关系定位

在规划范围内若保留有原有的建筑物或道路，当测设精度要求不高时，拟建建筑物也可根据它与已有建筑物的位置关系来定位，图 3-15 所示为几种情况（图中画阴影的为拟建建筑物，未画阴影的为已有建筑物）：

图 3-15A 为拟建建筑物与已有建筑物的长边平行的情况：测设时，先用钢尺沿着已有的建筑物的两端墙皮 CA 和 DB 延长出相同的一段距离（如 2m）得 A'、B' 两点；分别在 A'、B' 两点安置经纬仪，以 $A'B'$ 或 $B'A'$ 为起始方向，测设出 90°角方向，在其方向上用钢尺丈量设置 M、P 和 N、Q 四大角的角点；定位后，对角度（经纬仪测回法）和长度（钢尺丈量）进行检查，与设计值相比较，角度误差不超过 1′，长度误差不超过 1/2000。

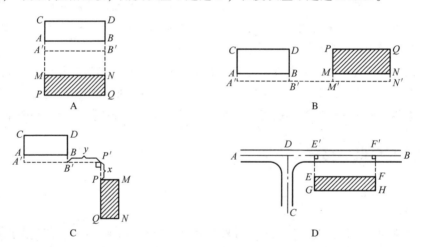

图 3-15 用原建筑物定位

图 3-15B 为拟建建筑物与已有建筑物在一条直线上的情况：按上法用钢尺测设出 A'、B' 两点，在 A' 点安置经纬仪，瞄准 B' 点，然后在 $A'B'$ 的延长线方向上用钢尺丈量设置 M' 和 N' 点；将经纬仪分别安置在 M' 和 N' 两点上，以 $M'A'$ 和 $N'A'$ 为起始方向，测设出 90°角方向，在其方向线上用钢尺丈量设置 M、P 和 N、Q 四大角的角点，最后校核角度和长度，方法和精度同图 3-15A。

图 3-15C 为拟建建筑物与已有建筑物长边互相垂直的情况：定位时按上种情况测设 M' 的方法测设出 P' 点；安置经纬仪于 P' 点测设 $P'A'$ 的垂线方向，在其方向上用钢尺丈量设置 P、Q 两个角点；分别在 P、Q 两点安置经纬仪，测设 PQ 的垂直方向，在其方向线上用钢尺丈量 PM 和 QN 的长度，即得 M、N 两个角点。最后进行角度和长度校核。

图 3-15D 为拟建建筑物的轴线平行于道路中心线的情况：定位时先找出路中线 AB，在中线上用钢尺丈量设置 E'、F' 两点；分别在 E'、F' 上安置经纬仪，以 $E'D$ 和 $F'D$ 为起始方向，测设出 90°角方向，在其方向线上用钢尺丈量设置 E、G 和 F、H 四大角的角点，最后

进行角度和长度校核。

3.2.3.2 园林建筑小品主轴线的测设

根据已定位的建筑物外廓各轴线角桩,如图3-16中的 E、F、G、H,详细测设出建筑物内各轴线的交点桩(也称中心桩)的位置,如图中 A、A'、B、B'、1、$1'$、2、$2'$、3、$3'$……测设时,应用经纬仪定线,用钢尺量出相邻两轴线间距离(钢尺零点端始终在同一点上),量距精度不小于1/2000。如测设 GH 上的1、2、3、4、5各点,可把经纬仪安置在 G 点,瞄准 H 点,把钢尺零点位置对准 G 点,沿望远镜视准轴方向分别量取 G-1、G-2、G-3、G-4、G-5的长度,打下木桩,并在桩顶用小钉准确定位。

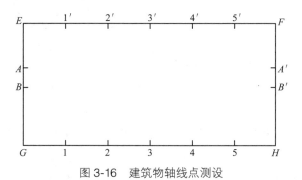

图3-16 建筑物轴线点测设

建筑物各轴线的交点桩测设后,根据交点桩位置和建筑物基础的宽度、深度及边坡,用白灰(生石灰粉或立德粉)撒出基槽开挖边界线。

基槽开挖后,由于角桩和交点桩将被挖掉,为了便于在施工中恢复各轴线位置,应把各轴线延长到槽外安全地点,并做好标志,其方法有设置轴线控制桩和龙门板两种形式。

(1)测设轴线控制桩

轴线控制桩也称引桩,其测设方法如下:如图3-17所示,将经纬仪安置在角桩或交点桩(如 C 点)上,瞄准另一对应的角桩或交点桩,沿视线方向用钢尺向基槽外侧量取2~4m,打下木桩,并在桩顶钉上小钉,准确标志出轴线位置,并用混凝土包裹木桩(图3-18),同法测设出其余的轴线控制桩。如有条件也可把轴线引测至周围原有的固定地物上,并做好标志来代替轴线控制桩。

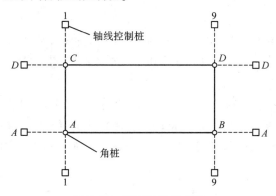

图3-17 测设轴线控制桩

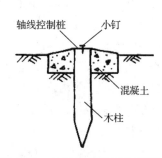

图3-18 轴线控制桩埋设示意图

(2) 设置龙门板

在园林建筑中，常在基槽开挖线外一定距离处钉设龙门板（图 3-19），其步骤和要求如下：

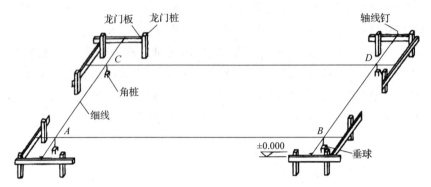

图 3-19 龙门板设置

①在建筑物四角和中间定位轴线的基槽开挖线外 1.5~3m 处（由土质与基槽深度而定）设置龙门桩，桩要钉得竖直、牢固，桩的外侧面应与基槽平行。

②根据场地内的水准点，用水准仪将 ±0 的标高测设在每个龙门桩上，用红笔画一横线。

③沿龙门桩上测设的线钉设龙门板，使板的上边缘高程正好为 ±0。若现场条件不允许，也可测设比 ±0 高或低一整数的高程，测设龙门板高程的限差为 ±5mm。

④将经纬仪安置在 A 点，瞄准 B 点，沿视线方向在 B 点附近的龙门板上定出一点，并钉小钉（称轴线钉）标记；倒转望远镜，沿视线在 A 点附近的龙门板上定出一点，也钉小钉标记。同法可将各轴线都引测到各相应的龙门板上。如建筑物较小，也可用垂球对准桩点，然后沿两垂球线拉紧线绳，把轴线延长并标定在龙门板上。

⑤在龙门板顶面将墙边线、基础边线、基槽开挖边线等标定在龙门板上。标定基槽上口开挖宽度时，应按有关规定考虑放坡的尺寸。

3.2.3.3 构筑物基础施工放样

轴线控制桩测设完成后，即可进行基槽开挖施工等工作，基础施工中的测量工作主要有以下两个方面。

(1) 基槽开挖深度的控制

在进行基槽开挖施工时，应随时注意开挖深度。在将要挖到槽底设计标高时，要用水准仪在槽壁测设一些距槽底设计标高为某一整数（一般为 0.4m 或 0.5m）的水平桩（图 3-20），用以控制挖槽深度。

水平桩高程测设的允许误差为 ±10mm。考虑施工方便，一般在槽壁每隔 3~4m 处测设一水平桩，必要时，可沿水平桩的上表面拉线，作为清理槽底和打基础垫层时掌握标高的依据。基槽开挖完成后，应检查槽底的标高是否符合要求，检查合格后，可按设计要求的材料和尺寸打基础垫层。

(2) 在垫层上投测墙中心线

基础垫层做好后，根据龙门板上的轴线钉或轴线控制桩，用经纬仪或拉绳挂垂球的

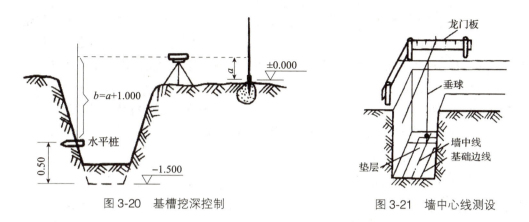

图 3-20 基槽挖深控制　　　　图 3-21 墙中心线测设

方法，把轴线投测到垫层上，并标出墙中心线和基础边线（图 3-21），作为砌筑基础的依据。

3.2.3.4 墙身施工放样

(1) 墙身的弹线定位

基础施工结束后，检查基础面的标高是否满足要求，检查合格后，即可进行墙身的弹线定位，作为砌筑墙身时的依据。

墙身的弹线定位的方法：利用轴线控制桩或龙门板上的轴线和墙边线标志，用经纬仪或用拉线绳挂垂球的方法，将轴线投测到基础面上，然后用墨线弹出墙中线和墙边线。检查外墙轴线交角是否为直角，符合要求后，把墙轴线延长并画在外墙基上，作为向上投测轴线的依据。同时把门、窗和其他洞口的边线也在外墙基础立面上画出。

(2) 上层楼面轴线的投测

在多层建筑施工中，需要把底层轴线逐层投测到上层楼面，作为上层楼面施工的依据。上层楼面轴线投测有以下两种方法。

①吊锤法　用较重的垂球悬吊在楼板或柱顶边缘，当垂球尖对准基础墙面上的轴线标志时，线在楼板或柱边缘的位置即为该楼层轴线端点位置，并画线标志，同法投测其他轴线端点。经检测各轴线间距符合要求后即可继续施工。这种方法简便易行，一般能保证施工质量，但当风力较大或建筑物较高时，投测误差较大，应采用经纬仪投测法。

②经纬仪投测法　用经纬仪在相互垂直的建筑物中部轴线控制桩上，严格整平后，瞄准底层轴线标志。用盘左和盘右取平均值的方法，将轴线投测到上层楼边缘或柱顶上。每层楼板应测设长轴线 1~2 条，短轴线 2~3 条。然后，用钢尺实量其间距，相对误差不得大于 1/2000。合格后才能在楼板上分间弹线，继续施工。

3.2.4　喷灌系统安装放样

3.2.4.1　一般原则

(1) 尊重设计意图原则

喷灌技术要素（喷灌强度、喷灌均匀度和水滴打击强度）是喷灌系统规划设计的依据，尊重设计意图就是尊重喷灌技术要素，是保证工程质量和喷灌质量的前提条件。一般情况下，各级管道的走向和坡向、喷头和阀门井的位置均应严格按照设计图纸确定，以保证管网的最佳水力条件和最小管材用量，满足喷灌均匀度和冬季泄水的要求。全面而详细的技术交底是严格按照设计要求进行施工放样的必要条件。技术交底时，设计方应该向施工方详细介绍喷灌系统的特点、选用设备的性能和特点，以及施工中应特别注意的问题，以便施工人员在施工放样前对待建喷灌系统有一个全面的了解。

（2）尊重客观实际原则

因为喷灌系统通常是绿化工程中的配套设施，而绿化工程在实施过程中存在着一定的随意性，这种随意性加上绿化工程的季节性，时常要求现场解决设计图纸与实际地形或绿化方案不符的矛盾，需要现场调整管道走向，以及喷头和阀门井的位置，以保证最合理的喷头布置和最佳水力条件。其次，城市园林绿化区域里的隐蔽工程较多，在喷灌工程规划设计阶段，由于已建工程资料不全，无法掌握喷灌区域里埋深较浅的地下设施资料，需要在施工放样甚至在施工时对个别管线和喷头的位置进行现场调整。

（3）由整体到局部施工放样原则

同地形测量一样，必须遵循"由整体到局部"的原则。放样前要进行现场踏勘，了解放样区域的地形，考察设计图纸与现场实际的差异，确定放样控制点，拟定放样方法，准备放样时使用的仪器和工具。需要把某些地物点作为控制点时，应检查这些点在图上的位置与实际位置是否符合。如果不相符应对图纸位置进行修正。

（4）先喷头后管道原则

对于每一块独立的喷灌区域，施工放样时应先确定喷头位置，再确定管道位置。管道定位前应对喷头定位结果进行认真核查，包括喷头数量和间距。当设计图纸与实际不符需要调整喷头数量和间距时，应以喷头的设计射程和当地在喷灌季节的平均风速为依据。

（5）点、线、面顺序原则

对于封闭区域，喷头定位时应按点、线、面的顺序。先确定边界上拐点的喷头位置，再确定位于拐点之间沿边界的喷头位置，最后确定喷灌区域内部位于非边界的喷头位置。按照点、线、面的顺序进行喷头定位，有利于提前发现设计图纸与实际情况不符的问题，便于控制和消化放样误差。

3.2.4.2 施工放样的方法

绿地喷灌区域分为闭合边界区域和开放边界区域两类。例如，市政、商用、住宅区的园林绿化喷灌区域一般属于闭合边界区域，草场、高尔夫球场等大型绿地喷灌区域多为开放边界区域。对于不同的喷灌区域，施工放样的方法有所不同。

（1）闭合边界喷灌区域的放样

①对施工图纸与实际现场进行核对，确定总体喷灌区域与绿化区域是否吻合，如果相吻合或两者之间的误差在允许范围内，可直接进行喷头定位，并同时进行必要的误差修

正。如果误差超出允许范围，应向设计方提出方案修改意见，甚至通过现场实测确定喷灌区域的边界，然后再重新设计。

②对于每一块局部独立的围合的喷灌区域按"点、线、面"的顺序进行喷灌放样。先确定边界上拐点的喷头位置，然后确定边界上任何两个拐点之间的喷头位置，最后确定非边界的喷头位置。喷头定位方法类似于确定喷灌区域边界的方法。

③核对喷头数量和喷头间距。要求实际喷头数量与设计数量相等。在边界上，喷头的线密度近似相等，在非边界上，喷头的面密度近似相等。喷头定位完成之后，根据设计图纸在实地对喷头进行管网连接，即得沟槽位置。确定沟槽位置的过程称为沟槽放样。沟槽放样前，应清除沟槽经过路线的所有障碍物，并准备小旗或木桩、石灰或白粉等物，依测定的路线定线，以便沟槽挖掘。

（2）开放边界喷灌区域的放样

开放边界喷灌区域没有明确的边界，或者喷灌区域的边界不封闭，无法完全按照点、线、面的顺序进行喷头定位。如大型郊外草场、绿地、高尔夫球场等。对于开放边界喷灌区域，首先应该确定喷灌区域的特征线（称为基线）。特征线可以是场地的几何轴线、局部边界线或喷灌技术要求明显变化的界线等。完成特征线放样后，再以特征线为基准进行喷头定位，进而根据设计图纸进行沟槽定线。

3.2.5 园林照明系统安装放样

园林照明系统安装放样与喷灌系统安装放样有相似之处。根据设计图纸结合施工现场进行测量定位，如有偏差做适当调整，测量定位应基于设计并考虑美观，尽量与四周环境协调。放样时，按照"点、线、面"的顺序进行放样，首先要确定控制开关、灯具的平面位置与高程，再确定电缆线路的走向，最后完成灯具、线路的安装和连接。

配光线路施工放样要注意几点：一是线路走向要预先测定（施工图标表）；二是灯杆安装点要适当加大挖土面积（一般此处要现浇素混凝土）；三是园路变弯处要加密灯柱；四是控制箱要选好安装位置。工程中要求照明电线埋设于地下，埋设深度要超过30cm，并先将电缆套于PVC管中再埋于地下。

3.2.6 绿化种植施工放样

绿化种植施工放样的方法有多种，可根据具体情况灵活采用。放样时要考虑先后顺序，以免人为踩坏已放好的线路。

3.2.6.1 规则式、连续或重复图案的放样

①图案简单的规则式绿地，根据设计图纸直接用皮尺量好实际距离，并用灰线做出明显标记即可。

②图案整齐线条规则的小块模纹绿地，其要求图案线条准确无误，故放样时要求极为严格，可用较粗的铁丝按设计图案的式样编好图案轮廓模型，图案较大时可分为几节组装，检查无误后，在绿地上轻轻压出清楚的线条痕迹轮廓。

③某些绿地的图案是连续和重复布置的，为保证图案的准确性、连续性，可用较厚的

纸板或围帐布、大帆布等(不用时可卷起来便于携带运输),按设计图剪好图案模型,线条处留5cm左右宽度,便于撒灰线,放完一段再放一段,这样可以连续地撒放出来。

3.2.6.2 复杂的模纹图案

对于地形较为开阔平坦、视线良好的大面积绿地,很多设计为图案复杂的模纹图案,由于面积较大,一般设计图上已画好方格线,按照比例放大到地面上即可。图案关键点应用木桩标记,同时模纹线要用铁锹、木棍画出线痕然后再撒上灰线。因面积较大,放样一般需较长时间,因此放样时最好钉好木桩或画出痕迹,撒灰踏实,以防突如其来的雨水将已画好的灰线冲刷掉。

3.2.6.3 自然式配置的乔灌木

(1)孤植型

孤植型种植就是在草坪、岛上或山坡上等地的一定范围里只种植一棵大树,其种植位置的测设方法视现场情况可用极坐标法或支距法、距离交会法等。定位后以石灰或木桩标志,并标出它的挖穴范围。

(2)丛植型

丛植型种植就是把几株或十几株甚至几十株乔木灌木配植在一起,树种一般在两种以上。定位时,先把丛植区域的中心位置用极坐标法或支距法或距离交会法测设出来,再根据中心位置与其他植物的方向、距离关系,定出其他植物种植点的位置。同样撒上石灰标志,树种复杂时可钉上木桩并在桩上写明植物名称及其大小规格。

(3)行(带)植型

道路两侧的绿化树、中间的分车绿带和房子四周的行道树、绿篱等都属于行(带)植型种植。定位时,根据现场实际情况一般可用距离交会法测设出行(带)植范围的起点、终点和转折点,然后根据设计株距的大小定出单株的位置,做好标记。

若是道路两侧的绿化树,一般要求对称,放样时要注意两侧单株位置的对应关系。

(4)片植型

在苗圃、公园或游览区常常成片规则种植某一树种(或两个树种)。放样时,首先把种植区域的界线视现场情况用极坐标法或支距法等在实地上标定出来,然后根据其种植的方式定出每一植株的具体位置。

①矩形种植 如图3-22A所示,$ABCD$为种植区域的界线,每一植株定位放样方法如下:

第一,假定种植的行距为a、株距为b。如图所示,沿AD方向量取距离$d'_A-1=0.5a$、$d'_A-2=1.5a$、$d'_A-3=2.5a$,定出1、2、3……各点;同法在BC方向上定出相应的$1'$、$2'$、$3'$……各点。

第二,在纵向$1-1'$、$2-2'$、$3-3'$……连线上按株距b定出各种植点的位置,撒上白灰标记。

②三角形种植 如图3-22B所示,第一、第二步骤与矩形种植同法:

在AD和BC上分别定出1、2、3和相应的$1'$、$2'$、$3'$等点。

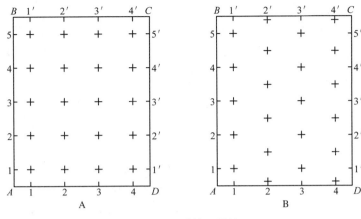

图 3-22 种植区放线

第三，在第一纵行(单数行)上按 $0.5b$、b……b、$0.5b$ 间距定出各种植点位置，在第二纵行(双数行)上按 b、b……b 间距定出各种植点位置。

知识拓展

1. 全站仪简介

全站仪是全站型电子速测仪的简称，又被称为电子全站仪，是指由电子经纬仪、光电测距仪和电子记录器组成的，可实现自动测角、自动测距、自动计算和自动记录的一种多功能高效率的地面测量仪器。电子全站仪进行空间数据采集与更新，实现测绘的数字化。

(1) 全站仪在施工放样中应用的优势

全站仪不仅能提高工作效率，还能实现园林施工的精确放样，能最大限度地减小园林施工的结果与园林设计的偏差。

①数据处理的快速与准确性：全站仪自身带有数据处理系统，可以快速而准确地对空间数据进行处理，计算出放样点的方位角与该点到测站点的距离。我们可以在 AutoCAD 中方便地查出各放样点的 X、Y 坐标，同时也可以查出相应点的设计高程(Z 坐标值)，只要把这些数据从电脑中通过数据线传输到全站仪中(一次最多可输入 16 000 个点的坐标值)，全站仪便能快速而准确地计算出各放样点间的实际距离及相应方位角。由于测距和测角的精度很高，所以完全可以做到精确定点放线。

②定方位角的快捷性：全站仪能根据输入点的坐标值计算出放样点的方位角，并能显示目前镜头方向与计算方位角的差值，只要将这个差值调为 0，就定下了要放样点的方向，即可进行测距定位。

③测距的自动化与快速性：全站仪能够自动读出距离数值，只要将棱镜对准全站仪的镜头，全站仪便可很快读出实测的距离，同时比较其自动计算出的理论上的数据，并在屏幕上显示出两者的差值，从而判断棱镜应向哪个方向再移动多少距离。当显示的距离差值为 0 时，表明此棱镜所在的位置即为放样点的实际位置。

④定完一个点后，可按"下一个(next)"键调出下一个要放样的点，重复前面两个步

骤，便可依次放出其他各点。

⑤由于全站仪体积小、重量轻（如拓普康 GTS-311 只有 4.9kg）且灵活方便，较少受到地形限制（除非全站仪无法看到棱镜），且不易受外界因素的影响（只要三脚架扎稳，一般不会引起仪器的偏移），只要合理保护全站仪，即使在复杂的自然条件下也可以照常工作。

⑥由于所有的计算是由全站仪自动完成，所以放线过程中不会受到参与者个人的主观影响。

（2）拓普康（GTS-311）全站仪的相关参数

测角精度：±2″/5″，绝对法测角，无须过零检验；测距精度：$\pm(2mm+2\times10^{-6}\cdot D)$；测程：每块棱镜 3km；高速测量：精测 1.2s，粗测 0.7s，跟踪 0.45s；可存贮 8000 个观测点或 16 000 个坐标点；装有双轴补偿器，可提供电子气泡用于整平，并可自动改正由于整平误差对水平角和竖直角观测的影响。

2. 园林工程放线技巧点

①一定要注意施工现场的参照物，如已有建筑、大树、道路弯角、水际线等，这些可视性物体会提高放线速度和准确性。

②多从实际项目施工中积累经验，学会根据现场情况选择合适的方法，对平行线法、交会法、简易网格法熟悉吃透。

③一些简单的绿化种植放线不需要复杂的理论，但需要丰富的现场经验，特别是对植、列植、三角形、四边形、多边形种植，可根据经验快速放出种植点。

④工作中如果忘记标尺，可在现场或附近用竹竿、树作为标高识别标志。

⑤比较复杂的图纹式种植样地放线，由于弯线多、交叉也多，应边放线边用施工图核对，并在相应点（圆、角、弯）标明数字（与图上数字一致），这样放线比较准确。

⑥现场采用白灰放出标志线后不立即施工的，最好用铁锹沿白灰线开挖一浅沟，以防下大雨。

实训与思考

1. 园林施工放样：根据较综合的园林施工图（含有园林建筑、水体、微地形等），利用经纬仪、水准仪或全站仪和标尺、皮尺、木桩、石灰等进行现场施工放样实训。根据施工图纸提供的方格网，用相应的仪器将方格网测设到实地，并通过方格网把园林建筑的定位轴线、水体的岸线、微地形的等高线在现场放样出来。同时在网格与地形等高线交点处立桩，在桩上标出每一角点的原地形标高、设计标高及施工标高。

2. 根据素材，用表格形式将现场施工放线相关数据列出，进行表格填写模拟。

3. 在实际工作中，结合具体的工程项目，应如何把测量学中的知识与园林工程施工结合起来。

4. 根据不同的施工环境，你认为应如何做才能灵活进行施工放线，如果要快速将某绿地施工元素放出，应采取哪些技术措施？

学习测评

选择题:

1. 园林施工放样应遵循( )的原则来组织实施。
   A. 从整体到局部,先控制后碎部
   B. 从局部到整体,先控制后碎部
   C. 从整体到局部,先碎部后控制
   D. 从整体到局部,先控制大范围后做细节

2. 施工图纸包括( )等,不同内容的图纸指导不同的放样工作。
   A. 总平面定位图　　B. 平面布置图　　C. 竖向设计图　　D. 局部详图

3. 网格法也可以说是( )的扩展。
   A. 角度交会法　　B. 距离交会法　　C. 方格网法　　D. 直角坐标法

4. 湖池岸线、园林地形等其形状一般比较自然,在施工中常用( )来放样。
   A. 角度交会法　　B. 距离交会法　　C. 网格法　　D. 极坐标法

5. 在平坦地面进行如图 3-23 右路基边桩边放样时,路堤边桩至中桩的距离为( )。
   A. $L = B/2 = b/2 + m_1 h$
   B. $L = B/2 + m_1 h$
   C. $L = B/2 - m_1 h$
   D. $L = B/2 = b/2 - m_1 h$

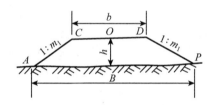

图 3-23　路基边桩边放样

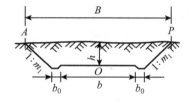

图 3-24　路堑边桩边放样

6. 在平坦地面进行如图 3-24 路堑边桩边放样时,路堤边桩至中桩的距离为( )。
   A. $L = B/2 = m_1 h - b_0 - b/2$
   B. $L = B/2 = m_1 h + b_0 + b/2$
   C. $L = B/2 = m_1 h + b_0 - b/2$
   D. $L = B/2 + m_1 h$

7. 倾斜地面路基边桩的放样,由图 3-25 可得斜坡上侧路堤边桩至中桩的距离为( )。
   A. $B_2 = b/2 + m_2(h - h_2)$
   B. $B_1 = b/2 + m(h - h_1)$
   C. $B_2 = b/2 + m(h + h_2)$
   D. $B_1 = b/2 + m_1(h + h_1)$

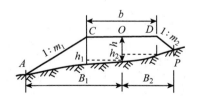

图 3-25　倾斜地面路堤路基边桩放样

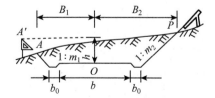

图 3-26　倾斜地面路堑路基边桩放样

8. 倾斜地面路基边桩的放样,由图 3-26 可得斜坡上侧路堤边桩至中桩的距离为( )。
   A. $B_1 = b/2 + b_0 + m(h + h_1)$
   B. $B_2 = b/2 + b_0 + m_2(h + h_2)$

C. $B_2 = b/2 + b_0 + m(h-h_2)$ D. $B_1 = b/2 + b_0 + m_1(h-h_1)$

9. 对于喷灌系统安装放样，下面正确的做法是（　　）。

A. 先确定边界上拐点的喷头位置

B. 再确定位于拐点之间沿边界的喷头位置

C. 最后确定喷灌区域内部位于非边界的喷头位置

D. 其他地方均可

10. 全站仪是全站型电子速测仪的简称，可实现（　　）的一种多功能高效率的地面测量仪器。

A. 自动测角　　　　B. 自动测距　　　　C. 自动计算　　　　D. 自动记录

数字资源

单元 4　园林土方工程施工

学习目标

【知识目标】
(1) 熟悉工程土方施工中相关概念与土壤工程性质；
(2) 掌握土方施工中土方一般计算方法与应用场景；
(3) 熟悉土方施工流程、技术要点、影响因素等。

【技能目标】
(1) 能根据工程性质解决土方施工中的技术问题；
(2) 能根据施工环境实施有效的土方施工。

【素质目标】
(1) 培养项目工地不怕累不怕苦的精神；
(2) 积累项目施工经验；
(3) 培养项目现场施工的安全意识。

在园林建设中，第一个要进行的施工环节就是地形的整理和改造，也就是土方工程的施工。土方施工涉及的范围很广，任何建筑物、构筑物、道路及广场等工程的修建，都要在地面做一定的基础，如挖掘基坑、路槽等。它基本贯穿了所有的园林工程的分项工程（图4-1）。

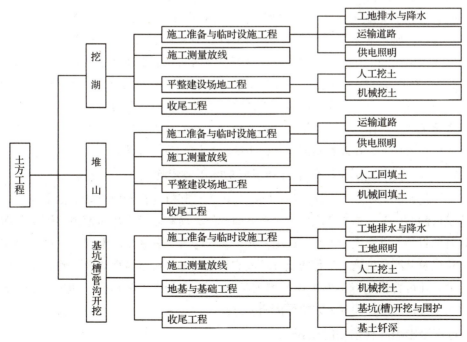

图 4-1　园林土方工程的分项工程构成

土方工程是造园工程中的主要工程项目，特别是大规模的挖湖堆山、整理地形的工程。这些项目工期长、工程量大、投资大，且艺术要求高。施工质量的好坏直接影响景观质量和以后的日常维护管理。

4.1 土方施工概述

4.1.1 土方施工的特点

(1) **具有首要性**

但凡园林工程施工，必先动土。在准备建园地原有地形的基础上，从园林的实用功能出发，对园林地形、地貌、建筑、绿地、道路、广场、管线等进行综合统筹，安排园内与园外之间在高程上有合理的关系，使之成为园林的骨架，对园林的整体面貌起重要作用，这就是园林用地的竖向设计。地形骨架的塑造，山水布局，峰、峦、坡、谷、河、湖、泉、溪等地貌小品的设置，它们之间的相对位置、高低、大小、比例、尺度、外观形态、坡度的控制和高程关系等都要通过园林土方工程来解决。合理的土方工程施工对节约投资和缩短工期，对整个园林建设工作都具有很大意义。

(2) **不仅有外业施工，还有内业计算，内业计算对园林建设的意义很大**

在进行土方工程之前，一般都有一些内业工作，如进行土方计算、土方的平衡调配等。通过进行土方工程的计算可以明确地了解基地内各部分的填、挖情况，动土量的大小。对设计者来说，可以修订设计图中不合理的地方；对投资方来说，可以根据计算的土方量进行概预算，从而确定投资额；对施工方来说，计算所得的资料可以为施工组织设计提供依据，合理地安排人、财、物，做到土方的有序流动，提高工作效率，从而缩短工期，节约投资。所以土方量的计算在园林施工过程中是必不可少的。整理场地的土方量计算最适宜用方格网法，计算出土方的施工标高、填区面积、挖填区土方量，并考虑各种变更因素(如土壤的可松性、压缩率、沉降量等)进行调整后，对土方进行综合平衡与调配。一般情况下园林设计只是将园林的竖向设计完成，并提出土方工程量的大小。而在施工过程中需要施工人员具体计算整个施工区域各部分的施工量和土方调配方案，这是进行园林土方工程的首要任务，在此基础上才有施工组织设计与具体的施工。

(3) **土方的合理调运是确保土方施工成功的重要步骤**

土方平衡调配工作是土方施工的一项重要内容，其目的在于使土方运输量或土方运输成本为最低的条件下，确定填、挖方区土方的调配方向和数量，从而达到缩短工期和提高经济效益的目的。进行土方平衡与调配，必须综合考虑工程和现场情况、进度要求和土方施工方法以及分期分批施工工程的土方堆放和调运问题。经过全面研究，确定平衡调配的原则之后，才可着手进行土方平衡与调配工作，如划分土方调配区，计算土方的平均运距、单位土方的运价，确定土方的最优调配方案。

(4) **直接影响园林植物的生长**

园林建设工程的土方工程也有它不同于其他建设工程的特殊地方，就是在进行土方工程的同时要考虑园林植物的生长。植物是构成园林的重要因素，现代园林的一个重要特征是植物造景，植物生长所需要的多样生态环境对园林建设的土方工程提出了较高的要求。另外，造园基地上也会保留一些有价值的老树，需要有效地保护。通过土方工程还应合理改良土壤的质地和性质，以利于植物的生长。

因此可以说土方工程是与其后的造园设施工程或种植工程有密切关系，是造园建设的基础工程，该项工程的好坏直接关系造园设施的质量，对树木的生长和园景未来的发展影响很大。所以只有熟悉土地条件和设计意图，才能搞好园林施工。在进行土方工程之前，应确定保护保存树木等措施，在治理预定栽植地域时，注意充分利用原有优质土壤，为树木生长打下良好的基础。表土等优质土壤是地球上宝贵的财产，应该加以保护、有效利用，避免破坏土壤团粒结构，防止土壤养分流失。

4.1.2 影响土方施工进度的主要因素

4.1.2.1 土壤的工程性质

影响到土方施工进度与质量的土壤工程性质主要包括：

（1）**土壤的容重**

这是指单位体积内天然状态下的土壤重量，单位为 kg/m^3。土壤容重的大小直接影响着施工的难易程度和开挖方式，容重越大，挖掘越难。在土方施工中按容重把土壤分为松土、半坚土、坚土等类型，所以施工中施工技术和定额应根据具体的土壤类别来制定。

（2）**土壤的自然安息角**

土壤自然堆积，经沉落稳定后，将会形成一个稳定的、坡度一致的土体表面，此表面即为土壤的自然倾斜面。自然倾斜面与水平面的夹角，就是土壤的自然倾斜角，即安息角。以 α 表示（图 4-2）。在工程设计时，为了使工程稳定，其边坡坡度数值应参考相应土壤的安息角，另外，土壤的含水量大小也影响土壤的安息角（图 4-3）。

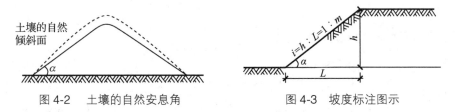

图 4-2　土壤的自然安息角　　　　图 4-3　坡度标注图示

土方工程不论是挖方或填方都要求有稳定的坡度。进行土方施工的设计或施工时，应该结合工程本身的要求（如填方或挖方，永久性或临时性）以及当地的具体条件（如土壤的种类及分层情况等），使挖方或填方的坡度合乎技术规范的要求。如情况在规范之外，则须进行实地测试来决定。

（3）**土壤含水量**

土壤的含水量是土壤孔隙中的水重与土壤颗粒重的比值。土方工程中一般将土壤含水量在5%以内的称为干土,5%~30%的称为潮土,大于30%的称为湿土。土壤含水量的多少对土方施工的难易也有直接的影响。土壤含水量过小,土质过于坚实,不易挖掘;含水量过大,土壤易泥泞,也不利施工,人力或机械施工工效均降低。以黏土为例,含水量在5%~30%以内较易挖掘,若含水量过大,则其本身性质发生很大变化,并丧失其稳定性,此时无论是填方或挖方其坡度稳定性均显著下降。因此,含水量过大的土壤不宜作回填土。

(4)土壤的相对密度和土壤可松性

前者是用以表示土壤在填筑后的密实程度的。在填方工程中,土壤的相对密度是检查土方施工中土壤密实程度的标准。为了使土壤达到设计要求的密实度,可以采用人力夯实或机械夯实。一般采用机械夯实,其密度可达95%,人力夯实在87%左右。园林土方工程中大面积填方,如堆山,通常不加夯压,而是借土壤的自重慢慢沉落,久而久之也可达到一定的密实度。

土壤可松性是指土壤经挖掘后,其原有密度结构遭到破坏,土体松散而使体积增加的性质。这一性质与土方工程的挖方和填方量计算以及运输等都有很大关系。一般情况下,土壤容重越大,土质越坚硬密实,则开挖后体积增加越多,可松性系数越大,对土方平衡和土方施工的影响也就越大。

(5)土壤的工程分类

不同种类的土壤,其组成状态、工程性质均不同。土壤的分类按研究方法和适用目的不同而有不同的划分方法。如按土壤的生成年代、生成条件以及颗粒级配或塑性指数的分类方法等。

在土方施工中,按土的坚硬程度即开挖时的难易程度把土壤概括为7个类别。其组成、容重及开挖方式详见表4-1。

表4-1 土壤的工程分类

级别	编号	土壤的名称	天然含水量状态下土壤的平均容重(kg/m³)	开挖方法工具
Ⅰ	1	沙	1500	用锹挖掘
	2	植物性土壤	1200	
	3	壤土	1600	
Ⅱ	1	黄土类黏土	1600	用锹、镐挖掘,局部采用撬棍开挖
	2	15mm以内的中小砾石	1700	
	3	砂质黏土	1650	
	4	混有碎石与卵石的腐殖土	1750	
Ⅲ	1	稀软黏土	1800	
	2	15~50mm的碎石及卵石	1750	
	3	干黄土	1800	
Ⅳ	1	重质黏土	1950	用锹、镐、撬棍、凿子、铁锤等开挖;或用爆破方法开挖
	2	含有50kg以下石块的黏土块石所占体积<10%	2000	
	3	含有重10kg以下石块的粗卵石	1950	

(续)

级别	编号	土壤的名称	天然含水量状态下土壤的平均容重(kg/m³)	开挖方法工具
V	1 2 3 4	密实黄土 软泥灰岩 各种不坚实的页岩 石膏	1800 1900 2000 2200	用锹、镐、撬棍、凿子、铁锤等开挖；或用爆破方法开挖
VI VII		均为岩石类，省略	2000~2900	爆破

注：施工中选择施工工具、确定施工技术、制定劳动定额均需依据具体的土壤类别进行。

4.1.2.2 施工方案

对于主要的单项工程、单位工程及特殊的分项工程，应在施工组织总设计中拟定其施工方案，其目的是组织和调集施工力量，并进行技术和资源的准备工作，同时也为施工进程的顺利开展和工程现场的合理布置提供依据。其主要内容包括确定施工工艺流程，选择大型施工机械和主要施工方法等。合理的施工方案对于土方施工的进度是有保证作用的。

4.1.2.3 施工组织水平

施工组织设计是指导施工项目管理全过程的规划性的、全局性的技术经济文件。它使施工企业项目管理的规划与组织、设计与施工、技术与经济、前方与后方、工程和环境等协调起来，取得良好的经济效果。土方工程施工是园林建设的一部分，施工组织水平的高低必然直接影响到土方施工的进度。

4.1.2.4 天气变化情况

对土方工程施工工期影响最大的因素为天气，影响最严重的就是长时间连续降水，特别是在土方填筑的过程中。例如，路基被雨水浸泡，整个工地会成为"烂水塘"，已有的施工工作就全部报废了。所以，施工技术人员在施工中应时刻关注天气变化情况，关注近期和中长期的天气预报，根据天气预报情况制订出合理的施工计划。

4.2 土方施工技术

土方工程施工的内容包括挖方、运土、填压土方、修整成品等。其施工方法有人力施工、机械化和半机械化施工。施工方法的选用要依据场地条件、工程量和当地施工条件而定。在土方规模较大、较集中的工程中采用机械化施工较经济。但对工程量不大、施工点较分散的工程或因受场地限制，不便采用机械施工的地段，应该用人力施工或半机械化施工。

4.2.1 土方施工一般程序

4.2.1.1 土方施工程序

施工前准备工作→现场放线→土方开挖→运方填方→成品修整与保护。

4.2.1.2 土方施工准备工作

主要包括分析设计图纸、现场勘察、落实施工方案、清理场地、排水和定点放线,以便为后续土方施工工作提供必要的场地条件和施工依据等。准备工作的好坏直接影响着工效和工程质量。

(1)施工前的准备工作

施工单位应与设计单位、建设单位一起就设计图交换意见,认真分析设计意图,理解设计思想,并对施工图上的各施工要素加以熟悉,标注重点,列出关键点。施工单位要与建设方对实地进行勘察,了解施工条件,分析施工现场,做好各种现场因子的记录。按照已审批的施工方案(应结合勘察情况来校对)组织落实施工中应准备的各种机械、材料、人力等。

(2)清理场地

在施工地范围内,凡有碍工程开展或影响工程稳定的地面物或地下物都应该清理,如按设计不予保留的树木、废旧建筑物或地下构筑物等。

① 伐除树木。凡土方开挖深度不大于 50cm 或填方高度较小的土方施工,现场及排水沟中的树木必须连根拔除。清理树墩除用人工挖掘外,直径在 50cm 以上的大树墩可用推土机或用爆破方法清除。建筑物、构筑物基础下土方中不得混有树根、树枝、杂草及落叶。

② 建筑物或地下构筑物的拆除,应根据其结构特点采取适宜的施工方法,并遵循《建筑工程安全技术规范》的规定进行操作。

③ 施工过程中如发现其他管线或异常物体,应立即请有关部门协同查清。未查清前,不可施工,以免发生危险或造成其他损失。

(3)排水工作

场地积水不仅不便于施工,而且也影响工程质量。在施工之前应设法将施工场地范围内的积水或过高的地下水排走。

① 排除地面水　在施工前,根据施工区地形特点在场地内及其周围挖排水沟,并防止场外的水流入。在低洼处挖湖施工时,除挖好排水沟外,必要时还应加筑围堰或设防水堤。另外,在施工区域内考虑临时排水设施时,应注意与原排水方式相适应,并且应尽量与永久性排水设施相结合。为了排水通畅,排水沟的纵坡不应小于2%,沟的边坡值取1:1.5,沟底宽及沟深不小于50cm。

② 排除地下水　园林土方工程中多用明沟,将水引至集水井,再用水泵抽走。一般按排水面积和地下水位的高低来安排排水系统,先定出主干渠和集水井的位置,再定支渠的位置和数目。土壤含水量大,要求排水迅速,支渠分支应密些,反之可疏。

在挖湖施工中,排水明沟的深度,应深于水体挖深。沟可一次挖到底,也可依施工情况分层下挖,采用哪种方式可根据出土方决定(图4-4、图4-5)。

(4)定点放线

方法参见第3章。

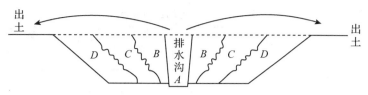

图 4-4 排水沟一次挖到底,双向出土挖湖施工示意图
(开挖顺序为 A、B、C、D)

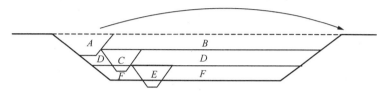

图 4-5 排水沟分层挖掘,单向出土挖湖施工示意图
(A、C、E 为排水沟,开挖顺序为 A、B、C、D、E、F)

(5) 夜间施工

应合理安排工序,施工场地应根据需要安装照明设施。在危险地段应设置明显标志。

上述各项准备工作及土方施工一般按先后顺序进行,但有时要穿插进行,这不仅是为了缩短工期,也是因工作需要协调配合。例如,在土方施工过程中,仍可能会发现新的异常物体需要处理;施工时也会碰上新的降水;桩线也可能被破坏或移位等。因此,上述的准备工作可以说是贯穿土方施工的整个过程,以确保工程施工按质、按量、按期顺利完成。

4.2.2 人工挖方技术要点

人工挖方适用于一般园林建筑、构筑物的基坑(槽)和管沟,以及小溪、带状种植沟和小范围整地的挖土工程。施工工具主要有:锹、镐、条锄、板锄、铁锤、钢钎、手推车、坡度尺、梯子、线绳等。

4.2.2.1 现场施工方法

施工流程:确定开挖的顺序和坡度→确定开挖边界与深度→分层开挖→修整边缘部位→清底。

(1) 确定坡度。

①在天然湿度的土中,开挖基坑(槽)和管沟时,当挖土深度不超过下列数值的规定时,可不放坡,不加支撑。

第一,密实、中实的砂土和碎石类土(充填物为砂土) —*1.0m。

第二,硬塑、可塑的黏质粉土 —1.25cm。

第三,硬塑、可塑的黏土和碎石类土(充填物为黏性土) —1.5m。

第四,坚硬的黏土 —2.0m。

②超过上述规定深度,在 5m 以内时,当土具有天然湿度,构造均匀,水文地质条件

---

* "—"为挖深的意思。

表 4-2　各类土的边坡坡度

项次	土的类别	边坡度（高∶宽）		
		坡顶无荷载	坡顶有静载	坡顶有动载
1	中密的砂土	1∶1.00	1∶1.25	1∶1.50
2	中密的碎石类土（充填物为砂土）	1∶0.75	1∶1.00	1∶1.25
3	硬塑的轻亚黏土	1∶0.67	1∶0.75	1∶1.00
4	中密的碎石类土（充填物为黏性土）	1∶0.50	1∶0.67	1∶0.75
5	硬塑的亚黏土、黏土	1∶0.33	1∶0.50	1∶0.67
6	老黄土	1∶0.10	1∶0.20	1∶0.33
7	软土（经井点降水后）	1∶1.00	—	—

好，且无地下水，不加支撑的基坑（槽）和管沟时，必须放坡。边坡最陡坡度应符合表 4-2 的规定。

（2）确定开挖顺序。根据基础和土质以及现场出土等条件，要合理确定开挖顺序，然后分段分层平均下挖。

①开挖各种浅基础，如不放坡，应先沿灰线直边切出槽边的轮廓线。

②开挖各种槽坑：

第一，浅条形基础。一般黏性土可自上而下分层开挖，每层深度以 60cm 为宜，从开挖端部逆向倒退按踏步型挖掘。碎石类土先用镐翻松，正向挖掘，每层深度视翻土厚度而定，每层应清底和出土，然后逐步挖掘。

第二，浅管沟。与浅的条形基础开挖基本相同，仅沟帮不切直修平。标高按龙门板上平往下返出沟底尺寸，当挖土接近设计标高时，再从两端龙门板下面的沟底标高上返 50cm 为基准点，拉小线用尺检查沟底标高，最后修整沟底。

第三，开挖放坡的土方时，应先按施工方案规定的坡度，粗略开挖。再分层按坡度要求做出坡度线，每隔 3m 左右做出一条，以此线为准进行铲坡。深管沟挖土时，应在沟帮中间留出宽度 80cm 左右的倒土台。

第四，开挖大面积的土方时，沿坑三面同时开挖，挖出的土方装入手推车或翻斗车，由未开挖的一面运至弃土点。

（3）土方开挖当接近地下水位时，应先完成标高最低处的挖方，以便在该处集中排水。开挖后，在挖到距底 50cm 以内时，测量放线人员应配合标出距底 50cm 平线；自开挖端部 20cm 处每隔 2~3m，在地面上钉水平标高小木橛。在挖至接近底标高时，用尺或事先量好的 50cm 标准尺杆，随时以小木橛上平，校核底标高。最后由两端轴线（中心线）、引桩拉通线，检查距边尺寸，确定宽度标准，据此修整边坡，最后清除基底土方，修底铲平。

（4）基坑（槽）管沟的施工，在开挖过程和敞露期间应防止塌方，必要时应加以保护。凡基坑挖好后不能立即进行下道工序的，应预留 15~30cm 的层土不挖，待下道工序开始时再挖至设计标高。

在开挖两侧土时，应保证边坡和直立墙体的稳定。当土质良好时，抛于两侧的土方

(或材料)应距边缘 0.8m 以外，高度不宜超过 1.5m。在柱基周围、墙基或围墙一侧，不得堆土过高。

(5)开挖的土方，在场地有条件堆放时，一定留足回填需用的好土，多余的土方应一次运至弃土处，避免二次搬运。

4.2.2.2 注意问题

①施工人员应有足够的工作面，以免互相碰撞，发生危险。一般平均每人应有 $4\sim6m^2$ 的作业面面积，两人同时作业的间距应大于 2.5m。

②开挖土方附近不得有重物和易坍落物体。凡在挖方边缘上侧临时堆土或放置材料，应与基坑边缘至少保持 1m 以上的距离，堆放高度不得超过 1.5m。

③随时注意观察土质情况，使之符合挖方边坡要求。操作时应随时注意土壁的变动情况，当垂直下挖超过规定深度($\geqslant 2m$)，或发现有裂痕时，必须设支撑板支撑。

④土壁下不得向里挖土，以防坍塌。在坡上或坡顶施工者，不得随意向坡下滚落重物。

⑤深基坑上下应先挖好阶梯或开斜坡道，并采取防滑措施，严禁踩踏支撑上下，坑的四周要设置明显的安全栏。

⑥基底超挖：开挖基坑(槽)或管沟均不得超过基底标高。如个别地方超挖，其处理方法应取得设计单位的同意，不得私自处理。

⑦软土地区桩基挖土防止桩基位移：在密集群桩上开挖基坑时，应在打桩完成后，每隔一段时间，再对称挖土；在密集桩附近开挖基坑(槽)时，应事先确定防止桩基位移的措施。

⑧施工顺序不合理：土方开挖宜先从低处进行，分层分段依次开挖，形成一定坡度，以利排水。

⑨开挖尺寸不足：基坑(槽)或管沟底部的开挖宽度，除结构宽度外，应根据施工需要增加工作面宽度。如排水设施、支撑结构所需的宽度，在开挖前均应考虑。

⑩基坑(槽)或管沟边坡不直不平，基底不平：应加强检查，随挖随修，并要认真验收。

4.2.2.3 成品保护

①对定位标准桩、轴线引桩、标准水准点、桩头等，挖运土时不得碰撞，并应经常测量和校核其平面位置、水平标高和边坡坡度是否符合设计要求。定位标准桩和标准水准点也应定期复测检查是否正确。

②土方开挖时，应防止邻近已有建筑物或构筑物、道路、管线等发生下沉或变形。必要时，与设计单位或建设单位协商采取防护措施，并在施工中进行沉降和位移观测。

③施工中如发现有文物或古董等，应妥善保护，并应立即报请当地有关部门处理后，方可继续施工。如发现有测量用的永久性标桩或地质、地震部门设置的长期观测点等，应加以保护。在敷设地上或地下管道、电缆的地段进行土方施工时，应事先取得有关管理部门的书面同意，施工中应采取措施，以防损坏管线。

4.2.3 机械挖方技术要点

机械挖方适用于大规模的园林建筑、构筑物的基坑(槽)或管沟以及园林中的河流、湖面、大范围的整地工程等的机械挖土。

挖土机械主要有：挖土机、推土机、铲运机、自卸汽车等。

一般机具主要有：铁锹（尖、平头两种）、手推车、小白线或20号铅丝和钢卷尺以及坡度尺等。

4.2.3.1 施工方法

施工流程：确定开挖的顺序和坡度→分段分层平均下挖→修边和清底。

(1)坡度的确定

①在天然湿度的土中，开挖基坑（槽）和管沟时，当挖土深度不超过下列数值的规定时，可不放坡，不加支撑。

密实、中实的砂土和碎石类土（充填物为砂土）：-1.0m。

硬塑、可塑的黏质粉土：-1.25cm。

硬塑、可塑的黏土和碎石类土（充填物为黏性土）：-1.5m。

坚硬的黏土：-2.0m。

②超过上述规定深度，在5m以内时，当土具有天然湿度，构造均匀，水文地质条件好，且无地下水，不加支撑的基坑（槽）和管沟，必须放坡。边坡最陡坡度应符合表4-3的规定。

表4-3 各类土的边坡坡度

项次	土的类别	边坡度（高：宽）		
		坡顶无荷载	坡顶有静载	坡顶有动载
1	中密的砂土	1：1.00	1：1.25	1：1.50
2	中密的碎石类土（充填物为砂土）	1：0.75	1：1.00	1：1.25
3	硬塑的轻亚黏土	1：0.67	1：0.75	1：1.00
4	中密的碎石类土（充填物为黏性土）	1：0.50	1：0.67	1：0.75
5	硬塑的亚黏土、黏土	1：0.33	1：0.50	1：0.67
6	老黄土	1：0.10	1：0.20	1：0.33
7	软土（经井点降水后）	1：1.00	—	—

③使用时间较长的临时性挖方边坡坡度，应根据工程地质和边坡高度，结合当地同类土体的稳定坡度值确定。如地质条件好、土（岩）质较均匀、高度在10m以内的临时性挖方边坡坡度应按表4-4确定：

表4-4 各类土的挖方边坡坡度

项次	土的类别		边坡坡度（高：宽）
1	砂土（不包括细沙、粉沙）		1：1.25~1：1.15
2	一般黏性土	坚硬	1：0.75~1：1.00
		硬塑	1：1.0~1：1.25
3	碎石类土	充填坚硬、硬塑性黏土	1：0.5~1：1.00
		充填砂土	1：1.00~1：1.50

④挖方经过不同类别土(岩)层和深度超过10m时,其边坡可做成折线形或台阶形。

⑤挖方因邻近建筑物限制而采用护坡桩时,可以不放坡,但要有护坡桩的施工方案。

(2)合理确定开挖顺序、路线及开挖深度

①采用推土机开挖大型沟(槽)时,一般应从两端或顶端开始(纵向)推土,把土推向中部或顶端,暂时堆积,然后横向将土推离坑(槽)的两端。

②采用铲运机开挖大型土方工程时,应纵向分行、分层按照坡度线向下铲挖,但每层的中心线地段应比两边稍高一些,以防积水。

③采用反铲、拉铲挖土机开挖基坑(槽)或管沟时,其施工方法有两种:

端头挖土法:挖土机从基坑(槽)或管沟的端头以倒退行驶的方法进行开挖。自卸汽车配置在挖土机的两侧装运土。

侧向挖方法:挖土机沿着基坑(槽)或管沟的一侧移动,自卸汽车在另一侧装运土。

挖土机沿挖方边缘移动时,机械距离边坡上缘的宽度不得小于基坑(槽)或管沟深度的1/2。如挖土深度超5m,应按专业性施工方案来确定。

(3)土方开挖宜从上到下分层分段依次进行,随时做成一定坡势,以利泄水

①在开挖工程中,应随时检查挖土方的边坡的状态。垂直下挖深度大于1.5m时,根据土质变化情况,应做好基坑(槽)或管沟的支撑准备,以防坍塌。

②开挖基坑(槽)或管沟,不得挖至设计标高以下。如不能准确地挖至设计基底标高,可在设计标高以上暂留一层土不挖,以便在找平后由人工挖出。一般铲运机、推土机挖土时,暂留土层厚度为20cm左右;挖土机用反铲、正铲和拉铲挖土时,暂留土层厚度为30cm左右为宜。

③在机械施工挖不到的土方,应配合人工随时进行挖掘,并用手推车把土运到机械挖得到的地方,及时用机械运走。

(4)修竖墙和清底

在距槽底设计标高50cm槽帮(竖墙)处,抄出水平线,钉上小木橛,然后用人工将暂留土层挖走。同时由两端轴线(中心线)引桩拉通线(用小线或铅丝),检查距槽边尺寸,确定槽宽标准,进行质量检查验收。

①槽底修理铲平后,进行质量检查验收。

②开挖出来的土方,在场地有条件堆放时,一定留足回填需用的好土;多余的土方,应一次运走,避免二次搬运。

4.2.3.2 注意问题

①机械挖土前应将施工区域内的所有障碍物清除,并对机械进入现场的道路、桥涵等认真检查,如不能满足施工要求应予以加固;凡夜间施工的必须有足够的照明设备,并做好开挖标志,避免错挖或超挖。

②推土机手应识图或了解施工对象的情况,如施工地段的原地形情况和设计地形特点,最好结合模型,便于一目了然。另外施工前还要了解实地定点放线情况,如桩位、施工标高等,这样施工时司机心中有数,就能得心应手地按设计意图去塑造设计地形。这对提高工效有很大帮助,在修饰地形时便可节省人力物力。

③注意保护表土。在挖湖堆山时，先用推土机将施工地段的表层熟土(耕作层)推到施工场地外围，待地形整理停当，再把表土铺回来。这对园林植物的生长有利，人力施工地段有条件的也应如此。在机械施工无法作业的部位应辅以人工，确保挖方质量。

④为防止木桩受到破坏并有效指引推土机手，木桩应加高或做醒目标志，放线也要明显；同时施工技术人员要经常到现场校核桩点和放线，以免挖错(或堆错)位置。

⑤对于基坑挖方，为避免破坏基底土，应在基底标高以上预留一层土用人工清理。基坑(槽)开挖后没有进行后续基础施工，但没有保护土层。为此应注意在基底标高以上留出0.3m厚的土层，待基础施工时再挖去。

⑥如用多台挖土机施工，两机间的距离应大于10m。在挖土机工作范围内不得再进行其他工序施工。同时应使挖土机与边坡有一定的安全距离，且应验证边坡的稳定性，以确保机械施工的安全。

⑦机械挖方宜从上到下分层分段依次进行。施工中应随时检查挖方的边坡状况，当垂直下挖深度大于1.5m时，要根据土质情况做好基坑(槽)的支撑，以防坍陷。

⑧需要将预留土层清走时，应在距槽底设计标高50cm槽帮处，找出水平线，钉上小木橛，然后用人工将土层挖走。同时由两端轴线(中心线)打桩拉通线(常用细绳)来检查距槽边尺寸，确定槽宽标准，以此对槽边修整，最后清除槽底土方。

⑨开挖基坑(槽)或管沟均不得超过设计基底标高，如偶有超过的地方应会同设计单位共同协商解决，不得私自处理。

⑩桩基产生位移：一般出现于软土区域，碰到此土基挖方，应在打桩完成后，先间隔一段时间再对称挖土，并要求制定相应的技术措施。

⑪开挖尺寸不足，基底、边坡不平：开挖时没有加上应增加的开挖面积，使挖掘面积不足。故施工放线要严格，充分考虑增加的面积。对于基底和边坡应加强检查，随时校正。

⑫施工机械下沉：采用机械挖方，务必掌握现场土质条件和地下水位情况，针对不同的施工条件采取相应的措施。一般推土机、铲运机需要在地下水位0.5m以上推铲土；挖土机则要求在地下水位0.8m以上挖土。

4.2.3.3 成品保护

①对定位标准桩、轴线引桩、标准水准点、桩头等，挖运土时不得碰撞。并应经常测量和校核其平面位置、水平标高和边坡坡度是否符合设计要求。定位标准桩和标准水准点也应定期复测检查是否正确。

②土方开挖时，应防止邻近已有建筑物或构筑物、道路、管线等发生下沉或变形。必要时，与设计单位或建设单位协商采取防护措施，并在施工中进行沉降和位移观测。

③施工中如发现有文物或古董等，应妥善保护，并应立即报请当地有关部门处理后，方可继续施工。如发现有测量用的永久性标桩或地质、地震部门设置的长期观测点等，应加以保护。在敷设地上或地下管道、电缆的地段进行土方施工时，应事先取得有关管理部门的书面同意，施工中应采取措施，以防损坏管线。

4.2.4 土方的运输与夯压

4.2.4.1 运土

运土应按土方调配方案组织劳力、机械和运输路线,卸土地点要明确。应有专人指挥,避免乱堆乱卸。

利用人工吊运土方时,应认真检查起吊工具、绳索是否牢靠。吊斗下方不得站人,卸土应离坑边有一定距离。用手推车运土应先平整道路,且不得放手让车自动翻转卸土。用翻斗汽车运土,运输车道的坡度、转弯半径要符合行车安全。

4.2.4.2 填土

填方时土壤应满足工程的质量要求,填土需根据填方用途和要求加以选择。

(1)填土施工的一般要求

填方时对填方土料、基址条件及边坡有较严格的要求,主要包括:

①填方土料 应满足设计要求。碎石类土、砂土及爆破石渣(粒径小于每层铺厚的2/3)可考虑用于表层下的填料;碎块草皮和有机质含量大于8%的土壤,只能用于无压实要求的填方;淤泥一般不能作为填方料;盐碱土应先测定含盐量,符合规定的可用于填方,但作为种植地时其上必须加盖一层优质土,厚约30cm,同时要设计排盐暗沟;一般的中性黏土都能满足各层填土的要求。

②基址条件 填方前应全面清除基底上的草皮、树根、积水、淤泥及其他杂物;如基底土壤松散,务必将基底充分夯实或碾压密实;如填方区属于池塘、沟槽、沼泽等含水量大的地段,应先进行排水疏干,将淤泥全部挖出后再抛填块石或砾石,结合换土及掺石灰措施等处理。

③土料含水量 填方土料的含水量一般以手握成团、落地开花为宜。含水量过大的土基应翻松、风干,或掺入干土;过干的土料或填筑碎石类土则必先洒水润湿再施压,以提高压实效果。

④填土边坡 为保证填方的稳定,对填土的边坡有一定规定。对于使用较长时间的临时性填方(如使用时间超过1年的临时道路)边坡坡度,当填方高度小于10m时,可用1∶1.5边坡;超过10m,边坡可做成折线形,上部采用1∶1.5,下部采用1∶1.75。

(2)填土的方法

①人工填土 主要用于一般园林建筑、构筑物的基坑(槽)和管沟以及室内地坪和小范围整地、堆山的填土。常用的机具有:蛙式打夯机、手推车、筛子(孔径40~60mm)、木耙、平头和尖头铁锹、钢尺、细绳等。

其施工流程为:基底地坪的清理→检查土质→分层铺土、耙平→夯实土方→检查密实度→修整找平验收。

填土前应将基坑(槽)或地坪上的各种杂物清理干净,同时检查回填土是否达到填方的要求。人工填土应从场地最低处开始自下而上分层填筑,层层压实。每层虚铺厚度,如用人工木夯夯实,砂质土不宜大于30cm,黏性土20cm;用机械打夯时约30cm。人工夯填土,通常用60~80kg木夯或石夯，4~8人拉绳，2人扶夯，举高最小0.5m，一夯压半夯，按次序进行。大面积填方用打夯机夯实，两机平行间距应大于3m，在同一夯打路线上前后间距应大于10m。

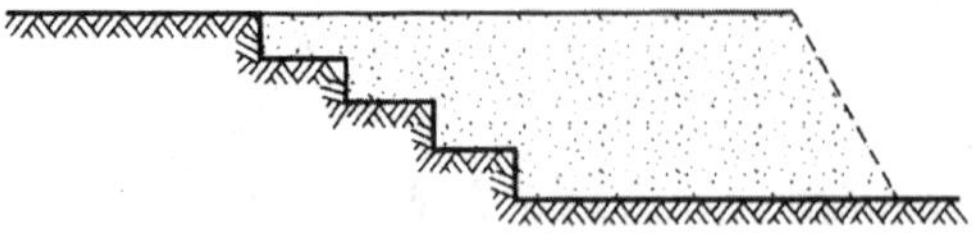

斜坡上填土且填方边坡较大时，为防止新填土方滑落，应先将土坡挖成台阶状（图4-6），然后填土，以利于新旧土方的结合使填方稳定。

图4-6 斜坡先挖成台阶状，再行填土

填土全部完毕后，要进行表面拉线找平，凡超过设计高程之处应及时依线铲平；凡低于设计标高的地方要补土夯实。

②机械填土　园林工程中常用的填土机械有推土机、铲运机和汽车，各自在填方施工时应把握的要点如下：

第一，推土机填土。填方应从下由上分层铺填，每层虚铺不应大于30cm，不许不分层次一次性堆填。堆填顺序最宜采用纵向铺填，从挖土区至填方点以40~60m距离为填方段为好。运土回填时要采用分堆集中，一次送运的方法，分段距离一般为10~15m，以减少运土泄漏。土方运至填方处时应提起铲刀，成堆卸土，并向前行驶1m左右，待机体后退时将土刮平。最后应使推土机来回行驶碾压，并注意使履带重叠一半。

第二，铲运机填土。同样应分层铺土，每次铺土厚度为30~50cm；填土区段长不得小于20m，宽应大于8m，铺土后要利用空车返回时将填土刮平。

第三，汽车填土。多用自卸汽车填方，每层需铺土壤厚度30~50cm，卸土后用推土机推平。土山填筑时，土方的运输路线应以设计的山头及山脊走向为依据，并结合来土方向进行安排。一般以环行线为宜，车辆或人力挑抬满载上山，土卸在路两侧；空载的车（或人）沿路线继续前行下山，车（或人）不走回头路，不交叉穿行，路线畅通，不会逆流相挤。

③冬、雨季填方施工要点　雨季施工时应采取防雨防水措施。如填土应连续进行，加快挖土、运土、平土和碾压过程；降水前要及时夯完已填土层或将表面压光，并做成一定坡度，以利于排除雨水和减少下渗；在填土区周围修筑防水埝和排水沟，防止地面水流入基坑、基槽内造成边坡塌方或基土遭到破坏。

冬季回填土方时，每层铺土厚度应比常温施工时减少20%~50%，其中冻土体积不得超过填土总体积的15%，其粒径不得大于150mm。铺填时，冻土块应分布均匀，逐层压实，以防冻融造成不均匀沉陷。回填土方尽可能连续进行，避免基土或已填土受冻。

(3) 夯实土方

根据工程量的大小、场地条件，土方的夯实可采用人工夯压或机械夯实。

①人工夯实　人力夯压可用夯、硪、碾等工具。夯压前先将填土初步整平，再根据"一夯压半夯，夯夯相接，行行相连，两遍纵横交叉，分层打夯"的原则进行压实。地坪打夯应从周边开始，逐渐向中间夯进；基槽夯实时要从相对的两侧同时回填夯压；对于管沟的回填，应先用人工将管道周围填土夯实，填土要求至管顶50cm以上，在确保管道安全的情况下方能用机械夯压。

②机械夯实　机械压实可用碾压机、振动碾或用拖拉机带动的铁碾，小型夯压机械有内燃夯、蛙式夯等。按机械压实方法（压实功作用方式）可分为碾压、夯实、振动压实3种。

第一，碾压。碾压是通过由动力机械牵引的圆柱形滚碾（铁质或石质）在地面滚动借以压实土方、提高土壤密实度的方法。碾压机械有平碾(压路机)、羊足碾和气胎碾等。碾压机械压实土方时应控制行驶速度，一般平碾不超过2km/h；羊足碾不超过3km/h。

羊足碾适用于大面积机械化填压方工程，它需要有较大的牵引力，一般用于压实中等深度的黏性土、黄土，不宜碾压干砂、石碴等干硬性土。因在碾压砂土时，土的颗粒受到"羊足"较大的单位压力后会向四面移动，而使土的结构破坏。使用羊足碾碾压时，填土厚度不宜大于50cm，碾压方向要从填土区的两侧逐渐压向中心，每次碾压应有15~20cm重叠，并要随时清除粘在羊足之间的土料。有时为提高土层的夯实度，经羊足碾压后，再辅以拖式平碾或压路机压平压实。

气胎碾在工作时是弹性体，给土的压力较均匀，填土压实质量较好。但应用最普遍的是刚性平碾。采用平碾填压土方，应坚持"薄填、慢驶、多次"的原则，填土虚厚一般25~30cm，从两边向中间碾压，碾轮每次重叠宽度15~25cm，且碾轮离填方边缘不得小于50cm，以防发生溜坡倾倒。对边角、边坡、边缘等压不到的地方要辅以人工夯实。每碾压一层后应用人工或机械(如推土机)将表面拉毛以利于接合。平碾碾压的密实度一般以轮子下沉量不超过1~2cm为宜。平碾适于黏性土和非黏性的大面积场地平整及路基、堤坝的压实。

另外，利用运土工具碾压土壤也可取得较大的密实度，但前提是必须很好地组织土方施工，利用运土过程压实土方。碾压适用于大面积填方的压实。

第二，夯实。夯实是借被举高的夯锤下落时对地面的冲击力压实土方的，其优点是能夯实较厚的土层。夯实适用于小面积填方，可以夯实黏性土或非黏性土。夯实机械有夯锤、内燃夯土机和蛙式打夯机等(人力夯实工具有木夯、石硪)。夯锤借助起重机提起并落下，其重量大于1.5t，落距2.5~4.5m，夯土影响深度可超过1m，常用于夯实湿陷性黄土、杂填土及含石块的填土。内燃夯土机作用深度为40~70cm，它与蛙式打夯机都是应用较广的夯实机械。

第三，振动压实。是通过高频振动物体接触(或插入)填料并使其振动以减少填料颗粒间孔隙体积、提高密实度的压实方法。主要用于压实非黏性填料如石渣、碎石类土、杂填土或亚黏性土等。振动压实机械有振动碾、平板振捣器、插入式振捣器和振捣梁等。

填土的含水量对压实质量有直接影响。每种土壤都有其最佳含水量，在这种含水量条件下，使用同样的压实功进行压实，所得到的容重最大。为了保证填土在压实过程中处于最佳含水量，当土过湿时，应予翻松晾干，也可掺入同类干土或吸水性填料；当土过干时，则应洒水湿润后再行压实。尤其是作为建筑、广场道路、驳岸等基础对压实要求较高的填土场合，更应注意这个问题。

铺土厚度对压实质量也有影响。铺得过厚，压很多遍也不能达到规定的密实度；铺得过薄，则要增加机械的总压实遍数。最优铺土厚度主要与压实机械种类有关，此外也受填料性质、含水量的影响。

(4)夯压方成品保护措施

①施工时，对定位标准桩、轴线控制桩、标准水准点和桩木等，填运土方时不得碰撞，并应定期复测检查这些标准桩是否正确。

②凡夜间施工的应配足照明，防止铺填超厚，严禁用汽车将土直接倒入基坑(槽)内。

③基础或管沟的现浇混凝土应达到一定强度，不致因填土而受到破坏时，方可回填土方。

④管沟中的管线，或从建筑物伸出的各种管线，都应按规定严格保护后才能填土。

(5) 夯压方质量检测

对密实度有严格要求的填方，夯实或压实后要对每层回填土的质量进行检验。常用的检验方法是环刀法(或灌砂法)，取样测定土的干密度后，再求出相应的密实度；也可用轻便式触探仪直接通过锤击数来检验干密度和密实度，符合设计要求后，即压实后的干密度应在90%以上，其余10%(即干密度未达90%以上者)的最低值与设计值之差不得大于$0.08t/m^3$，且不能集中。

(6) 填夯压方中常见的质量问题

①未按规定测定干土质量密度　回填土每层都必须测定夯实后的干土质量密度，符合要求后才能进行上一层的填土。测定的各种资料，如土壤种类、试验方法和结论等均应标明并签字，凡达不到测定要求的填方部位要及时提出处理意见。

②回填土下沉　由于虚铺土超厚或冬季施工时遇到较大的冻土块或夯实遍数不够，或漏夯，或回填土所含杂物超标等，都会导致回填土下沉。碰到这些现象应加以检查并制定相应的技术措施。

③管道下部夯填不实　这主要是施工时没有按施工标准回填打夯，出现漏夯或密实度不够，使管道下方回填空虚。

④回填土夯压不密　回填土质含水量过大或土壤太干，都可能导致土方填压不密。此时，对于过干的土壤要先洒水润湿再铺；过湿的土壤应先摊铺晾干，符合标准后方可作为回填土。

⑤管道中心线产生位移或遭到损坏　这是在用机械填压时，不注意施工规程致使的。因此施工时应先用人工在管子周围填土夯实，并要求从管道两侧同时进行，直到管顶0.5m以上，在保证管道安全的情况下方可用机械回填和压实。

4.2.5　常见土方施工机械

当场地和基坑面积及土方量较大时，为节约劳动力，降低劳动强度，加快工程建设速度，一般多采用机械化开挖方式与先进的作业方法。

机械开挖常用机械有：推土机、铲运机、单斗挖土机(包括正铲、反铲、拉铲、抓铲等)、多斗挖土机、普通勾机、装载机等。土方压实机具有：压路碾、打夯机等(表4-5)。

表4-5　常用土方机械的选择

机械名称	作业特点及辅助机械	适用范围
推土机： 操作灵活，运转方便，需工作面小，可挖土、运土，易于转移，行驶速度快，应用广泛	1. 作业特点： ①推平；②运距100m内的堆土(效率最高为600m)；③开挖浅基坑；④堆送松散的硬土、岩石；⑤回填、压实；⑥配合铲运机助铲；⑦牵引；⑧下坡坡度最大35°，横坡最大为10°几台同时作业，前后距离应大于8m。 2. 辅用机械： 土方挖后运出需配备装土、运土设备推挖三、四类土，应用松土机预先翻松	1. 推一至四类土。 2. 找平表面，场地平整。 3. 短距离移土挖填、回填基坑(槽)、管沟并压实。 4. 开挖深度不大于1.5m的基坑(槽)。 5. 堆筑高1.5m内的路基、堤坝。 6. 拖羊足碾。 7. 配合挖土机从事集中土方清理场地、修路开道等

（续）

机械名称	作业特点及辅助机械	适用范围
铲运机： 操作简单灵活，不受地形限制，不需特设道路，准备工作简单，能独立工作，不需其他机械配合能完成铲土、运土、卸土、填筑、压实等工序，行驶速度快，易于转移，需用劳动力少，生产效率高	1. 作业特点： ①大面积整平；②开挖大型基坑、沟渠；③运距800~1500m 内的挖运土（效率最高为 200~300m）；④坡度控制在 20°以内。 2. 辅助机械： 开挖坚土时需用推土机助铲，开挖三、四类土宜先用推土机械预先翻松 20~40cm；自行式铲运机用轮胎行驶，适合长距离，但开挖亦需用助铲	1. 开挖含水率 27%以下一至四类土。 2. 大面积场地平整、压实。 3. 运距 800m 内的挖运土方。 4. 开挖大型基坑（槽）、管沟，填筑路基等。但不适于砾石层、冻土地带及沼泽地区使用
正铲挖掘机： 装车轻便灵活，回转速度快，移位方便；能挖掘坚硬土层，易控制开挖尺寸，工作效率高	1. 作业特点： ①开挖停机面以上土方；②工作面应在 1.5m 以上；③开挖高度超过挖土机挖掘高度，可采取分层开挖；④装车外运。 2. 辅助机械： 土方外运应配自卸汽车，工作面应由推土机配合平土、集中土方进行联合作业	1. 开挖含水量不大于 27%的一至四类土和经爆破后的岩石与冻土碎块。 2. 大型场地整平土方。 3. 工作面狭小且较深的大型管沟和基槽路堑。 4. 独立基坑。 5. 边坡开挖
反铲挖掘机： 操作灵活，挖土卸土多在地面作业，不用开运输道	1. 作业特点： ①开挖地面以下深度并不大的土方；②最大挖土深度 4~6m，经济合理深度 3~5m；③可装车和两边甩土、堆放；④较大、较深基坑可做多层接力挖土。 2. 辅助机械： 土方外运应配备自卸汽车，工作应有推土机配合推到附近堆放	1. 开挖含水量大的一至三类的砂土和黏土。 2. 管沟和基槽。 3. 独立基坑。 4. 边坡开挖
拉铲挖掘机： 可挖深坑，挖掘半径及卸载半径大，操作灵活性较差	1. 作业特点： ①开挖停机面以下土方；②可装车和甩土；③开挖截面误差较大；④可将土甩在两边较远处堆放。 2. 辅助机械： 土方外运需配备自卸汽车、推土机等创造施工条件	1. 挖掘一至四类土，开挖较深较大的基坑（槽）、管沟。 2. 大量外运土方。 3. 填筑路基、堤坝。 4. 挖掘河床。 5. 不排水挖取水中泥土
抓铲挖掘机： 钢绳牵拉灵活性较差，工效不高，不能挖掘坚硬土；可以装在简易机械上工作，使用方便	1. 作业特点： ①开挖直井或沉井土方；②可装车或甩土；③排水不良也能开挖；④吊杆倾斜角度应在 45°以上，距边坡应不小于 2m。 2. 辅助机械： 土方外运时，按运距配备自卸汽车	1. 土质比较松软，施工面较狭窄的深基坑、基槽。 2. 水中挖取土，清理河床。 3. 桥基、桩孔挖土。 4. 装卸散装材料
装载机： 操作灵活，回转移位方便、快速；可装卸土方和散料，行驶速度快	1. 作业特点： ①开挖停机面以上土方；②轮胎式只能装松散土方；③松散材料装车；④吊运重物，用于铺设管道。 2. 辅助机械： 土方外运需配自卸汽车，作业面应经常用推土机平整并推松土方	1. 运多余土方。 2. 履带式装载机替换安装挖斗可用于开挖。 3. 装卸土方和散料。 4. 松散料的表面剥离。 5. 地面平整和场地清理等工作。 6. 回填土。 7. 拔除树根

4.2.6 不良条件下的土方施工技术要点

4.2.6.1 不良气候条件

(1) 冬季施工技术措施

冬季施工由于施工条件及环境的不利影响,是工程质量事故的多发季节,需采取合理的措施来指导施工。

①冬季土受冻结变为坚硬,挖掘困难,施工费用较高,所以新开工项目的土方及基础工程应尽量抢在冬季施工前完。

②必须进行冬期开挖的土方,要因地制宜地确定经济合理的施工方案和制定切实可行的技术措施,做到挖土快,基础施工快,回填土快。

③地基土以覆盖草垫保温为主,对大面积土方开挖应采取翻松表土、耙平法进行防冻,松土深度 30~40cm。

④冬期施工期间,若基槽开挖后不能马上进行基础施工,应按设计槽底标高预留 300mm 余土,以防地基受冻。一般气温 -10~0℃ 覆盖 2 层草垫,-10℃ 以下覆盖 3~4 层草垫。

⑤准备用于冬期回填的土方应大堆堆放,上覆盖 2 层草垫,以防冻结。

⑥土方回填前,应清除基底上的冰雪和保温材料。

⑦土方回填每层铺土厚度应比其他季节施工减少 20%~25%,预留沉降量比其他季节施工时适当增加。用人工夯实时,每层铺土厚度不得超过 20cm,夯实厚度为 10~15cm。

⑧当用含有冻土块的土料用作填方时,室内的基坑(槽)或管沟不得用含有冻土块的土回填;室外的基坑(槽)或管沟可用含有冻土块的土回填,但冻土块体积不得超过填土总体积的 15%,管沟底至管顶 0.5m 范围内不得用含有冻土块的土回填,冻土块的粒径不得大于 15cm,铺填时,冻土块应分散开,并逐层压实。

⑨遵循现行规范中有关冬季施工的规定。

(2) 雨季施工技术措施

①妥善编制切实可行的施工方案、技术质量措施和安全技术措施,土方开挖前备好水泵。

②进行绿化地整理时,要尽量避开下雨时作业,同时尽量不要多次翻压土壤,以防土壤板结,团粒结构被破坏,从而影响植物生长所依赖的立地条件。

③人工或机械挖土时,必须严格按规定放坡,坡度应比平常施工时适当放缓,多备塑料布覆盖,必要时采取边坡喷混凝土保护。地基验槽时,基坑及边坡一起检验,基坑上口 3m 范围内不得有堆放物和弃土,基坑(槽)挖完后及时组织打混凝土垫层,基坑周围设排水沟和集水井,随时保持排水畅通。

④坑内施工随时注意边坡的稳定情况,发现裂缝和塌方及时组织撤离,采取加固措施并确认后,方可继续施工。

⑤基坑开挖时,应沿基坑边做小土堤,并在基坑四周设集水坑或排水沟,防止地面水灌入基坑。受水浸基坑打垫层前应将稀泥除净方可进行施工。

⑥回填时基坑集水要及时排掉，回填土要分层夯实，其容重符合设计及规范要求。

⑦施工中，取土、运土、铺填、压实等各道工序应连续进行，雨前应及时压完已填土层，并做成一定坡势，以利排除雨水。

⑧重型土方机械、挖土机械、运输机械要防止场地下面暗沟、暗洞造成施工机械沉陷。

4.2.6.2 不良土壤条件

(1) 滑坡与塌方的处理可采用下列的处理措施和方法

①加强工程地质勘察。对拟建场地(包括边坡)的稳定性进行认真分析和评价；工程和路线一定要选在边坡稳定的地段，对具备滑坡形成条件的或存在古老滑坡的地段，一般不选作建筑场地，或采取必要的措施加以预防。

②做好泄洪系统。在滑坡范围外设置多道环行截水沟，以拦截附近的地表水，在滑坡区，修设或疏通原排水系统，疏导地表、地下水，防止渗入滑体。主排水沟宜与滑坡滑动方向一致，与支排水沟与滑坡方向呈30°~45°角斜交，防止冲刷坡脚。

③处理好滑坡区域附近的生活及生产用水，防止浸入滑坡地段。

④如因地下水活动有可能形成浅层滑坡，可设置支撑盲沟、渗水沟，排除地下水。盲沟应布置在平行于滑坡坡向有地下水露头处。做好植被工程。

⑤保持边坡有足够的坡度，避免随意切割坡脚。土体尽量削成较平缓的坡度，或做成台阶状，使中间有1~2个平台，以增加稳定；土质不同时，视情况削成2~3种坡度。在坡脚处有弃土条件时，将土石方填至坡脚，使其起反压作用。筑挡土堆或修筑台地，避免在滑坡地段切去坡脚或深挖方。如平整场地必须切割坡脚，且不设挡土墙时，应按切割深度，将坡脚随原自然坡度由上而下削坡，逐渐挖至所要求的坡脚深度。

⑥尽量避免在坡脚处取土，在坡肩上设置弃土或建筑物。在斜坡地段挖方时，应遵守由上而下分层的开挖程序。在斜坡上填土时，应遵守由下而上分层填压的施工程序，避免在斜坡上集中弃土，同时避免对滑坡坡体的各种振动作用。

⑦对可能出现的浅层滑坡，如滑坡土方最好将坡体全部挖除；如土方量较大，不能全部挖除，且表层土破碎含有滑坡夹层时，可对滑坡体采取深翻、推压、打乱滑坡夹层、表层压实等措施，减少滑坡因素。

⑧对于滑坡体的主滑地段可采取挖方卸荷，拆除已有建筑物或整平后铺垫强化筛网等减重辅助措施。

⑨滑坡面土质松散或具有大量裂缝时，应进行填平、夯填，防止地表水下渗；在滑坡面植树，种草皮，铺浆砌片石等保护坡面。

⑩倾斜表层下有裂缝滑动面的，可在基础下设置混凝土锚桩(墩)。土层下有倾斜岩层，将基础设置在基岩上用锚铨锚固或做成阶梯形采用灌注桩基减轻土体负担。

⑪对已滑坡工程，稳定后采取设置混凝土锚固桩、挡土墙、抗滑明洞、抗滑锚杆或混凝土墩与挡土墙相结合的方法加固坡脚，并在下段做截水沟、排水沟，陡坝部分去土减重，保持适当坡度。

(2) 冲沟、土洞(落水洞)、古河道、古湖泊处理

①冲沟处理　冲沟多由于暴雨冲刷剥蚀坡面而成，先在低凹处蚀成小穴，逐渐扩大成浅沟，以后进一步冲刷，就成为冲沟，黄土地区常大量出现，有的深达5~6m，表层土松散。一般处理方法是：对边坡上不深的冲沟，可用好土或是3:7灰土逐层回填夯实，或用浆砌块石砌至于坡面相平，并在坡顶设排水沟及反水坡，以阻截地表雨水冲刷坡面；对地面冲沟用土层夯填，因其土质结构松散，承载力低，可采取加宽基础的处理方法。

②土洞(落水洞)处理　在黄土层或岩溶地层，由于地表水的冲蚀或地下水的浅蚀作用形成的土洞、落水洞，往往成为排除地表径流的暗道，影响边坡或场地的稳定，必须进行处理，避免继续扩大，造成边坡塌方或地基塌陷。

处理方法是将土洞、落水洞上部挖开，清除软土，分层回填好土(灰土或砂卵土)夯实，面层用黏土夯填并使之比周围地表高些，同时做好地表水的截流，将地表径流引到附近排水沟中；对地下水可采用截流改道的办法，如用作地基的深埋土洞，宜用砂、砾石、片石或混凝土填灌密实，或用灌浆挤压法加固。对地下形成的土洞和陷穴，除先挖除软土抛填块石外，还应做反滤层，并在面层上用黏土夯实。

③古河道、古湖泊处理　根据其成因，有年代久远的经降水及自然沉实，土质较为均匀，密实含水量20%左右，含杂质较少的古河道、古湖泊；也有年代近的土质结构均较松散，含水量较大，含较多碎块、有机物的古河道、古湖泊。这些都是天然地貌的洼地处，因长期积水、泥沙沉积而形成，土层由黏性土、细沙、卵石和角砾构成。

对年代久远的古河道、古湖泊，已被密实的沉积物填满，底部尚有砂卵石层，一般土的含水量小于20%，且无被水冲蚀，土的承载力不低于天然土的，可不处理；对年代近的古河道、古湖泊，土质较均匀含有少量杂质，含水量大于20%，如沉积物填充密实，承载力不低于同一地区的天然土，亦可不处理；如为松软含水量大的土，应挖除后用好土分层夯实，或采用地基加固措施，地基部位用灰土分层夯实，与河、湖边坡接触部位做成阶梯接槎，阶宽不小于1m，接槎处应仔细夯实，回填应按先深后浅的顺序进行。

(3) 橡皮土的处理

当地基为黏性土且含水量很大、趋于饱和时，夯(拍)打后，地基土踩上去有一种颤动感觉的土，称为橡皮土。橡皮土形成的原因是：在含水量很大的黏土、粉质黏土、淤泥质土、腐殖质土等原状土上进行夯(压)实或回填土，或采用这类土进行回填工程时，由于原状被扰动，颗粒之间的毛细孔遭到破坏，水分不宜渗透或散发，当气温较高时，对其进行夯击或碾压，特别是用光面碾(夯锤)滚压(或夯实)，表面形成硬壳，更加阻止了水分的渗透和散发，形成软塑状的橡皮土。埋深的土，水分散发慢，往往长时间不易消失。

处理措施是：

①暂停施工一段时间，避免再直接拍打，使橡皮土含水量逐渐降低，或将土层翻起进行晾晒。

②如地基已成橡皮土，可在上面铺一层碎石或碎砖后进行夯击，将表土层挤紧。

③橡皮土较严重的，可将土层翻起并搅拌均匀，掺加石灰吸收水分，同时改变原土结

构成为灰土,使之有一定强度和稳定性。

④如用作荷载大的房屋地基,可打石桩,将毛石(块度为20~30cm)依次打入土中,或垂直打入M10机砖,纵距26cm,横距30cm,直至打不下去为止,最后在上面满铺厚50cm的碎石后夯实。

⑤采取换土,挖去橡皮土,重新填好土或级配砂石夯实。

(4) 流沙处理

当基坑(槽)开挖深度深于地下水位0.5m以下,采取坑内抽水时,坑(槽)底下层的土产生流动状态随地下水一起涌进坑内,边挖边冒,无法挖深的现象称为流沙。

常用的处理措施有:

①安排在全年最低水位季节施工,使基坑内动水压减小。

②采取水下挖土(不抽水或少抽水),使坑内水压与坑外地下水压相互平衡或缩小水头差。

③采用坑外挖井降水,使水位降至基坑底0.5m以下,使动水压力方向朝下,坑底土面保持无水状态。

④沿基坑外围四周打板桩,深入坑底下面一定深度,增加地下水从坑外流入坑内的渗流路线和渗流量,减小动水压力。

⑤采用化学压力注浆或高压水泥注浆,固结基坑周围沙层形成防渗层。

⑥往坑底抛大石块,增加土的压重和减小动水压力,同时,组织快速施工。

⑦基坑面较小时,也可采取在四周设钢板护筒,随着挖土不断加深,直到穿过流沙层。

知识拓展

1. 常用土方计算方法

计算土方工程量的方法很多,常用的有以下3种:估算法;断面法;方格网法。

(1) 估算法

图4-7中所示的山丘、池塘等其形状比较规则,可套用相应的几何公式来求体积,用相近的几何体体积公式来快速计算,表4-6中所列公式可供选用。此法简便,但精度较差,多用于估算。

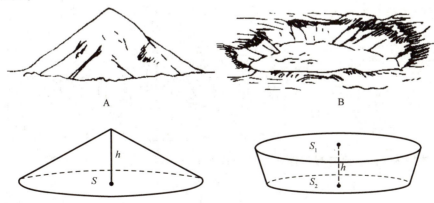

图4-7 套用近似的规则图形估算土方量

表 4-6 不同类型土体土方计算公式

序号	几何体形状	体积
1	圆锥	$V = \dfrac{1}{3}\pi r^2 h$
2	圆台	$V = \dfrac{1}{3}\pi h(r_1^2 + r_2^1 + r_1 r_2)$
3	棱锥	$V = \dfrac{1}{3}Sh$
4	棱台	$V = \dfrac{1}{3}h(S_1 + S_2 + \sqrt{S_1 S_2})$
5	球缺	$V = \dfrac{\pi h}{6}(h^2 + 3r^2)$

式中，V——体积；r——半径；S——底面积；h——高；r_1、r_2——分别为上、下底半径；S_1、S_2——上、下底面积

(2) 断面法

断面法是以一组等距(或不等距)的相互平行的截面将拟计算的地块、地形单体(如山、溪涧、池、岛、堤、沟渠、路槽等)分截成段，分别计算这些段的体积。再将各段体积累加，以求得该计算对象的总土方量。

断面法根据其截取断面的方向不同可分为垂直断面法和水平断面法(或等高面法)两种。

①垂直断面法 此法适用于带状地形单体或土方工程(如带状山体、水体、沟、堤、路堑、路槽等)的土方计算(图 4-8)。

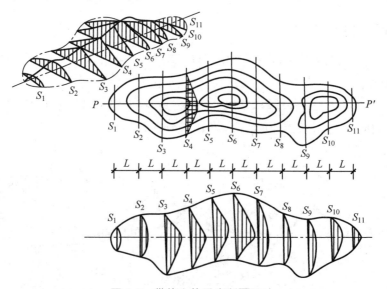

图 4-8 带状山体垂直断面取法

设每段均为棱台，则每段的体积计算公式如下：

$$V = \left(\dfrac{S_1 + S_2}{2}\right) \times L$$

式中 S_1——棱台的上底面积；

S_2——棱台的下底面积；

L——棱台的高（两相邻断面间的距离）。

此法为算术平均值法，其计算精度取决于截取断面的数量，多则精，少则粗。计算中，如S_1和S_2的面积相差较大或两相邻断面之间的距离大于50m，计算的结果误差较大，此时可在S_1和S_2间插入中间断面，然后改用拟棱台公式计算：

$$V=L(S_1+S_2+4S_0)/6$$

式中 S_0——所插入中间断面面积。

S_0的求法有两种（图4-9），一是用求棱台中截面面积公式：$S_0=1/4(S_1+S_2+2\sqrt{S_1S_2})$；二是用$S_1$及$S_2$各相应边的算术平均值求$S_0$的面积。

例：设有一土堤，计算段两端断面呈梯形，各边数值如图4-10所示。两断面之间的距离为60m，试比较用算术平均值法和拟棱台公式计算所得结果。

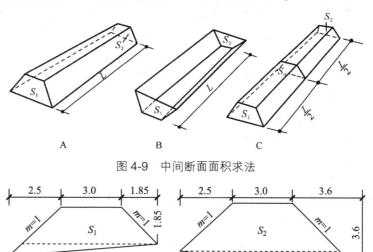

图4-9 中间断面面积求法

图4-10 梯形各边数值

先求S_1与S_2：

$$S_1=[1.85\times(3+6.7)+(2.5-1.85)\times6.7]/2=11.15\text{m}^2$$

$$S_2=[2.5\times(3+8)+(3.6-2.5)\times8]/2=18.15\text{m}^2$$

用算术平均值法求土方量：

$$V=[(S_1+S_2)/2]\times L=[(11.15+18.15)/2]\times60=879.00\text{m}^3$$

用拟棱台公式求土方量：

第一，用S棱台中截面面积公式求中截面面积：

$$S_0=(11.15+18.15+2\sqrt{11.15\times18.15})/4=14.44\text{m}^2$$

$$V=[(11.15+18.15+4\times14.44)\times60]/6=870.60\text{m}^3$$

第二，用S_1及S_2各对应边的算术平均值求取S_0：

$$S_0=[2.175\times(3+7.35)+7.35\times0.88]/2=14.49\text{m}^2$$

$$V=[(11.15+18.15+4\times14.49)\times60]/6=872.60\text{m}^3$$

由上述计算可知，两种计算 S_0 面积的方式，其所得结果相差无几，而二者与算术平均值法所得结果相比较，则相差较多。

垂直断面法也可以用于平整场地的土方量计算，如某公园有一地块，地面高低不平，拟整理成一块具 10% 坡度的场地，试用垂直断面法求挖填土方量，如图 4-11（计算过程从略）。

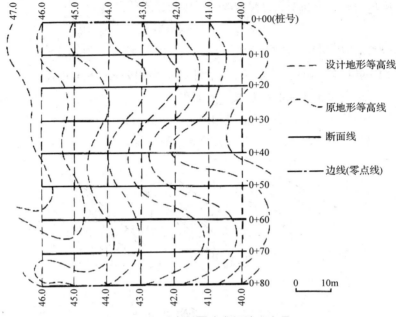

图 4-11 垂直断面法求场地土方量

用垂直断面法求土方体积，比较烦琐的工作是断面面积的计算。断面面积的计算方法多种多样，对形状不规则的断面既可用求积仪求其面积，也可用方格纸法、平行线法或割补法等方法进行计算。

② 水平断面法（等高面法）　等高面法是沿等高线取断面，等高距即为两相邻断面的高，计算方法同断面法（图 4-12）。

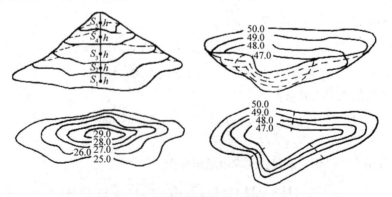

图 4-12 水平断面法图示（单位：m）

计算公式如下：

$$V = [(S_1+S_2)/2] \times h + [(S_2+S_3)/2] \times h + \cdots + [(S_{n-1}+S_n)/2] + S_n \times h/3$$
$$= [(S_1+S_n)/2 + S_2 + \cdots + S_{n-1}] \times h + S_n \times h/3$$

式中　V——土方体积（m^3）；

S——断面面积(m^2);

h——等高距(m)。

最后将计算结果填入表 4-7 之中,得某工程土方汇总表。

表 4-7 土方汇总表

截 面	填方面积(m^2)	挖方面积(m^2)	截面间距(m)	填方体积(m^3)	挖方体积(m^3)
合 计					

水平断面法是最适于大面积的自然山水地形的土方计算。由于园林设计图纸上的原地形和设计地形均用等高线表示,因而此法在园林工程中是很好的土方计量计算方法。

(3)方格网法

方格网法是把平整场地的设计工作和土方量计算工作结合在一起进行的,适于停车场、集散广场、体育场、露天演出场等的土方量的计算。其计算程序为:

①画方格网 在附有等高线的地形图(图纸常用比例为 1:500)上做方格网,方格各边最好与测量的纵、横坐标系统对应,并对方格及各角点进行编号。方格边长在园林中一般用 20m×20m 或 40m×40m。然后将各点设计标高和原地形标高分别标注于方格桩点的右上角和右下角,再将原地形标高与设计地面标高的差值(各角点的施工标高)填于方格点的左上角,挖方为"+"、填方为"-"。其中原地形标高用插入法求得。方法为:

设 H_x 为欲求角点的原地面高程(图 4-13),过此点作相邻两等高线间最小距离 L。则:

$$H_x = H_a \pm xh/L$$

式中 H_a——低边等高线的高程;

x——角点至低边等高线的距离;

h——等高差。

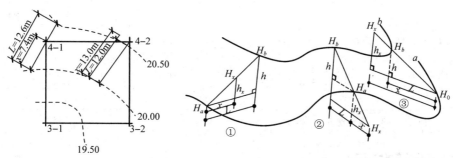

图 4-13 插入法求任意点高程图示

②计算零点位置 零点是指不挖不填的点,零点的连线即为零点线,它是填方与挖方的界定线,因而零点线是进行土方计算和土方施工的重要依据之一。要识别是否有零点存

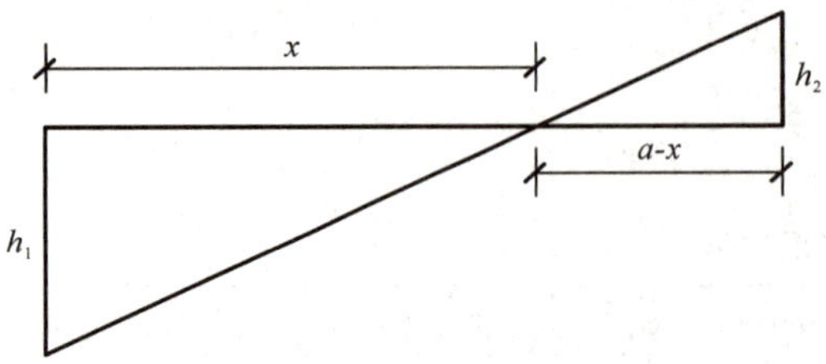

图 4-14 零点的求法

在，只要看一个方格内是否同时有填方与挖方，如果同时有则说明一定存在零点线。为此，应将此方格的零点求出并标于方格网上，再将零点相连即可分出填挖方区域，该连线即为零点线。

零点可通过下式求得（图 4-14）：

$$x=[h_1/(h_1+h_2)]\times a$$

式中　x——零点距 h_1 一端的水平距离（m）；

　　　h_1，h_2——方格相邻二角点的施工标高绝对值（m）；

　　　a——方格边长。

③计算土方工程量　根据各方格网底面积图形以及相应的体积计算公式（表 4-8）逐一求出方格内的挖方量或填方量。

④计算土方总量　将填方区所有方格的土方量（或挖方区所有方格的土方量）累加汇总，即得到该场地填方和挖方的总土方量，最后填入汇总表。

表 4-8　方格网计算土方量公式

序号	挖填情况	平面图式	立体图式	计算公式
1	四点全为填方（或挖方）时	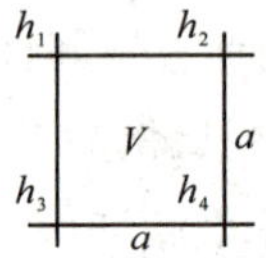	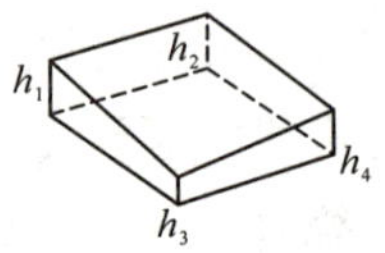	$\pm V=\dfrac{a^2\times\sum h}{4}$
2	两点填方，两点挖方时	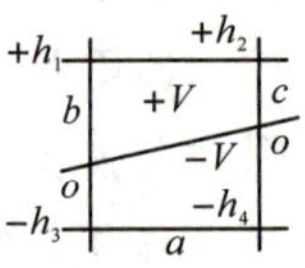	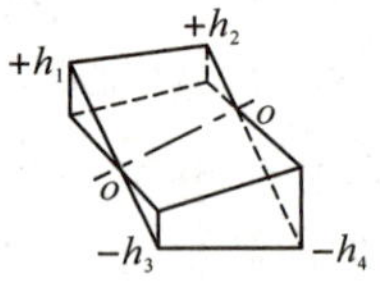	$\pm V=\dfrac{a(b+c)\times\sum h}{8}$
3	三点填方（或挖方）时，一点挖方（或填方）时	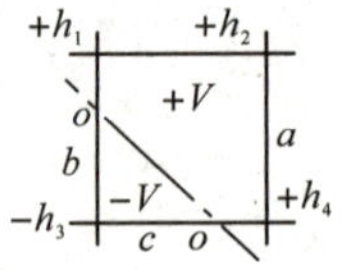	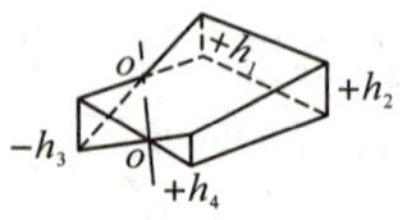	$\pm V=\dfrac{(b\times c)\times\sum h}{6}$ $\pm V=\dfrac{(2a^2-b\times c)\times\sum h}{10}$
4	相对两点为填方（或挖方），其余两点为挖方（或填方）时	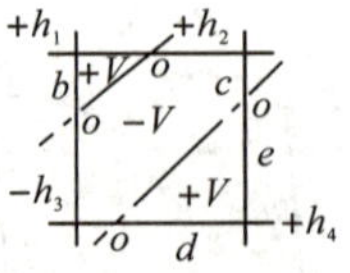	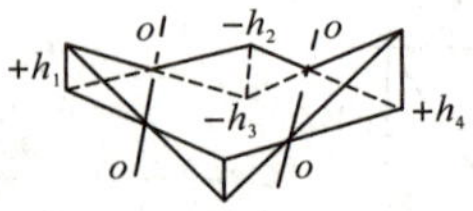	$\pm V=\dfrac{b\times c\times\sum h}{6}$ $\pm V=\dfrac{d\times e\times\sum h}{6}$ $\pm V=\dfrac{(2a^2-b\times c-d\times e)\times\sum h}{12}$

注：计算公式中的"+"表示挖方，"-"表示填方。

2. 土方调度基本原理

挖填土方量计算后，在考虑了挖方时因土壤松散而引起填方中填土体积的增加，地下构筑物施工余土和各种填方工程的需土之后，整个工程的填方量和挖方量应当平衡。如果发现挖、填方数量相差较大，则需研究余土或缺土的处理方法，甚至可能修改设计标高。若修改设计标高，则需重新计算土方工程量。

(1) 土方平衡与调配的原则

在土方调配工作中，应注意掌握以下几项原则：

①充分考虑填土的适用性。如种植区、道路广场区、建筑基础等。

②充分尊重设计，不可在园基内随意借土或弃土。

③分区调配应与全场调配相协调。避免只顾局部平衡，任意挖填。

④土方调配应与地下构筑物的施工相结合。

⑤选择合理的调配方向、运输路线、施工顺序，避免土方运输出现混乱现象，同时要求便于机具调配和机械化施工。

(2) 土方平衡与调配的步骤和方法

①划分土方调配区。在平面图上先划出挖、填方区的分界线，并在挖、填区分别划出若干个调配区，确定调配区的大小和位置。在划分调配区时应注意以下几点：一是调配区应考虑填方区拟建设施的种类和位置，以及开工顺序和分期施工顺序；二是调配区的大小应满足土方施工主导机械（如铲运机、挖土机等）技术要求（如行驶操作尺寸等），调配区的面积最好与施工段的大小相适应，调配区的范围要与土方工程量计算用的方格网协调，通常可由若干个方格组成一个调配区；三是当土方运距较大或场地范围内土方调配不能达到平衡时，可根据附近地区地形情况，考虑就近借土或弃土，此时一个借土区或弃土区都可作为一个独立的调配区。

②计算各调配区的土方量并标于图上。

③计算各挖方调配区和各填方调配区之间的平均运距，即各挖方调配区重心至填方调配区重心之间的距离。一般当填、挖方调配区之间的距离较远或运土工具沿工地道路或规定线路运土时，其运距按实际计算。

④确定土方最优调配方案。

⑤绘出土方调配图。根据上述计算结果，标出调配方向、土方量及运距（图 4-15）。

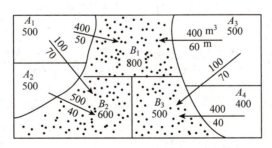

图 4-15　土方调配图（A 为挖方，B 为填方）

3. 土方施工中常要了解的工程参数

①土壤自然安息角（表 4-9）

②永久性土工结构物挖方的边坡坡度（表 4-10）

③深度在 5m 内的基坑槽和管道边坡的最大坡度（不加支撑）（表 4-11）

④永久性填方的边坡坡度(表4-12)
⑤临时性填方的边坡坡度(表4-13)
⑥各级土壤的可松性(表4-14)
⑦各种土壤最佳含水量(表4-15)

表4-9 土壤自然安息角

土壤名称	土壤自然安息角			土壤颗粒尺寸(mm)
	干土	潮湿土	湿土	
砾 石	40°	40°	35°	2~20
卵 石	35°	45°	25°	20~200
粗 沙	30°	32°	27°	1~2
中 沙	28°	35°	25°	0.5~1
细 沙	25°	30°	20°	0.05~0.5
黏 土	45°	35°	15°	0.001~0.005
壤 土	50°	40°	30°	
腐质土	40°	35°	25°	

表4-10 永久性土工结构物挖方的边坡坡度

项次	挖方性质	边坡坡度
1	在天然湿度,层理均匀,不易膨胀的黏质砂土和砂类土内挖方深度≤3m者	1:1.25
2	土质同上,挖深3~12m	1:1.5
3	在碎石和泥炭土内挖方,深度为12m及12m以上,根据土的性质、层理特性和挖方深度确定	1:1.5~1:0.2
4	在风化岩石内的挖方,根据岩石性质、风化程度、层理特性和挖方深度确定	1:1.5~1:0.2
5	轻微风化岩石内的挖方,岩石无裂缝且无倾向挖方坡角的岩石。石挖方	1:0.1
6	在未风化的完整岩石内挖方	直立的

表4-11 基坑槽和管道边坡的最大坡度(不加支撑)

项次	土类名称	边坡坡度		
		人工挖土,并将土抛于坑、槽或沟边上	机械施工	
			在坑、槽或沟底挖土	在坑、槽及沟的上边挖土
1	砂 土	1:0.7	1:0.67	1:1
2	黏质砂土	1:0.67	1:0.5	1:0.75
3	砂质黏土	1:0.5	1:0.33	1:0.75
4	黏 土	1:0.33	1:0.25	1:0.67
5	含砾石卵石土	1:0.67	1:0.5	1:0.75
6	泥炭岩白垩土	1:0.33	1:0.25	1:0.67
7	干黄土	1:0.25	1:0.1	1:0.33

注:如人工挖土不是将土抛于坑、槽或沟的上边,而是随时把土运往弃土场,应采用机械在坑、槽或沟底挖土时坡度。

表 4-12 永久性填方的边坡坡度

项次	土的名称	填方高度(m)	边坡坡度
1	黏土、粉土	6	1∶1.5
2	砂质黏土,泥灰岩土	6~7	1∶1.5
3	黏质砂土,细沙	6~8	1∶1.5
4	中沙和粗沙	10	1∶1.5
5	砾石和碎石块	10~12	1∶1.5
6	易风化的岩石	12	1∶1.5

表 4-13 临时性填方的边坡坡度

项次	土的名称	填方高度(m)	边坡坡度
1	砾石土和粗砂土	12	1∶1.25
2	天然湿润的黏土	8	1∶1.25
3	砂质黏土和砂土	8	1∶1.25
4	大石块	6	1∶0.75
5	大石块(平整的)	5	1∶0.5
6	黄 土	3	1∶1.5
7	易风化的岩石	12	1∶1.5

表 4-14 各级土壤的可松性

土壤的级别	体积增加百分比		可松性系数	
	最初	最后	K_p	K_p'
Ⅰ(植物性土壤除外)	8~17	1~2.5	1.08~1.17	1.01~1.025
Ⅰ(植物性土壤、泥炭、黑土)	20~30	3~4	1.20~1.30	1.30~1.40
Ⅱ	14~28	1.5~5	1.14~1.30	1.015~1.05
Ⅲ	24~30	4~7	1.24~1.30	1.04~1.07
Ⅳ(泥炭岩蛋白石除外)	26~32	6~9	1.26~1.32	1.06~1.09
Ⅴ~Ⅵ	30~45	10~20	1.30~1.45	1.10~1.20
Ⅶ~Ⅺ	45~50	20~30	1.45~1.50	1.20~1.30

注:Ⅶ~Ⅺ均为岩石类。

表 4-15 各种土壤最佳含水量

土壤名称	最佳含水量	土壤名称	最佳含水量
粗 沙	8%~10%	黏土质砂质黏土和黏土	20%~30%
细沙和黏质砂土	10%~15%	重黏土	30%~35%
砂质黏土	6%~22%		

4. 重视工程中土的实际应用

土方施工技术不仅要算出多土的问题,还要考虑土的实际应用,比如该项目土方主要功能是什么,要细分清楚。如果是填方,是铺路还是填池底,是地形处理还是种植土;若是种植土，是草坪土还是耕植土，是平缓地还是坡地。为此，在项目施工中，应根据现场灵活采用土方施工技术。在土方类型方面，考虑用黄心土，还是混合土，或是沙土。例如，秋季径级树木移植，种植土非常重要，必须在坑内先放置一层厚沙子，再进行种植，这样成活率才高。

施工中还可能遇到橡皮土或膨胀土，这时不能直接作为路基或种植土，得先进行原土处理，通过改土(不同功能采用不同改土技术)才能进行下道工序。就橡皮土或膨胀土目前用得较多的办法是：埋填钢渣或煤渣；直接填充块石；灰土处理(黄泥土+生石灰的混合填充料)。在园林工程中，最需要客土改造的是绿化种植地或大树种植坑穴。例如，因建筑施工留下来的垃圾地，含石砾瓦片等多，土质差，蓄水能力差，应先将建筑垃圾土处理掉，并外运土质好的黄心土加以改造，铺土厚不少于30cm，这样后续种植效果才能得到保证。

园林项目有时涉及大面积客土改造，一般出现在高尔夫球场、足球场、大面积休闲草坪、高速公路整体性护坡等。客土就是先去掉原用地不好的土(如石砾土、重砂土)，再外运土质好的壤土铺地，工程中大面积铺新土厚度不应太厚，一般15~30cm。这类环境铺地后新土有时需要消毒，一般用1%的高锰酸钾溶液或5%的多菌灵溶液喷洒即可，喷洒后48h方可植草、播种或种植。

实训与思考

1. 计算挖湖、堆造微地形的土方量，并制作地形模型。

根据挖土堆造微地形的园林施工图，计算土方量，写出土方施工的施工方案。然后在教师的指导下利用橡皮泥、泡沫板、吹塑纸、白卡纸、大头针、颜料、毛笔等完成地形的模型制作。

2. 草拟一小型园林工程项目，针对工程土方施工编写一份施工方案(只要求写土方施工部分)。实训时可预定几个施工环境，如雨季、高温、霜冻等天气情况，使本实训效果更好。

3. 影响土方施工进度的因素主要有几类？实际工作中采取什么有效手段加快土方施工进度，请以综合技术要素进行分析。

学习测评

选择题：

1. 园林地形设计(竖向设计)要解决的核心问题是( )。
   A. 高程标注   B. 土方平衡   C. 节约投资   D. 垂直高程

2. 施工标高的确定要以原地形标高及设计标高为依据，工程中当施工标高为"+"时，说明此处需要( )。
   A. 填方   B. 挖方   C. 调度   D. 不填不挖

3. 人工进行土方施工，根据施工安全规程其安全施工工作面不应小于( )m^2。
   A. 10   B. 6   C. 4   D. 2

4. 对于线状土方开挖或填方，如明沟、堤坝，比较适用的土方计算方法是( )。
   A. 等高线法   B. 方格网法   C. 水平断面法   D. 垂直断面法

5. 要对明沟等边坡坡度进行有效控制，在土方施工中比较好的方法是应用(　　)。

A. 坡度板　　　　B. 龙门板　　　　C. 模板　　　　D. 标准尺

6. 土方施工中有时会碰到不良土质，如膨胀土、橡皮土、流沙土等，如果是膨胀土、橡皮土，水位一般较高，此时应采用(　　)技术措施。

A. 明沟排水　　　　　　　　　　B. 对开挖土壁进行支撑

C. 及时客土改造　　　　　　　　D. 加固施工面

7. 园路或景观建筑基面开挖，在计算土方量时应加宽面积计算，对于园路应加宽(　　)计算；景观建筑加宽(　　)计算。

A. 0.1m，1.5m　　B. 0.8m，2.5m　　C. 0.2m，1.0m　　D. 0.5m，2.0m

8. 影响土方施工进度的原因很多，就土的性质分析，有重要影响的是(　　)。

A. 土的可松性　　B. 土的密实度　　C. 土的含水量　　D. 土的自然安息角

9. 园林工程中场地平整与土方开挖的区别主要是(　　)。

A. 开挖深度小于0.3m时为场地平整

B. 开挖深度大于0.3m时为场地平整

C. 开挖深度小于0.3m时为施工挖方

D. 开挖深度大于0.3m时为施工挖方

10. 人工挖明沟边坡标注一般要采用(　　)。

A. 边坡系数　　　B. 坡度系数　　　C. 边角度数　　　D. 角度值

数字资源

单元 5　园林给排水工程施工

学习目标

【知识目标】
(1) 掌握园林给排水相关技术术语与指标要求；
(2) 熟悉给水排水在不同环境中的技术方法。

【技能目标】
(1) 能组织不同项目环境给水工程施工；
(2) 能组织不同项目环境排水工程施工；
(3) 能进行普通喷灌系统安装施工。

【素质目标】
(1) 培养项目施工中所需的生态环境意识；
(2) 培养项目组织管理所需的认真细致的工作态度；
(3) 培养项目施工各工序尤其是隐性工序的验收习惯。

各类园林绿地，特别是现代综合性公园，因生活、造景、绿地喷灌等活动的需要，用水量是很大的。为了满足各用水点在水质、水量和水压三方面的基本要求，需要设置一系列的构筑物，从水源取水，按用户对水质的不同要求分别进行处理，然后将水送至各用水点使用，这一系列的工程设施即称为给水工程。

水在使用过程中通常会受到污染，形成成分复杂的污水。这些污水如不经过处理就排放，会使土壤或水体受到污染，从而危害人体健康，破坏生态环境。同时污水中也含有一些有用物质，经过处理可回收利用。雨水虽较清洁，一般不必处理，但是为了避免或减少水土流失及对生产、生活的不利影响，也需通过采取一定措施安排其合理去向。综上所述，这些收集、输送、处理污水或雨水的工程设施就称为排水工程。本章主要介绍园林给排水工程施工的基本知识和主要技术。

5.1　给水工程施工

园林给水工程大多属于隐蔽工程，因而在施工管理上应认真做好施工过程的记录，同时在材料方面应确认管材管件的规格质量符合要求。

5.1.1　给水管网的安装施工

普通给水管道铺设方式多为埋地。常用的管材有钢管(镀锌管)、铸铁管及PPR、PE管几种，其中多采用承插式给水铸铁管和PPR、PE管，镀锌管常用于生活给水。承插式给水铸铁管的接口填料通常为两层：第一层，对于生产给水可采用白麻、油麻、石棉绳、胶圈等,对于生活给水一般采用白麻或胶圈;第二层,采用石棉水泥、自应力水泥砂浆、青铅等,其中多采用石棉水泥。

5.1.1.1 施工流程和施工方法

(1) 施工流程

准备工作→管沟放线→基础沟开挖→铺管→捻麻与捻石棉水泥→处理接口→阀门安装→管网试压→管线防腐→土方回填(现场清理)。

(2) 施工方法

①管沟的放线与开挖

第一,设置中心桩。根据施工图纸测出管道的中心线,在其起点、终点、分支点、变坡点、转弯点的中心钉木桩。

第二,设置龙门板。在各中心桩处测出其标高并设置龙门板,龙门板以水平尺找平,且标出开挖深度以备开挖中检查。板顶面钉3颗钉,中间1颗为管沟中心线,其余2颗为边线,在两边线钉上各拉一细绳,沿绳撒上石灰即为管沟开挖的边线。

第三,沟槽的开挖。槽的形式通常分为直槽、梯形槽、混合槽3种,如图5-1所示。采用机械或人工开挖,挖出的土放于沟边一侧,距沟边0.5m以上。沟槽开挖时,如遇有管道、电缆、建筑物、构筑物或文物古迹,应予以保护,并及时与有关单位和设计部门联系,严防事故发生造成损失。

图 5-1 沟槽断面形式

第四,沟底的处理。沟底要平,坡度、坡向符合设计要求,土质坚实;松土应夯实,砾石沟底应挖出200mm,用好土回填并夯实。

②铺管 铺管之前要根据施工图检查管沟的坐标、沟底标高、平直程度等,无误后方可铺管。

第一,检查管材。管材应符合设计要求,无裂纹、砂眼等缺陷。

第二,清理承插口。给水承插铸铁管出厂之前内外表面涂刷的沥清漆影响接口质量,应将承口内侧和插口外侧的沥清漆除掉。一般采用喷灯或氧乙炔割枪烧掉,再用钢丝刷、棉纱将灰尘除净。

第三,铺管与对口。以吊车或人工的方法将放在沟边的管子逐根放入沟底;使插口插入承口内,通常不插到底,留3~5mm的间隙;然后用3块楔铁调整承插口的环形间隙,使之均匀。管道铺完后应找平、找正。为防止捻口时管道位移,在其始端、分支、拐弯处以原木顶住,并在每节管的中部培400mm左右厚的土,以使管道稳固。

③捻麻与捻石棉水泥

第一，捻麻。将白麻先扭成辫子，直径约为承插口环形间隙的1.5倍，然后将捻麻逐圈塞入接口内并打实，打实后占承口深1/3为宜。

第二，捻石棉水泥。材料质量配比为四级石棉绒：52.5级水泥＝3：7。将石棉绒扯松散，与水泥干拌均匀，加适量水，标准为手捏成团，落地开花。拌完料立即捻口，方法是先将拌料填满接口，再以捻凿捣实，3kg榔头敲击捻凿。依此，将拌料逐层填满接口并捻实，捻好后应凹入承口内1~2mm，如图5-2所示。

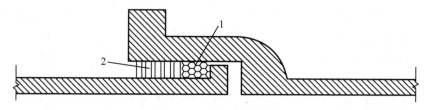

图5-2 石棉水泥捻口
1. 白麻　2. 石棉水泥

④接口的养护　养护就是使石棉水泥接口在一段时间内保持湿润、温暖，以达到水泥的强度等级。养护方法通常是在接口上涂泥、盖草袋，定期浇水。春、秋季每天至少浇水2次，夏季每天至少浇水4次，冬季不浇水。管道施工完后管顶覆土约400mm，两端封堵。养护时间越长越好。通常7d即可。

⑤阀门井及阀门安装　室外埋地给水管道上的阀门均应设在阀门井内。阀门井有混凝土（预制）和砖砌2种。井盖有混凝土、钢、铸铁制3种。井和井盖的形式分为圆形和矩形2种。

第一，阀门井安装。井底通常为现浇混凝土，安装预制混凝土井圈（或砌筑井壁）时要垂直，井底和井口标高要符合设计要求。

第二，阀门安装。常用法兰式闸阀，阀门前后采用承盘或插盘铸铁给水短管。安装时阀门手轮垂直向上，两法兰之间加3~4mm厚的胶皮垫，以十字对称法拧紧螺母。

⑥室外消火栓安装　室外消火栓的安装形式分为地上和地下2种。前者装于地上，后者装于地下消火栓井内。通常消火栓的进水口为$DN100$，出水口有$DN100$和$DN50$两种。

⑦管道的水压试验　管道养护期满即可进行水压试验。水压试验时气温应在3℃以上。试验时，管道全线长度大于1000m应分段进行；管道全长小于1000m可1次试压。试验压力标准为工作压力加0.5MPa，但不超过1MPa。试压应做好以下几点：

第一，试压前的准备工作。试压之前，将管道的始、末端设置堵板，在堵板、弯头和三通等处以道木顶住。在管道的高点设放气阀，低点设放水阀。管道较长时，在其始、末端各设压力表1块；管道较短时，只在试压泵附近设压力表1块。将试压泵（一般使用手压泵）与被试压管道连接上，并安装好临时上水管道，向被试压管道内充水至满，先不升压并养护24h，如图5-3所示。

第二，试压过程。以手压泵向被试压管道内压水，升压要缓慢。当升压至0.5MPa时暂停，做初步检查；无问题时徐徐升压至试验压力P_{s1}（1MPa，特指高压给水铸铁管道工

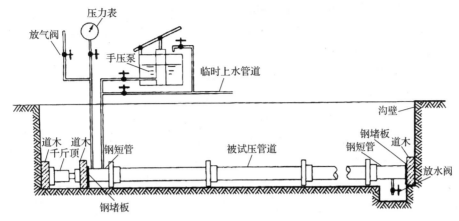

图 5-3 给水铸铁管道的水压试验

作压力);在此压力下恒压 10min,若压力无下降或下降小于 0.05 MPa,即可降到工作压力。经全面检查以不渗、不漏为合格。

第三,试压安全注意事项。管道水压试验具有危险性,因此要划定危险区,严禁闲人进入。操作人员也应远离堵板、三通、弯头等处,以防发生危险。试压前向被试压管道内充水时,要打开放气阀,待管道内的空气排净后关闭。试压时自始至终升压要缓慢且无较大的振动。试压完毕应打开放(泄)水阀,将被试压管道内的水全部放干。

⑧管道的防腐 给水铸铁管出厂之前其表面已涂刷沥青漆,一般不再刷漆。但在清理接口时将管子的插口端附近、承口外侧的沥青烧掉了,应补刷沥青漆;吊、运管道时被钢丝绳损伤的部位也应补刷沥青漆。

⑨回填土 试压、防腐之后可进行回填土。在回填土之前应进行全面检查,确认无误后方可回填。回填土内不得有石块,要具有最佳含水量。回填时应分层并夯实,每层厚宜100~200mm;最后一层应高出周围地面 30~50mm。

5.1.1.2 施工注意问题与成品保护

①在任何情况下,不允许沟内长时间积水,并应严防浮管现象。

②注意给水铸铁管出现裂纹或破管。给水铸铁管在进行水压试验,或投入运行,常因管内空气排除不利而造成严重的水击现象,水击的冲击波往往足以在瞬间达到破坏铸铁管本身强度,造成管道的局部破裂。一旦出现管身破裂,首先应停水,并将水排空,更换管道。

③给水管道冬季施工时应注意以下几点:

第一,进行石棉水泥接口时,应用 50℃ 以上的温水拌和填料;如用膨胀水泥接口时,水温不应超过 35℃。

第二,气温低于-5℃时,不宜进行以上两种填料接口。

第三,接口完毕后,可采用盐水拌和的黏泥封口养护,并覆盖好草帘子,也可用不冻土填埋接口处保温。

第四,试压时,应将暴露的管子或接口用草帘子盖严,无接口处管身回填,试压完毕应尽快将水放净。

④管材、管件、阀门及消火栓搬运和堆放要避免碰撞损伤。

⑤在管道安装过程中，管道未捻口前应将接口处做临时封堵；中断施工或工程完工后，凡开口部位必须有封闭措施，以免污物进入管道。

⑥刚打好口的管道，不能随意踩踏、冲撞和重压。

⑦管道支墩、挡墩应严格按设计或规范要求设置。

⑧阀门、水表井要及时砌好，以保证管道附件安装后不受损坏。

⑨管道穿越园内主要道路基础时要加套管或设管沟。

⑩埋地管道要避免受外荷载破坏而产生变形。水压试验要密切注意系统最低点的压力不可超过管道附件的承受能力，试压完毕后要排尽管内积水。放水时，必须先打开上部的排气阀；天气寒冷时，一定要及时泄水，防止受冻。

⑪在现场堆码管子时，要按施工方案规定的地点堆放，要注意堆放地点的地质、坡度，严禁超高堆放，严禁人上去随意踩踏。

⑫采用人工往管沟下管时，使用的绳索和地桩必须牢固可靠，两端放绳速度应一致，且沟内不得站人。

⑬管道试压时，升压应缓慢地进行，停泵稳压后，方可进行检查。检查时，检查人员不得对着管道盲板、堵头等处站立。处理管道泄漏等缺陷必须在泄压后进行，严禁带压修理。

⑭管道吊装的吊点应绑扎牢固，起吊时应服从统一指挥，动作协调一致。非操作人员不得进入作业区域。

5.1.2 园林喷灌系统施工

园林绿地喷灌系统的工作压力较高，隐蔽工程较多，工程质量要求严格。对于不同形式的喷灌系统，其施工的内容有所不同。施工时最好有设计人员和喷灌系统的管理人员参加。

5.1.2.1 普通喷灌系统安装施工

(1) **施工流程**

施工准备→施工放样→沟槽开挖→管道安装→水压试验和泄水试验→土方回填→设备安装→试喷→工程验收。

(2) **施工技术要点**

①施工准备　现场条件准备工作的要求是施工场地范围内绿化地坪、大树调整、土建工程、水源、电源、临时设施应基本到位。还应掌握喷灌区域内埋深小于1m的各种地下管线和设施的分布情况。

②施工放样　施工放样应尊重设计意图，尊重客观实际。对每一块独立的喷灌区域，放样时应先确定喷头位置，再确定管道位置和管槽的深度。对于闭边界区域，喷头定位时应遵循点、线、面的原则。首先确定边界上拐点的喷头位置，再确定位于拐点之间沿边界的喷头位置，最后确定喷灌区域内部位于非边界的喷头位置。

③沟槽开挖　因喷灌管道沟槽断面较小，同时也为了防止对地下隐蔽设施的损坏，一

一般不采用机械方法进行开挖。在便于施工的前提下，沟槽应尽可能挖得窄些，只在各接头处挖成较大的坑。断面形式可取矩形或梯形。沟槽宽度一般可按管道外径加 0.4m 确定；沟槽深度应满足地埋式喷头安装高度及管网泄水的要求，一般情况下，绿地中管顶埋深为 0.5m，普通道路下为 1.2m（不足 1m 时，需在管道外加钢套管或采取其他措施）；冻层深度一般不影响喷灌系统管道的埋深，防冻的关键是做好入冬前的泄水工作。因此，沟槽开挖时应根据设计要求保证槽床至少有 0.2% 的坡度，坡向指向指定的泄水点。

挖好的管槽底面应平整、压实，具有均匀的密实度。除金属管道和塑料管外，对于其他类型的管道，还需在管槽挖好后立即在槽床上浇筑基础（100~200mm 厚碎石混凝土），再铺设管道。

④管道安装　管道安装是绿地喷灌工程中的主要施工项目。管材供货长度一般为 4m 或 6m，现场安装工作量较大。管道安装用工约占总用工量的一半。

第一，管道连接。管道材质不同，其连接方法也不同。目前，喷灌系统中普遍采用的是硬聚氯乙烯（PVC）管。硬聚氯乙烯管的连接方式有冷接法和热接法。其中冷接法无须加热设备，便于现场操作，故广泛用于绿地喷灌工程。根据密封原理和操作方法的不同，冷接法又分为以下 3 种：

胶合承插法：适用于管径小于 160mm 的管道的连接，是目前绿地喷灌系统中应用最广泛的一种形式（图 5-4A）。本方法适用于工厂已事先加工成 TS 接头的管材和管件的连接，操作简便、迅速，步骤如下。

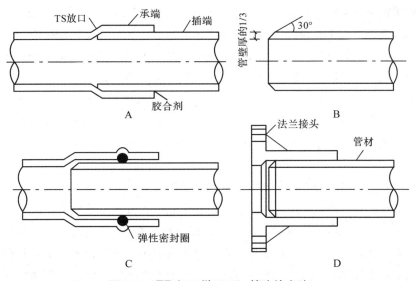

图 5-4　硬聚氯乙烯（PVC）管连接方法

● 切割、修口。用专用切割钳（管径小于 40mm 时）或钢锯按照安装尺寸切割 PVC 管材，保证切割面平整并与管道轴线垂直。然后将插口处倒角锉成破口（图 5-4B），以便于插接。

● 标记。将插口插入承口，用铅笔在插口管端外壁做插入深度标记。插入深度值应符合规定。

● 涂胶、插接。用毛刷将胶合剂迅速、均匀地涂刷在承口内侧和插口外侧。待部分胶合剂挥发而塑性增强时，即可一边旋转管子一边用力插入（大口径管材不必旋转），同时使管端插入的深度至所标线并保证插口顺直。

弹性密封圈承插法：这种方法便于解决管道因温度变化出现的伸缩问题，适用于管径为 63~315mm 的管道连接(图 5-4C)。

操作过程中应保证管道工作面及密封圈干净，不得有灰尘和其他杂物；不得在承口密封圈槽内和密封圈上涂抹润滑剂；大、中口径管道应利用拉紧器(如电动葫芦等)插接；两管之间应留适当的间隙(10~25mm)以供伸缩；密封圈不得扭曲。

法兰连接法：法兰连接法一般用于硬聚氯乙烯管与金属管件和设备等连接。法兰接头与硬聚氯乙烯管之间的连接方法同胶合承插法(图 5-4D)。

第二，管道加固。指用水泥砂浆或混凝土支墩对管道的某些部位进行压实或支撑固定，以减小喷灌系统在启动、关闭或运行时产生的水锤和震动作用，增加管网系统的安全性。一般在水压试验和泄水试验合格后实施。对于地埋管道，加固位置通常是：弯头、三通、变径、堵头以及间隔一定距离的直线管段。

⑤水压试验和泄水试验　管道安装完成后，先不装上喷头，而是开泵冲洗管路，将管路中砂石等杂物全部冲干净，然后进行水压试验和泄水试验。水压试验的目的在于检验管道及其接口的耐压强度和密实性，泄水试验的目的是检验管网系统是否有合理的坡降，能否满足冬季泄水的要求。

第一，水压试验。试验内容包括严密试验和强度试验。其操作要点如下：

- 大型喷灌系统应分区进行，最好与轮灌区的划分相一致。
- 应在被测试管道上安装压力表，选用压力表的最小刻度不大于 0.025MPa。
- 向试压管道中注水要缓慢，同时排出管道内的空气，以防发生水锤或气锤。
- 严密试验。将管道内的水压加到 0.35MPa，保持 2h。检查各部位是否有渗漏或其他不正常现象。在 1h 内压力下降幅度小于 5%，表明管道严密试验合格。
- 强度试验。严密试验合格后再次缓慢加压至强度试验压力(一般为设计工作压力的 1.5 倍，并且不得大于管道的额定工作压力，不得小于 0.5MPa)，保持 2h。观察各部位是否有渗漏或其他不正常现象。在 1h 内压力下降幅度小于 5%，且管道无变形，表明管道强度试验合格。
- 水压试验合格后，应立即泄水，进行泄水试验。

第二，泄水试验。泄水时应打开所有的手动泄水阀，截断立管堵头，以免管道中出现负压，影响泄水效果。只要管道中无满管积水现象即为合格。一般采用抽查的方法检验。抽查的位置应选地势较低处，并远离泄水点。检查管道中无满管积水情况的较好方法是排烟法：将烟雾从立管排入管道，观察临近的立管有无烟雾排出，以此判断两根立管之间的横管是否满管积水。

⑥土方回填　管道安装完毕并经水压及泄水试验合格后，可进行管槽回填。分两步进行：

第一，部分回填。是指管道以上约 100mm 范围内的回填。一般采用砂土或筛过的原土回填，管道两侧分层踩实，禁止用石块或砖砾等杂物单侧回填。对于聚乙烯管(PE 软管)，填土前应先对管道压力充水至接近其工作压力，以防止回填过程中管道挤压变形。

第二，全部回填。采用符合要求的原土，分层轻夯或踩实。一次填土 100~150mm，直至高出地面 100mm 左右。填土到位后对整个管槽进行水夯，以免绿化工程完成后出现局部下陷，影响绿化效果。

⑦设备安装

第一，首部安装。水泵和电机设备的安装施工必须严格遵守操作规程，确保施工质量。其操作要点主要是：安装人员应具备设备安装的必要知识和实际操作能力，了解设备性能和特点；核实预埋螺栓的位置与高程；安装位置、高度必须符合设计要求；对直联机组，电机与水泵必须同轴；对非直联卧式机组，电机与水泵轴线必须平行；电器设备应由具有低压电气安装资格的专业人员按电气接线图的要求进行安装。

第二，喷头安装。喷头安装施工应注意以下几点：

- 喷头安装前，应彻底冲洗管道系统，以免管道中的杂物堵塞喷头。
- 喷头的安装高度以喷头顶部与草坪根部或灌木的修剪高度平齐为宜。
- 在平地或坡度不大的场合，喷头的安装轴线与地面垂直；如果地形坡度大于 20°，喷头的安装轴线应取铅垂线与地面垂线所形成的夹角的平分线方向，以最大限度保证组合喷灌均匀度。
- 为避免喷头将来自顶部的压力直接传给横管，造成管道断裂或喷头损坏，最好使用 PE 管连接管道和喷头。

⑧试喷　安装好喷头要进行试喷，观测正常工作条件下各喷点能否达到喷头的工作压力，是否达到设计要求，检查水泵和喷头动转是否正常。

⑨工程验收

第一，中间验收。绿地喷灌系统的隐蔽工程必须进行中间验收。中间验收的施工内容主要包括：管道与设备的地基和基础，金属管道的防腐处理和附属构筑物的防水处理，沟槽的位置、断面和坡度，管道及控制电缆的规格与材质，水压试验与泄水试验等。

第二，竣工验收。竣工验收的主要项目有：供水设备工作的稳定性，过滤设备工作的稳定性及反冲洗效果，喷头平面布置与间距，喷灌强度和喷灌均匀度，控制井井壁稳定性、井底泄水能力和井盖标高，控制系统工作稳定性，管网的泄水能力和进、排气能力等。

5.1.2.2　微灌系统安装施工

(1) 微灌系统概述

微灌是利用微灌设备组装的微灌系统，将有压水输送分配到田间，通过灌水器以微小的流量湿润作物根部附近土壤的一种局部灌水技术。微灌主要适用于温室、大棚、苗圃等园林花卉繁育场所。它的优点是灌水均匀(灌水均匀度可达 90%以上)，节约用水(比喷灌可省水 20%~30%)，工作压力低，节约能量，设备投资低，对土壤和地形的适应性强，保持稳定的土壤湿度，便于自动控制，明显节省劳力等。但灌水器出水口小，易堵塞，对水质要求高，故对过滤系统要求高。

(2) 微灌系统的组成

微灌系统由水源、首部枢纽、输配水管网和灌水器等组成。

①首部枢纽　包括水泵机组、过滤设备、肥料和化学药剂注入设备、控制器、压力调节

器、阀门和量测装置等。作用是从水源中取水并将其处理成符合微灌要求的水送到系统中去。

②配水管网　输配水管网的作用是将首部枢纽处理过的水按照要求输送分配到每个灌水单元和灌水器，输配水管网包括干管、支管和毛管3级管道。毛管是微灌系统的最末一级管道，其上安装或连接灌水器。微灌系统的输配水管网主要由塑料管组成，常用的塑料管有聚氯乙烯(PVC)管、聚丙烯(PP)管和聚乙烯(PE)管。为了将管子连成管网还要配备各种管件(三通、四通、弯头、堵头等)(图5-5)。

③灌水器　这是微灌设备中最关键的部件，是直接向作物施水的设备，其作用是消减压力，将水流变成水滴或细流或喷洒状施入土壤。灌水器质量的好坏直接影响到微灌系统的寿命及灌水质量的高低，其种类繁多，适用条件各有差异。按结构和出流形式可将灌水器分为滴头、滴灌带(管)、微喷头3类。不同的灌水法使用不同的灌水器。

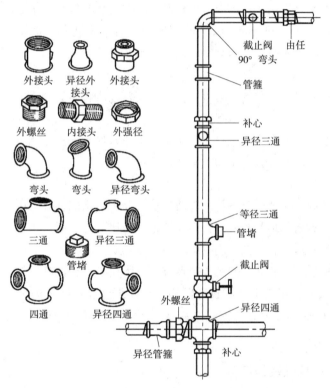

图5-5　喷灌常用管件

(3) 微灌系统的形式与种类

①固定式微灌系统　毛管布置在地面，在灌水期间毛管和灌水器都不移动。这种系统的优点是安装、拆卸清洗毛管和灌水器比较方便，也便于检查土壤湿润的情况和测量滴头流量变化。缺点是毛管和灌水器易于损坏和老化，并影响其他操作。

②移动式微灌系统　在灌水期间，毛管和灌水器在一个位置灌水完毕后移到另一个位置进行灌溉。与固定式相比，它具有设备投资低的优点。但是管理运行费用较高，而且如移动不够细心设备还容易损坏。目前，温室中广泛使用一种可自动化控制的悬吊式移动微喷系统，管理方便、效率高。

③地下微灌系统　是将毛管和滴头全部埋入地下。与固定式微灌系统相比，设备不易

受到人为的损坏，而且不影响其他操作。但是不便检查土壤湿润与滴头堵塞情况。

（4）微灌系统安装

①首部枢纽、输配水管网、灌水器等设备的安装条件

第一，安装前工作人员应全面了解各种设备性能，熟悉掌握施工安装技术要求和方法。

第二，安装用的各种工具、设备和测试仪表应准备齐全。

第三，计划安装设备的有关土建工程经检验合格。

第四，待安装的设备应保持清洁。

②安装设备器材要求

第一，按设计文件要求，全面核对设备规格、型号、数量和质量。

第二，按标准规定抽检待安装的灌水器、管和管件，严禁使用不合格产品。

③管道安装要求

第一，管道安装应按干、支、毛管顺序进行。

第二，放入管槽的管道要平顺，不得悬空和扭曲。

第三，塑料管不得抛摔、拖拉和暴晒。

④成品保护措施

第一，安装好的管道应加强保护，以免碰撞破坏。

第二，安装前后，严禁踏踩管道。管路和支架不得承受外荷载。不允许明火烘烤塑料管。

第三，已安装管道的敞开端应临时封闭，以防杂物落入。

第四，油漆粉刷前，应将管道包裹，以免污染管道。

第五，阀门手轮和仪表等应先取下，统一保管，待试运行及竣工时统一安装。

第六，及时清理现场废、余料。

⑤首部枢纽设备安装

第一，电机与水泵安装应按《机电设备安装工程施工及验收规范》中有关规定执行。

第二，过滤器应按输水流向标记安装，不得反向；自动冲洗式过滤器的传感器等电器元件应按产品规定接线图安装，并通电检查运转情况。

第三，施肥、施药装置应安装在过滤器前面，其进、出水管与灌溉管道连接应牢固，如使用软管，应严禁扭曲打折。

第四，量测仪表和保护设备安装前应清除封口和接头处的油物和杂物。压力表宜装在环形连接管上，水表应按设计要求和流向标记进行水平安装。

⑥管道安装

第一，塑料管安装前，应对规格和尺寸进行复查，管内应保持清洁，不得混入杂物，黏合剂必须与管道材质相匹配。被粘接的管端、管件应清洁去除污迹，承插管轴线应对直重合，承插深度应为管外径的1~1.5倍，插头和承口均匀涂上黏合剂后应适时承插并转动管端，使黏合剂填满间隙。粘接后24h内不得移动管道。

第二，低密度聚乙烯管安装。对管口进行加热，待管口变软后即可插接，并用管箍或铁丝扎紧。聚乙烯管承插深度宜为管外径的1.1倍；直径为25mm以下管道的承插深度可

取 1.5 倍。

⑦阀门安装

第一，金属阀门与直径大于 65mm 的塑料管道之间宜用金属法兰连接，并应安装在底座上，底座高度为 10~15mm；与小于 65mm 的塑料管道可用螺纹连接，并应装活接头。截止阀门与逆止阀门应按流向标记安装，不得反向。

第二，塑料阀门安装用力应均匀，不得敲碰。

⑧支管打孔与旁通安装

第一，按设计要求在支管上标定出孔位，用手摇钻或专用打孔器打孔，钻头直径应小于旁通插管外径 1mm。钻孔不能倾斜，钻头入管深度不得超过 1/2 管径。

第二，将止水片套在旁通插管上，插入孔内并扎紧。

⑨毛管与灌水器安装

第一，毛管安装方法与要求。按设计要求由上而下依次安装。管端剪平，不得有裂纹，并防止混进杂物；连接前应清除杂物，将毛管套在旁通上，气温低时宜对管端预热；微灌管（带）宜连接在引出地面的辅助毛管上。

第二，滴头安装方法与要求。应选用直径小于灌水器插头外径 0.5mm 的打孔器在毛管上打孔；按设计孔距在毛管上冲出圆孔，随即安装滴头，严防杂物混入孔内；微管滴头应用锋利刀具剪裁，管端剪成斜面；微管插孔应与微管直径相适应，插入深度不宜超过毛管直径的 1/2，并应防止脱落。

第三，微喷头安装方法与要求。微喷头直接安装在毛管上时，应将毛管拉直，两端紧固，按设计孔距打孔，将微喷头直插在毛管上。用连接管安装微喷头时，连接管一端插入毛管，另一端引出地面后固定在插管上，其上再安装微喷头，微喷头安装高度距地面不宜小于 20cm。插杆插入地下深度不应小于 15cm，插杆与微喷头应垂直于地面。

第四，地埋式灌水器安装方法可参照滴头，灌水器埋深应与耕作要求相适应，必要时出水口处宜采取防堵措施。

⑩管道冲洗和系统试运行

第一，准备工作。仪器、设备配套完好，操作灵活；检查微灌工程，使设备状况和首部枢纽处于完好状态，阀门开关灵活，进、排气装置通畅；检查管道铺设状况，接头和阀门等处应显露，并应能观察和测量漏水情况。

第二，管道冲洗。由上至下逐级进行，支管和毛管应按轮灌组冲洗。

• 干管冲洗：打开枢纽总控制阀和待冲洗管道的阀门，关闭其他阀门，然后启动水泵，对干管进行冲洗，直到干管末端出水清洁为止。

• 轮灌组冲洗：先打开一个轮灌组的各支管进口和末端阀门，关闭干管末端阀门，进行支管冲洗，直到支管末端出水清洁，再打开毛管末端，关闭支管末端阀门冲洗毛管，直到毛管末端出水清洁为止；然后进行下一个轮灌组的冲洗。

• 冲洗过程中应随时检查管道情况，并做好冲洗记录。

第三，系统试运行。

• 试运行应按设计要求分轮灌组进行，水温和环境温度应为 5~30℃。

• 试运行过程中应随时观察管道的管壁、管件、阀门等处，如发现渗水、漏水、破裂脱落等现象，应做好记录并及时处理，处理后进行试运行直到合格为止。

- 管道允许最大漏水量应按下式计算：

$$q_s = Ks\sqrt{d}$$

式中　q_s——1000m 长管道允许最大渗漏水量（L/min）；

　　　Ks——渗漏系数，硬聚氯乙烯管、聚丙烯管取 0.08，聚乙烯管取 0.12；

　　　d——管道内径（mm）。

- 在有条件的地方，在试运行前应进行水压试验，试压的水压力不应小于管道设计压力的 1.25 倍，并保持稳定 10min。其他要求同试运行。

（5）工程验收

①中间验收　微灌工程的隐蔽部分必须在施工期间进行检查验收，并应有验收报告。

②竣工验收　主要检查技术文件是否齐全、正确；土建工程是否符合设计要求；设备选择是否合理；安装质量是否达到有关规范的规定，并应对机电设备进行启动试验；工程的试运行情况，并应对各项技术进行实测等。

5.1.3　喷灌系统的日常养护

①喷灌系统的养护管理要制定管理制度和操作规程，建立专人负责、定期检修制度。

②运行一段时间后，应对管路进行维护，检查管道是否畅通，排除淤积污物，清理泥垢。对给水井或蓄水池要经常打捞杂物，确保水源清洁。注意检查管网是否有损坏、漏水之处，各种连接是否牢固，发现问题应及时处理。

③要经常检查喷头是否完好，连接是否稳固，如有损坏应及时更换。对地理式伸缩喷头，要注意避免泥土、杂物等填塞而影响正常运行。

④对动力部分（泵房机械）要注意维护检修。喷灌的过滤装置极为重要，应定期检查，排除淤积物。

⑤遇到灾害性天气，如台风、洪水等，灾后要及时认真检查管网系统，并做好现场检查记录。

⑥冬季严寒季节，应将管路内的水全部排空，以避免管内结冰而损坏管道。重新起用时，必须查看系统，尤其是管道明露的连接处，一切正常才可运行。

5.2　排水工程施工

市政排水包括生活污水、工业废水和降水的排除，是一项大而复杂的工程，而园林排水的对象主要是雨水和生活污水，与市政排水有共同点也有不同点，此外，园林绿地的性质和特定条件也决定了园林排水具有其他的特点，因而在施工过程中要考虑这些不同之处。

5.2.1　排水的常用方式及应用环境

园林排水常见方式有 3 种：地形排水、管道排水和沟渠排水。

5.2.1.1 地形排水

地形排水指利用地面坡度使雨水汇集,再通过沟、谷、涧、山道等加以组织引导,就近排入附近水体或城市雨水管渠。这是公园排除雨水的一种方法,此法经济适用,便于维修,而且景观自然。通过合理安排可充分发挥其优势。利用地形排除雨水时,若地表种植草皮则最小坡度为0.5%。

5.2.1.2 管道排水

在园林中的某些局部,如低洼的绿地、铺装的广场及休息场所,建筑物周围的积水以及污水的排除,需要或只能利用铺设管道的方式进行。其优点是不妨碍地面活动、卫生和美观,排水效率高。但造价高,检修困难。

5.2.1.3 沟渠排水

沟渠排水指利用明沟、盲沟(暗沟)等设施进行排水的方式。明沟排水方式特别适用于大型生态农业观光园,如果园、药园、花海等,同时还应用于道路边沟、草坪边界排水等。

(1) 明沟排水

利用各种明沟,将地表水有组织地排放,明沟的坡度根据材料而定,不小于0.4%。在生态园规划中在明沟两侧最宜配置防护性植物,如云实、马甲子、悬钩子等。

(2) 盲沟排水

盲沟是一种地下排水管道,又名暗沟、盲渠。主要用于排除地下水,降低地下水位。适用于一些要求排水良好的全天候的体育活动场地、地下水位高的地区以及某些不耐水的园林植物生长区等,如足球场、高尔夫球场、射箭场等要求雨中雨后仍能使用,雨水的迅速排除需要盲沟排水设施。盲沟排水的优点是:取材方便,可废物利用,造价低廉;不需附加雨水口、检查井等构筑物,地面不留"痕迹",从而保持了园林绿地草坪及其他活动场地的完整性。

5.2.2 排水设计技术要点

5.2.2.1 园林排水设计时的景观处理

雨水径流对地表的冲刷,是园林排水面临的主要问题。必须采取合理措施来防止冲刷,保持水土,维护园林景观。通常从以下三方面进行处理。

(1) 地形设计时充分考虑排水要求

①注意控制地面坡度,使之不至于过陡,否则需要进行绿化覆盖或进行护坡工程处理,以减少水土流水。

②同一坡度(即使坡度不大)的坡面不宜延伸过长,应该有起伏变化,以阻碍缓冲径流速度,同时也丰富园林地貌景观。

③用顺等高线的盘山道、谷线等拦截和组织排水。

④对于直接冲击园林内一些景点和建筑的坡地径流,要在景点、建筑上方的坡地面边

缘设置截水沟拦截雨水，并且有组织地排放到预定的管渠之中。

(2) 采取工程措施

园林中利用地面或明渠排水，在排入园内水体时，为了保护岸坡，结构稳定，结合造景，出水口应做适当处理。常见的有以下两种方式。

①水簸箕　它是一种敞口排水槽，槽身的加固可采用三合土、浆砌块石（或砖）或混凝土。当排水槽上下口高差大时，可在下口设栅栏起消力和防护作用，在槽底设置消力阶，槽底做成礓磋状（连续的浅阶），在槽底砌消力块等（图 5-6）。

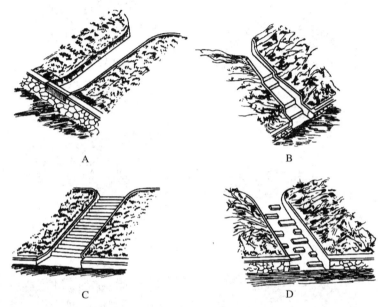

图 5-6　水簸箕的形式
A. 栅栏式　B. 消力阶　C. 礓磋式　D. 消力块

②埋管排水　利用路面或道路边沟将雨水引至濒水地段低处或排放点，设雨水口埋置暗管将水排入水体。

(3) 充分利用园路

园路和其他地面铺装具有较强的抗冲刷能力，而且很多园林中园路低于绿地，因此可利用园路引导和输送雨水径流。

(4) 植物、山石的使用

地被植物具有对地表径流加以阻碍、吸收以及固土等诸多作用，因而通过加强绿化、合理种植，用植被覆盖地面是防止地表水土流失的有效措施与正确选择。

地表径流在谷线或山洼处汇集，形成大流速径流，为防止其对地表的冲刷，可在汇水线上布置一些山石，借以减缓水流冲力降低流速，起到保护地表的作用。这些山石就叫谷方。谷方需深埋浅露加以稳固。挡水石则是布置在山道边沟坡度较大处，作用和布置方式同谷方相近。

为强化景观，雨水口、检查井等排水管道附属构筑物位置的安排要注意尽量隐蔽；或者用山石、植物等加以点缀，以及在其上盖铸（塑）图案花纹进行艺术处理等（图 5-7）。

图 5-7 园林中的雨水口形式

(5) 出水口造景

在园林中，雨水排水口还可以结合造景布置成小瀑布、跌水、溪涧、峡谷等，一举两得，既解决了排水问题，又使园景生动自然，丰富园林景观内容。

5.2.2.2 园林排水管线工程的布置

①尽量利用地表面的坡度汇集雨水，以达到所需管线最短。在可以利用地面输送雨水的地方尽量不设置管道，使雨水能顺利地靠重力流排入附近水体。

②当地形坡度较大时，雨水干管应布置在地形低的地方；在地形平坦时，雨水干管应布置在排水区域的中间地带，以尽可能地扩大重力流排除范围。

③应结合区域的总体规划进行考虑，如道路情况、建筑物情况、远景建设规划等。

④雨水口的布置应考虑到能及时排除附近地面的雨水，不致使雨水漫过路面而影响交通。

⑤为及时快速地将雨水排入水体，若条件允许，应尽量采用分散出水口的布置形式。

⑥在满足冰冻深度和荷载要求的前提下，管道坡度宜尽量接近地面坡度。

⑦雨水管道多为无压自流管，布置时要有一定的纵坡值，雨水才能靠自身重力向前流动，而且管径越小所需最小纵坡值越大。管渠纵坡的最小限值见表5-1。

表5-1 管渠的最小纵坡

管径(mm)	最小纵坡(i)	管径(mm)	最小纵坡(i)	沟渠	最小纵坡(i)
200	0.4	350	0.3	土质明沟	0.2
300	0.33	400	0.2	砌筑梯形明渠	0.02

⑧雨水管最小管径一般不小于200mm；公园绿地的径流因携带的泥沙较多，故最小管径尺寸采用300mm。

⑨雨水管应尽量布置在路边。

⑩干管应靠近主要使用单位和连接支管较多的一侧布置。

⑪排水管变径时，要设检查井。

⑫排水管道一般采用铸铁管、钢管、石棉水泥管、陶土管、混凝土管和钢筋混凝土管等。

5.2.2.3 常见排水构筑物设计

(1)明沟和盲沟

①明沟 主要是土质明沟，其断面形式有梯形、三角形和自然式浅沟，沟内可植草种花，也可任其生长杂草，通常采用梯形断面；在某些地段根据需要也可砌砖、石或混凝土明沟，断面形式常采用梯形或矩形，如图5-8、图5-9。

图5-8 土质明沟

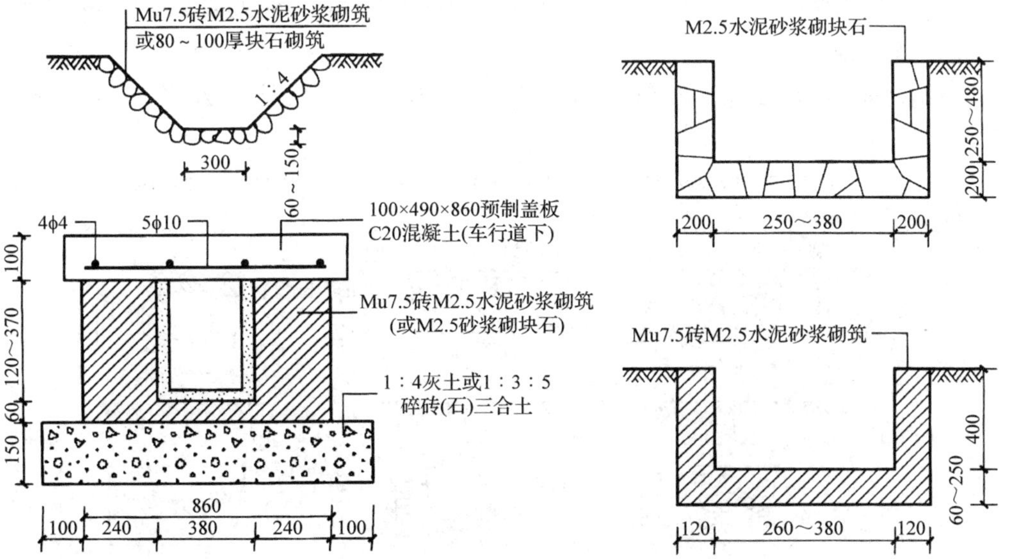

图5-9 明沟结构(单位：mm)

②盲沟

第一，盲沟的布置形式取决于地形及地下水的流动方面。常见的有4种形式，即自然式(树枝式)、截流式、箅式(鱼骨式)和耙式，如图 5-10 所示。自然式适用于周边高中间低的山坞状园址地形，截流式适用于四周或一侧较高的园址地形情况，箅式适用于谷地或低洼积水较多处，耙式适用于一面坡的情况。

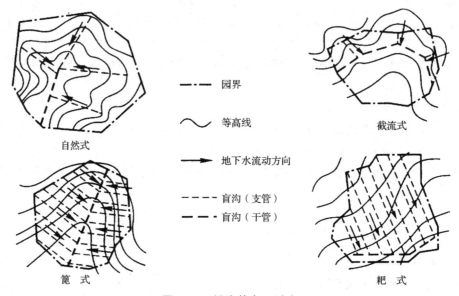

图 5-10 盲沟的布置形式

第二，盲沟的埋深主要取决于植物对地下水位的要求、受根系破坏的影响、土壤质地、冰冻深度及地面荷载情况等因素，通常在 1.2~1.7m；支管间距则取决于土壤种类、排水量和要求的排除速度，对排水要求高的场地，应多设支管。支管间距一般为 8~24m。

第三，盲沟沟底纵坡不小于 0.5%。只要地形等条件许可，纵坡坡度应尽可能取大些，以利地下水的排除。

第四，盲沟的构造因透水材料多种多样，故类型也多。常用材料及构造形式如图 5-11 和图 5-12。

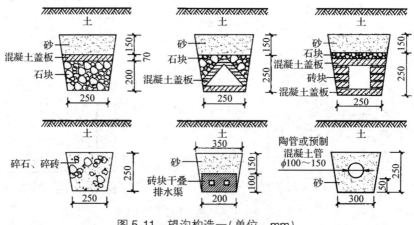

图 5-11 盲沟构造一(单位：mm)

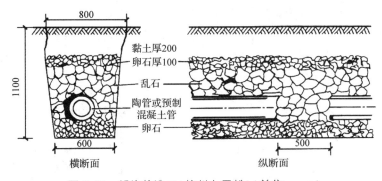

图 5-12　望沟构造二(杭州九里松)(单位：mm)

(2)检查井和跌水井

①检查井　用来对管道进行检查和清理,同时也起连接管段的作用。检查井常设在管渠转弯、交汇、管渠尺寸和坡度改变处,在直线管段相隔一定距离也需设检查井。相邻检查井之间管渠应成一直线。直线管道上检查井间距见表 5-2。检查井分不下人的浅井和需下人的深井。常用井口为 600~700mm。检查井的构造,主要由井基、井底、井身、井盖座和井盖等组成,构造如图 5-13 所示。

表 5-2　直线道路上检查井最大间距

管线或暗渠净高	最大间距(m)	
(mm)	污水管道	雨水流的管道
200~400	30	40
500~700	50	60
800~1000	70	80
1100~1500	90	100
1500~2000	100	120

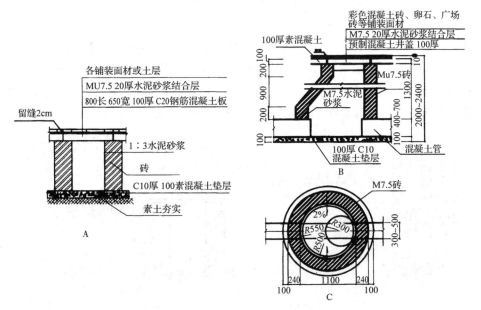

图 5-13　检查井大样图

A. 雨水沟检查　B. 检查井结构剖面　C. 检查井

②跌水井 跌水井是设有消能设施的检查井。当落差大于1m时，需在以下位置设跌水井：管道流速过大，需加以调节处；管道垂直于陡峭地形的等高线布置，按原坡度将露出地面处；接入较低的管道处；管道遇上地下障碍物，必须跌落通过处。常见跌水井有竖管式、阶梯式、溢流堰式等，构造如图5-14所示。

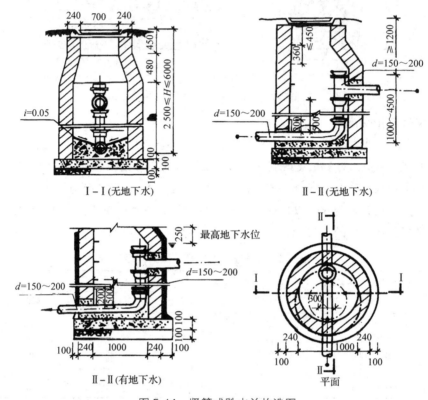

图5-14 竖管式跌水井构造图

(3) 雨水口和出水口

①雨水口 这是雨水管渠上收集雨水的构筑物。地表径流通过雨水口和连接管道流入检查井或排水管渠。雨水口常设在道路边沟、汇水点和截水点上。雨水口的间距一般为25~60m。雨水口由进水管、井筒、连接管组成，雨水口按进水比在街道上设置位置可分为：边沟雨水口、侧石雨水口、联合式雨水口等。构造如图5-15所示。

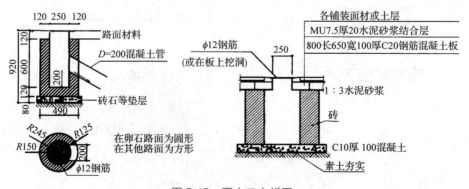

图5-15 雨水口大样图

②出水口　其位置和形式，应根据水位、水流方向、驳岸形式等而定，雨水管出水口最好不要淹没水中，管底标高在水体常水位以上，以免水流倒灌。出水口与水体岸边连接处，一般做成护坡或挡土墙，以保护河岸及固定出水管渠与出水口。构造如图 5-16 所示。

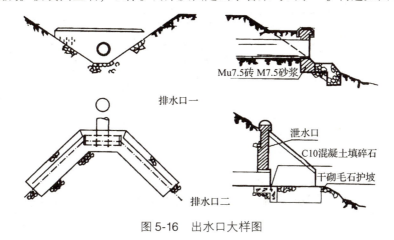

图 5-16　出水口大样图

5.2.3　排水管线工程施工技术

5.2.3.1　施工流程

放线与开沟→修筑管基→铺管→抹口→接口的养护→筑井→灌水试验→回填土。

5.2.3.2　施工方法

（1）**管沟的放线与开挖**

参见给水管道工程施工。

（2）**修筑管基**

首先检查管沟的坐标、沟底标高、坡度坡向及检查井位置等，要符合设计要求；沟底土质良好，确保管道安装后不下沉。然后修筑管基，管基通常为现浇混凝土，其厚度及坡度坡向要符合设计要求。

（3）**铺管**

①检查管材　混凝土（或钢筋混凝土）管的规格要符合设计要求，不得有裂纹、破损和蜂窝麻面等缺陷。

②清理管口　将每节管的两端接口以棉纱、清水擦洗干净。

③铺管　将沟边的管子以吊车（或人工）逐根放入沟内的管基上，使接口对正。然后通过直线管段首、尾两检查井的中心点拉一条粉线，该粉线即为管中心线。据此线来调整管子，使管道平直，并以水平尺检测其坡度、坡向，使之符合设计要求。

（4）**抹口**

通常采用水泥砂浆为填料，其配合比（质量比）为 52.5 级水泥∶河沙 = 1∶2.5~3，加适量的水拌匀。然后将其填满接口、抹平并凸出接口，如图 5-17 所示。

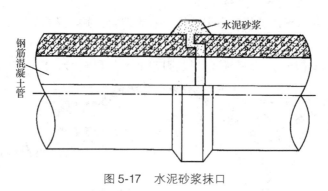

图 5-17　水泥砂浆抹口

(5) 接口的养护

参见给水管道工程施工。

(6) 筑井

检查井砌筑(或安装混凝土预制井圈)时，井壁要垂直，井底、上口标高以及截面尺寸应符合设计要求。

(7) 灌水试验

灌水试验也称为闭水试验，应在管道覆土前进行。

①试验前的准备工作　将被试验管段的上、下游检查井内管端以钢制堵板封堵。在上游检查井旁设一试验用的水箱，水箱内试验水位的高度，对于铺设在干燥土层内的管道应高出上游检查井管顶 4m。试验水箱底与上游井内管端堵板以管子连接；下游井内管端堵板下侧接泄水管，并挖好排水沟。

②试验过程　先由水箱向被试验管段内充水至满，浸泡 1~2 昼夜再进行试验。试验开始时，先量好水位；然后观察各接口是否渗漏，观察时间不少于 30min；渗出水量不应大于表 5-3 的规定。试验完毕应将水及时排出。

表 5-3　排水管道在一昼夜内允许渗出或渗入的水量　　$m^3/(d·km)$

管道种类	管　径										
	150mm	200mm	300mm	400mm	500mm	600mm	700mm	800mm	900mm	1000mm	1500mm	2000mm
混凝土管	7	20	28	32	36	40	44	48	53	58	93	148
钢筋混凝土管	7	20	28	32	36	40	44	48	53	58	93	148
陶土管	7	12	18	21	23	23						

在湿土壤内铺设的管道，需检查地下水渗入管道内的水量。当地下水位超过管顶 2~4m 时，渗入管内的水量不应大于表 5-3 的规定；当地下水位超过管顶 4m 以上时，每增加 1m 水头，允许增加渗入水量的 10%；当地下水位高出管顶 2m 以内时，可按干燥土层做渗出水量试验。排除带有腐蚀性污水的管道，不允许渗漏。

雨水管道以及与雨水性质近似的管道，除大孔性土壤和水源地区外，可不做闭水试验。

(8) 回填土

在灌水试验完成，并办理"隐蔽工程验收记录"后，即可进行回填土。管顶上部 500mm 以内不得回填直径大于 100mm 的石块和冻土块；500mm 以上回填的块石和冻土不得集中；用机械回填时，机械不得在管沟上行驶。

回填土应分层夯实，每层虚铺厚度：机械夯实为300mm以内，人工夯实为200mm以内。管道接口处必须仔细夯实。

5.2.3.3 质量标准

①排水管道的坡度必须符合设计要求或规范规定，严禁无坡或倒坡。

②管道埋设前必须做灌水试验和通水试验，排水应畅通，无堵塞，管接口无渗漏。

③排水铸铁管采用水泥捻口时，油麻填塞应密实，接口水泥应密实饱满，其接口面凹入承口边缘且深度不得大于2mm。

④排水铸铁管外壁在安装前应除锈，涂2遍石油沥青漆。

⑤混凝土管或钢筋混凝土管采用抹带接口时，应符合下列规定：

- 抹带前应将管口的外壁凿毛、扫净，当管径小于或等于500mm时，抹带可1次完成；当管径大于500mm时，应分2次抹成，抹带不得有裂纹。
- 抹带厚度不得小于管壁的厚度，宽度宜为80~200mm。

⑥排水管变径时，要设检查井。排水管道在检查井内的衔接方法为：通常，不同管径采用管顶平接，相同管径采用水面平接，但在任何情况下，进水管底不能低于出水管底。排水管道在直管管段处为方便定期维修及清理疏通管道，每隔30~50m设置一处检查井；在管道转弯处、交汇处、坡度改变处，均应设检查井。

⑦管道施工完毕符合要求后，应及时进行回填，严禁晾沟。浇注混凝土管墩、管座时，应待混凝土的强度达到5MPa以上方可回填土。

知识拓展

1. 给水管网计算主要指标

（1）园林用水量标准

用水量标准是国家根据各地区不同城市的性质、气候、生活水平、生活习惯、房屋卫生设备等不同情况而制定的，这个标准针对不同用水情况分别规定了用水指标，这样更加符合实际情况，同时也是计算用水量的依据。表5-4综合了园林用水点的各种情况，分别提出了用水量的参考标准。

表5-4 用水量标准及小时变化系数

建筑物名称	单位	标准最高日用水量(L)	小时变化系数	备注
公共食堂营业食堂	每客每次	15~20	1.5~2.0	①食堂用水包括主副食加工，餐具洗涤清洁用水和工作人员及顾客的生活用水，但未包括冷冻机冷却用水
内部食堂	每人每次	10~15	1.5~2.0	②营业食堂用水比内部食堂多，中餐餐厅又多于西餐餐厅；
茶室	每客每次	5~10	1.5~2.0	③餐具洗涤方式是影响用水量标准的重要因素，设有洗碗机的用水量大；

(续)

建筑物名称	单位	标准最高日用水量(L)	小时变化系数	备注
小卖部	每客每次	3~5	1.5~2.0	④内部食堂设计人数即为实际服务人数,营业食堂按座位数、每一顾客就餐时间及营业时间计算顾客人数
电影院	每一观众每场	3~8	2.0~2.5	①附设有厕所和饮水设备的露天或室内文娱活动的场所,都可以按电影院或剧场的用水标准选用;②俱乐部、音乐厅和杂技场可按剧场标准,影剧院用水标准介于电影院和剧场之间
剧场	每一观众每场	10~20	2.0~2.5	
体育场运动员淋浴	每人每次	50	2.0	①体育场的生活用水用于运动员淋浴部分系考虑运动员在运动场进行一次比赛或表演活动后需淋浴一次;②运动员人数应按假日或大规模活动时的运动员人数计
观众	每人每次	3	2.0	
泳池补充运动淋浴观众	日占池容每人每场每人每场	15% 60 3	2.0 2.0	当游泳池为完全循环处理(过滤消毒)时,补充水量可按每日水池容积5%考虑
办公楼	每人每班	10~20	2.0~2.5	①企事业、科研单位的办公及行政管理用房均属此项;②用水只包括便溺冲洗、洗手、饮用和清洁用水
公共厕所	每冲洗器	100		左列数字为每小时每冲洗器的数据
大型喷泉 中型喷泉	每小时 每小时	10 000 2000		应考虑水的循环使用
柏油路面 石子路面 庭地草坪	每次每平方米	0.2~0.5 0.4~0.7 1~1.5		≤3次/日 ≤4次/日 此3行为洒地用水 ≤2次/日

(2)园林最高日用水量计算

园林最高日用水量就是园林中用水最多那一天的消耗水量,用 Q_d 表示,可按下式计算:

$$Q_d = n \cdot q_d / 1000$$

式中 Q_d——最高日用水量(m^3/d);

q_d——最高日用水量标准[L/(人·d)];

n——用水人数或用水单位数(人、床、座等)。

公园内各用水点用水量标准不同时,最高日用水量应当等于各点用水量的总和,因此可按下式计算确定。

$$Q_d = \sum q_i n_i / 1000 \quad (用水总和计算)$$

式中 q_i——各用水点的生活用水量标准(L/d);

n_i——游人数(人)。

(3)最高日最大时用水量计算

在用水量在最大一天中消耗水量最多的那一小时的用水量,就是最高日最大时用水量,用 Q_h 表示,计算如下。

$$Q_h = Q_d / T \cdot K_h$$

式中　Q_h——最高日最大小时用水量(m^3/h);

Q_d——最高日用水量(m^3/d);

T——建筑物用水时间(h);

K_h——小时变化系数(表 5-4)。

计算时,应尽量切合实际,避免产生较大的误差。例如,公园内的营业餐厅,其用水时间就不要只计实际营业时间,还应当把备餐时间、营业后清洗营业餐厅和洒扫店堂的时间都算上。为了计算更准确些,可以将各用水点在不同时段的用水量统计起来,编制成逐时用水量表,供计算中使用。

(4)园林总用水量计算

在确定园林用水量时,除了要考虑近期满足用水要求以外,还要考虑远期用水量增加的可能,要在总用水量中增加一些发展用水、管道漏水、临时突击用水及其他不能预见的用水量。这些用水量可按最高日用水量的 15%~25% 来确定。

所以,园林给水管网的总用水量为:

$$Q_g = (1.15 \sim 1.25) \cdot \sum Q_d;$$

式中　Q_g——最大小时平均流量(m^3/h);

Q_d——最高日用水量。

(5)日变化系数和时变化系数的确定

日变化系数是用一年中用水量最多一天的用水量除以平均日用水量,用 K_d 表示。时变化系数是最高日那天用水量最多的一小时用水量除以平均时用水量,以 K_h 表示,也可以直接在表 5-4 中选用。

$$K_d = Q_d / Q \quad (日变化系数)$$

$$K_h = Q_h / Q_p \quad (时变化系数)$$

式中　K_d——日变化系数;

K_h——时变化系数;

Q_d——最高日用水量(m^3/d);

Q_h——最大时用水量(m^3/h);

Q_p——平均时用水量(m^3/h);

Q——平均日用水量(m^3/d)。

(6)流量

管道中的流量(Q)是指单位时间内流过该管子的水量,计算单位是 m^3/h 或 m^3/s、L/s。流量与管径和流速有关;管径大、流量也大;流速越快,流量也越大。园林管网中的流量,实际上就是该管网供水范围内所有用水点的总用水量。

(7)流速

流速(V)是水在管道中流动的速度,单位是 m/s。合适的流速可使管网的造价和一定使用年限内的经营管理费用都最低,即这种流速就是最经济的流速。在给水系统中,一般可以用经济流速来确定管径。我国选用给水管管径所采用的经济流速范围是：

小管径 $DN=100\sim400\text{mm}$，$V=0.6\sim0.9\text{m/s}$；

大管径 $DN>400\text{mm}$，$V=0.9\sim1.4\text{m/s}$。

（8）水压和水头

用水压表可测得水管内某点的水压。管道的水压一般用 kg/cm^2 表示，也可以用水柱高度来表示，二者的换算关系是：$1\text{kg/cm}^2=10\text{mH}_2\text{O}(10\text{m}水头)$。水头，就是水力学中对表示水压强度之水柱高度的特称。10m 水柱高度称为 10m 水头，20m 水柱高称作 20m 水头。在计算水头的时候，要将水头损失考虑在内，否则计算结果就会与实际情况差距较大。

（9）水头损失

水在水管中流动，会因管壁等的阻力而损失一部分能量，使水压逐渐降低；这些水能的损失在水力学上被称为水头损失。水头损失有两种情况：一种情况是局部损失。局部损失的程度一般可按经验判别：生活给水和游乐给水系统取 25%，生产给水系统取 20%，消防给水取 15%。另一种情况是沿程损失。

沿程水头损失按下式算出：

$$h_{沿}=i_L$$

式中 $h_{沿}$——管段的沿程水头损失（mH_2O）；

L——计算管段的长度（m）；

i——管道单位长度的水头损失（$\text{mH}_2\text{O/m}$）。

当 $V<1.2\text{m/s}$ 时：

$$i=0.000\,912V^2/d^{13}+1+0.867/V$$

当 $V\geq1.2\text{m/s}$ 时：

$$i=0.0017V^2/d^{13}$$

式中 V——管内平均水流速度（m/s）；

d——管道计算内径（m）。

无论是局部水头损失还是沿程水头损失，实际上都可不必计算，而直接去查《给排水设计手册》中的有关图表。在表中选出合适的管径，同时查得相应的流速和水力坡度，由此就计算沿管段的水头损失。再编制干管的水力计算表进行计算，计算表的格式见表5-5。

表 5-5 干管水力计算表

管段编号	管长（m）	流量 Q_g（L/s）	管径（mm）	水力坡度 i（$\text{mmH}_2\text{O/m}$）	管段水头损失 h（mmH_2O）	流速（m/s）
①-②						
②-③						
...						
总计					$\sum h_{沿}=$	

（10）水力计算

计算的目的有两个方面：一是计算出园林内最不利点（损失水头最多的管段或要求较高的用水点）的水头要求；二是校核城市自来水配水管的水压是否能够满足园内最不利点

配水的水头要求。公园给水管网总引水处所需要的总水压力可以表示为：

$$H = H_1 + H_2 + H_3 + H_4$$

式中　H——引水管处所需求的总压力(mH_2O)；

H_1——总引水处与最不利点间地面高程差(m)；

H_2——计算配水点与建筑物进水管的标高差(m)；

H_3——计算配水点前所需流出的水头值(一般取 1.5~2.0 mH_2O)；

H_4——管内沿程水头损失与局部水头损失的总和(mH_2O)。

计算整个管网的要求是，先将各用水点设计流量 Q 与所要求的水压 H 算出，在各用水点用水时间一致的情况下，则公园给水干管的设计流量就等于各点设计流量的总和 ΣQ。但实际上，公园各用水点的用水时间是不一致的，例如，餐厅用水时间和植物灌溉用水时间就常不相同。用水量大的用水点常常在时间上是错开的；因此，一般所需的干管流量实际上要比设计流量小。在按用水时间一致的条件算出的设计流量上酌情减少一点流量，就可以节约一些管材和投资。

2. 喷灌系统常见种类及应用

（1）按管道铺设方式分类

①移动式喷灌系统　此种形式要求灌溉区有天然地表水源(江、河、湖、池、沼等)，其动力(电动机或汽、柴油发动机)、水泵、管道和喷头等是可以移动的。由于不需要埋设管道等设备，所以投资较经济，机动性强，但管理工作强度大。适用于天然水源充裕的地区，尤其是水网地区的园林绿地、苗圃、花圃的灌溉。

②固定式喷灌系统　泵站固定，干支管均埋于地下的布置方式，喷头固定于竖管上，也可临时安装。固定式喷灌系统的设备费用较高，但操作方便，节约劳力，便于实现自动化和遥控操作。适用于需要经常灌溉和灌溉期较长的草坪、大型花坛、花圃、庭园绿地等。

③半固定式喷灌系统　其泵站和干管固定，支管和喷头可移动，优缺点介于上述两者之间。应视具体情况酌情采用，也可混合使用。

（2）按控制方式分类

①程控型喷灌系统　指闸阀的启闭是依靠预设程序控制的喷灌系统。其特点是省时、省力、高效、节水，但成本较高。

②手控型喷灌系统　指人工启闭闸阀的喷灌系统。

（3）按供水方分类

①自压型喷灌系统　指水源的压力能够满足喷灌系统的要求，无须进行加压的喷灌系统。自压型喷灌系统常见于以市政和局域管网为喷灌水源的场合，多用于小规模园林绿地的喷灌。

②加压型喷灌系统　当喷灌系统是以江、河、湖、溪、井等作为水源，或水压不能满足喷灌系统设计要求时，需要在喷灌系统中设置加压设备，以保证喷头足够的工作压力。

3. 给排水设计在生态景观园应用

在一些项目景观规划中，园区给排水是作为专项规划进行的，也就是生态园要有针对性地进行供水系统和排水系统规划。从设施视角分析，这类规划一般遇到供水系统：取水点(井、塘、河、湖、溪、潭、池等)、动力设备(提水设施)、供水线路(生活供水或养护供水)、高位水池(水塔)、增压设备、用水点；排水系统：污水点、污水集水池(坑)、污水处理池(化粪池、澄清池、过滤池、消毒池)、排水管线、出水口等。

园林景观给水规划要计算园区用水量，必须通过游人量进行估测，计算出用水后才设计高位水池及供水管线，如供水管材料(镀锌管、PVC 管)、供水管径(用 DN 表示，常用 $DN50$、$DN80$、$DN100$、$DN150$、$DN250$ 等)。排水系统规划也要求明确管路情况，常驻机构用管材为混凝土管、铸铁管、瓦管及 PVC 管，管径要求比较大，$DN \geq 300$。

在一些自驾营地、郊野足球场、射箭场、片状花海等环境，供水排水设施要求比较高，除采用明沟排水外，通常要用到暗沟，因此综合性排水设施对规划设计与施工提出更高要求。

🌿 实训与思考

1. 参观给水排水工程设施，草测平面布置图并做出分析报告，并装订成册。
2. 进行小型喷灌工程施工：编制施工方案，准备设备材料工具，现场整理放线施工，成品保护、验收。
3. 由教师提供素材(工程项目)，学生提出排水设计建议，撰写施工要点。
4. 喷灌系统的日常维护是一项十分重要的工作，学习中按学习小组讨论喷灌系统的日常维护的技术措施与应注意的问题。
5. 现代生态农业景观示范园为什么要进行综合的供水排水规划与设计？给水排水各项目控制指标对于现场安装施工有何现实意义？

🌿 学习测评

选择题：

1. 当前比较节约用水的喷灌方式是(　　)。
  A. 普通喷灌　　　B. 滴灌　　　C. 移动式喷灌　　　D. 半固定式喷灌
2. 利用铸铁管作为给水管路，容易生锈，为此比较有效之防锈方法是(　　)。
  A. 涂银粉　　　B. 涂油漆　　　C. 涂沥青　　　D. 涂石玩专用蜡
3. 目前应用于喷灌系统的喷头，从材料分析，质量比较好的是(　　)质喷头。
  A. 尼龙　　　B. 黄铜　　　C. 不锈钢　　　D. 铁
4. 对于生态观光园，在考虑排水方式时以(　　)排水为主。
  A. 管网　　　B. 沟渠　　　C. 地面　　　D. 泵抽
5. 通过园路排水是一种很好的设计方式，此时园路应沿等高线布置，保证排水坡度，为保证出水口处(连接水体处)地形稳定，可采取(　　)技术措施。
  A. 预埋 PPR、PE 管　　　　　B. 设计消能石
  C. 考虑用谷方　　　　　　　D. 直接排进水体
6. 如果用清水离心泵供水，自水泵中线至最高用水点的垂直高程叫(　　)。
  A. 净扬程　　　B. 损失扬程　　　C. 总扬程　　　D. 安全允许吸上高度

7. 管路排水施工时，排水管一般应埋深为（　　）。
A. 1.0m   B. 0.7m   C. 0.3m   D. 1.05m
8. 如果某园要设计厕所，其污水处理用到的设施主要有（　　）。
A. 沉淀池   B. 化粪池   C. 滤清池   D. 消毒池
9. 高速公路护坡设计方法比较多，如采用埋设预制护土筋、建直壁挡土墙、整坡铺压混土、种植草灌等。为了防止坡面水土流失，除上述工程措施外还可以采取（　　）。

A. 沿坡面铺设钢丝网，然后网眼中植草

B. 沿坡顶与等高线稍平行开挖排水明沟

C. 自坡顶与等高线垂直开挖排水明沟

D. 坡面上打入粗铁条，再沿坡喷浆植草

10. 离心泵与潜水泵的主要区别在于（　　）。

A. 离心泵与潜水泵都可作为循环供水动力

B. 离心泵须设计泵房，水泵不宜置于水中

C. 潜水泵可置于水中，但起动时不须向泵注水

D. 离心泵的泵体与电动机是分离的

数字资源

单元 6　水景工程施工

学习目标

【知识目标】
(1) 掌握园林各类水景工程的构成及技术要求；
(2) 熟悉常见水景施工技术与现场施工组织方法。

【技能目标】
(1) 能根据环境组织小型水景项目工程施工；
(2) 能根据不同水景项目配套施工材料；
(3) 能解决不同水景项目施工中遇到的技术问题。

【素质目标】
(1) 培养水景项目施工前瞻性及预案意识；
(2) 培养项目组织管理所需的认真细致的工作态度；
(3) 培养项目施工流程、施工工序、施工节点严格把关的意识。

从古至今，用水造字由来已久。水景工程是与水体造园相关的所有工程的总称。本章主要介绍湖池工程施工、人工瀑布施工、人工小溪施工、喷泉工程施工、临时水景施工的基本知识和基本方法。

6.1　湖池工程施工

6.1.1　施工流程

准备工作→定点放线→挖土方→压实→湖池底施工→湖池岸线施工→养护→试水→验收。

6.1.2　施工方法

6.1.2.1　人工湖底施工

对于基址土壤抗渗性好、有天然水源保障条件的湖体，湖底一般不需做特殊处理，只要充分压实，相对密实度达 90% 以上即可。否则，湖底需做抗渗处理。

①开工前根据设计图纸结合现场调查资料(主要是基址土壤情况)确认湖底结构设计的合理性。

②施工前清除地基上面的杂物。压实基土时如杂填土或含水量过大或过小应采取措施加以处理。

③对于灰土层湖底(图6-1A),灰、土比例常用3∶7。土料含水量要适当,并用16~20mm筛子过筛。生石灰粉可直接使用,如果是块灰闷制的熟石灰要用6~10 mm筛子过筛。注意拌和均匀,最少翻拌两次。灰土层厚度大于200mm时要分层压实。

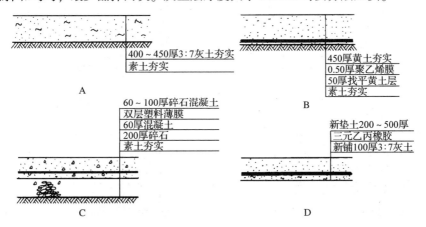

图6-1 常用湖底做法(单位:mm)
A. 灰土层湖底做法　B. 塑料薄膜湖底做法　C. 塑料薄膜防水层小湖底做法　D. 旧水池翻新池底做法

对于塑料薄膜湖底(图6-1B),应选用延展性强和抗老化能力高的塑料薄膜。铺贴时注意衔接部位要重叠0.5m以上。摊铺上层黄土时动作要轻,切勿损坏薄膜。

当小型湖底土质条件不是太好时采取图6-1C的施工方法,此法较图6-1B增加了200mm厚碎石层、60mm厚混凝土层及60~100mm厚粒石混凝土,这有利于湖底加固和防渗,但投入比较大。

图6-1D是旧水池翻新做法,对于发生渗漏的水池,或因为景观改造需要,可用此法进行施工。

④注意保护已建成设施。对施工过程中损坏的驳岸要进行整修,恢复原状。

6.1.2.2 池的施工

池多采用人工水源,有供水、溢水、泄水的要求,加上对防止渗漏的要求较高,其构造和施工技术比湖要复杂。根据水池构造材料的不同,可分为刚性结构水池和柔性结构水池两类,前者主要包括砖砌结构水池、毛石砌结构水池和钢筋混凝土结构水池;后者有三元乙丙橡胶(EPDM)防水膜水池、玻璃布沥青席水池等。

当水池较小、池水较浅、池壁高度小于1m,对防水要求不太高时,可以采用砖、石结构,如图6-2A、B。这类水池施工简便、造价低。

当水池较大,或设于室内、屋顶花园或其他防水要求较高的场合时,应当选用钢筋混凝土结构水池,如图6-2C所示。它的防水性能好、结构稳固、使用期长。

(1)钢筋混凝土结构水池的施工

①基槽挖好、整平夯实后,开始浇灌混凝土垫层前,应检查基土情况。若基土稍湿而松软时,可在其上铺10cm厚砾石层并加以夯实。

②混凝土垫层浇完隔1~2d放线浇筑底板(池底)。上下层钢筋之间要用铁撑固定,以防混凝土浇、捣过程中发生移位。

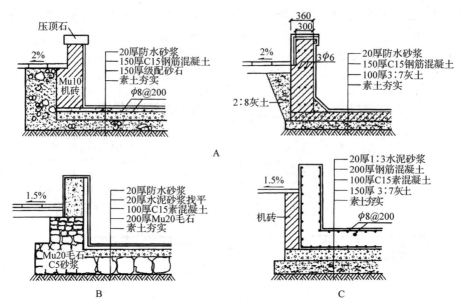

图 6-2 喷水池结构(单位：mm)
A. 砖砌结构 B. 毛石砌结构 C. 钢筋混凝土结构

③底板应一次连续浇完，不留施工缝。如混凝土在运输过程中产生初凝或离析现象，应在现场拌板上进行两次搅拌后方可入模浇捣。底板厚度在 20cm 以内时可用平板振动器，否则应采用插入式振动器。

④池壁为现浇混凝土时，底板与池壁连接处的施工缝可留在距底板顶面 20cm 处。施工缝可留成台阶形、凹槽形，加金属止水片或遇水膨胀橡胶带等。

⑤水池施工所用的水泥强度等级不宜低于 42.5 级，并优先选用普通硅酸盐水泥。混凝土含砂率宜为 35%~40%，灰砂比为 1:2~1:2.5，水灰比≤0.6。

⑥在池壁混凝土浇筑前，应先将施工缝处的混凝土表面凿毛，清除浮粒和杂物，用水冲洗干净，保持湿润。再铺上一层 20~25mm 厚水泥砂浆，水泥砂浆所用材料的灰砂比应与混凝土相同。

⑦池壁混凝土的浇筑也应连续进行，一次浇完，不留施工缝。

⑧固定模板用的铁丝和螺栓不宜直接穿过池壁。当螺栓或套管必须穿过池壁时，应采取止水措施，如螺栓上加焊止水环，套管上加焊止水环，螺栓加堵头等。

⑨池壁有密集管群穿过、预埋件或钢筋稠密处浇筑混凝土有困难时，可采用相同抗渗等级的细石混凝土浇筑。

⑩混凝土凝结后应立即进行养护，充分保持湿润。养护期不少于 14d。

(2)柔性结构水池施工

近几年，随着新型建筑材料的出现，特别是各式各样的柔性衬垫薄膜材料的应用，水池的结构出现了柔性结构，以柔克刚，另辟蹊径，使水池设计与施工进入了一个新的阶段。实际上水池若是一味靠加厚混凝土和加粗加密钢筋网片是无济于事的，这只会导致工程造价的增加，尤其对北方水池的渗漏冻害，不如用柔性不渗水的材料做水池夹层为好。目前在工程实践中使用的主要有如下几种：

①玻璃布沥青席水池 这种水池施工前准备好沥青席。方法是以沥青0号：3号=2：1调配好，按调配好的沥青30%、石灰石矿粉70%的配比，且分别热至100℃，再将矿粉加入沥青锅拌匀，把准备好的玻璃纤维布（孔目8mm×8mm或者10mm×10mm）放入锅内蘸匀后慢慢拉出，确保黏结在布上的沥青层厚度为2~3mm，拉出后立即洒滑石粉，并用机械碾压密实，每块席长40m左右。

施工时，先将水池土基夯实，铺300mm厚3:7灰土保护层，再将沥青席铺在灰土层上，搭接长50~100mm，同时用火焰喷灯焊牢，端部用大块石压紧，随即铺小碎石1层。最后在表层散铺150~200mm厚卵石1层即可，如图6-3所示。

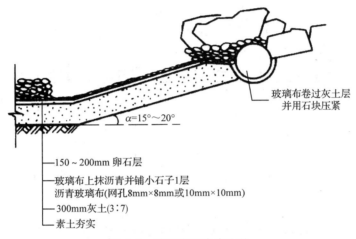

图6-3 玻璃布沥青席水池

②三元乙丙橡胶（EPDM）薄膜水池 EPDM薄膜类似于丁基橡胶，是一种黑色柔性橡胶膜，厚度为3~5mm，能经受温度-40~80℃，扯断强度>7.35N/mm²，使用寿命可达50年，施工方便，自重轻，不漏水，特别适用于大型展览用临时水池和屋顶花园用水池。

建造EPDM薄膜水池，要注意衬垫薄膜与池底之间必须铺设一层保护垫层，材料可以是细沙（厚度≥5cm）、废报纸、旧地毯或合成纤维。薄膜的需要量可视水池面积而定，注意薄膜的宽度必须包括池沿，并保持在30cm以上。铺设时，先在池底混凝土基层上均匀地铺一层5cm厚的沙子，洒水使沙子湿润，然后在整个池中铺上保护材料，之后即可铺EPDM衬垫薄膜，注意薄膜四周至少多出池边15cm。如是屋顶花园水池或临时性水池，可直接在池底铺沙子和保护层，再铺EPDM即可，如图6-4所示。

(3) 伸缩缝做法

室内小型水池，受气候影响小，一般不需做伸缩缝。而室外大型水池则需每隔25m设一条伸缩缝，以使水池在胀缩变化和不均匀下沉时能具有良好的防水性。其构造做法示例如图6-5所示。

6.1.3 湖池配套工程施工

驳岸和护坡是湖、池的护岸设施，其主要作用在于减缓冲刷滑坡，防止岸壁坍塌，维持水面的面积比例。若处理得法，也可发挥造景作用。

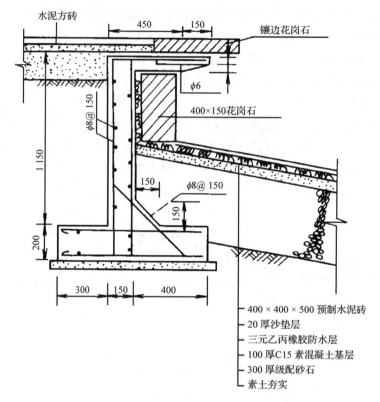

图6-4 三元乙丙橡胶薄膜水池结构(单位:mm)

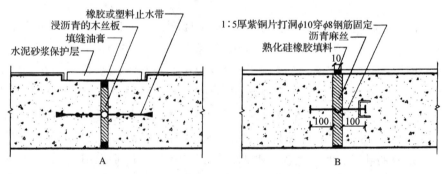

图6-5 伸缩缝示意图
A. 止水带做法 B. 铜片做法

6.1.3.1 驳岸工程

(1)驳岸的分类

驳岸是一面临水的挡土墙。其岸壁多为直墙,有明显的墙身。驳岸一般由基础、墙身、压顶及附属构体如垫层、倒滤层构成。

①根据压顶材料的形态特征及应用方式,驳岸可分为:

规则式驳岸:岸线平直或呈几何线形,用整形的砖、石料或混凝土块压顶的驳岸属规则式。

自然式驳岸:岸线曲折多变,压顶常用自然山石材料或仿生形式,如假山石驳岸、仿树桩驳岸等。

混合式驳岸：水体的护岸方式根据周围环境特征和其他要求分段采用规则式和自然式，就整个水体而言则为混合式驳岸。某些大型水体，周围环境情况多变，如地形的平坦或起伏、建筑的布局或风格的变化、空间性质的变化等，因此，不同地段可因地制宜选择相适宜的驳岸形式。

②根据结构形式，驳岸可分为：

重力式驳岸：主要依靠墙身自重来保证岸壁的稳定，抵抗墙背土体的压力，如图6-6A所示。墙身的主材多用混凝土或块石或砖等。

后倾式驳岸：是重力式驳岸的特殊形式，墙身后倾，受力合理，工程量小，经济节省，如图6-6B所示。

插板式驳岸：由钢筋混凝土制成的支墩和插板组成，如图6-6C所示。其特点是体积小、施工快、造价低。

板桩式驳岸：由板桩垂直打入土中，板边由企口嵌组而成。分自由式和锚着式两种，如图6-6D所示。对于自由式，桩的入土深度一般取水深的2倍，锚着式可浅一些。这种形式的驳岸施工时无须排水，挖基槽，工序简便，因此适用于现有水体岸壁的加固处理。

混合式圬工驳岸：由两部分组成，下部采用重力式块石小驳岸和板桩，上部采用块石护坡等，如图6-6E所示。

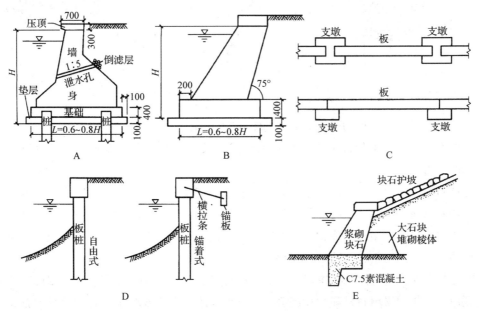

图6-6 驳岸的结构形式（单位：mm）

若湖底有淤泥层或流沙层，为控制沉陷和防止不均匀沉陷，常采用桩基对驳岸基础进行加固。桩基的材料可以是混凝土、灰土或木材（柏木或杉木）等。

(2) **常见驳岸类型**（图6-7、图6-8）

就实际应用而言，最能反映驳岸造型要求和景观特点的是驳岸工程的墙身主材和压顶材料。

①假山石驳岸　墙身常用毛石、砖或混凝土砌筑，一般隐于常水位以下，岸顶布置自

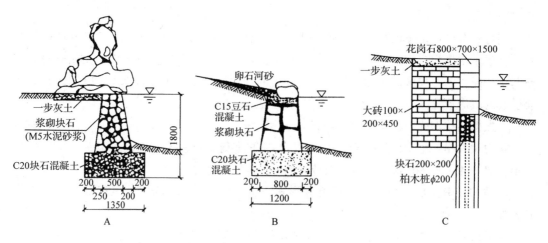

图 6-7 常见驳岸类型一（单位：mm）

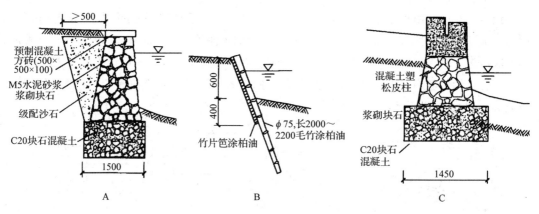

图 6-8 常见驳岸类型二（单位：mm）

然山石，是最具园林特点的驳岸类型，如图 6-7A 所示。

②卵石驳岸 常水位以上用大卵石堆砌或将较小的卵石贴于混凝土上，风格朴素自然，如图 6-7B 所示。

③条石驳岸 岸墙以及压顶用整形花岗岩条石砌筑，坚固耐用、整洁大方，但造价较高，如图 6-7C 所示。

④虎皮墙驳岸 墙身用毛石砌成虎皮墙形式，砂浆缝宽 2~3cm，可用凸缝、平缝或凹缝。压顶多用整形块料，如图 6-8A 所示。

⑤竹桩驳岸 南方地区冬季气温较高，没有冻胀破坏，加上盛产毛竹，因此可用毛竹建造驳岸。竹桩驳岸由竹桩和竹片笆组成，竹桩间距一般为 600mm，竹片笆纵向搭接长度不少于 300mm 且位于竹桩处，如图 6-8B 所示。

⑥混凝土仿树桩驳岸 常水位以上用混凝土塑成仿松皮木桩等形式，别致而富韵味，观赏效果好，如图 6-8C 所示。

实际上除竹桩驳岸外，大多数驳岸的墙身通常采用浆砌块石。对于这类砖、石驳岸，为了适应气温变化造成的热胀冷缩，其结构上应当设置伸缩缝。一般每隔 10~25m 设置一道，缝宽 20~30mm，内嵌木板条或沥青油毡等。

(3) 驳岸施工

驳岸的施工在挖湖施工后,湖底施工前进行,也可同时进行。

基本施工流程:准备工作→现场放线→挖基础槽→夯实地基→浇筑基础→砌筑岸墙→砌筑压顶→成品保养。

①放线　依据施工设计图上水体常水位线确定驳岸的平面位置,并在基础两侧各加宽20cm 放线。

②挖槽　常采用人工开挖,工程量大时可采用机械挖掘。对需要放坡及支撑的地段,要按照规定放坡,加支撑。挖槽不宜在雨季进行。雨季施工宜分段、分片完成,施工期间若基槽内因降雨积水,应在排净后挖除淤泥垫以好土。

③夯实地基　基槽开挖完成后进行夯实。遇到松软土层时,需增铺 14~15cm 厚灰土(石灰与中性黏土之比为 3∶7)一层予以加固。

④浇筑基础　驳岸的基础类型中,块石混凝土最为常见。施工时块石要垒紧,不得仅列置于槽边,然后浇注 M15~M20 水泥砂浆。灌浆务必饱满,要渗满石间空隙。

⑤砌筑岸墙　浆砌块石用 M5 水泥砂浆,要砂浆饱满勾缝严密。伸缩缝的表面应略低于墙面,用砂浆勾缝掩饰。若驳岸高差变化较大,还应做沉降缝,常采用局部增设伸缩缝的方法兼作沉降缝。

⑥砌筑压顶　施工方法应按设计要求和压顶方式确定,要精心处理好常水位以上部分。用大卵石压顶时要保证石与混凝土的结合密实牢固,混凝土表面再用 20~30mm 厚 1∶2 水泥砂浆抹缝处理。

6.1.3.2　护坡工程

护坡与驳岸的功能基本相同,都是为了防止滑坡、雨水径流冲刷和风浪的拍击,保护岸坡的稳定。其区别在于护坡没有驳岸那样近乎垂直的岸墙,而是在土坡上采用合适的方式直接铺筑各种材料对坡面加以保护。当岸壁坡角在土壤的自然安息角以内,周围地形自然起伏时,可考虑利用植被护坡,如种植草坪、灌木护坡等。否则,需要采取土工措施保护岸坡,并满足其他功能要求。根据施工结构与材料,护坡一般分为抛石护坡、草坪护坡、铺石护坡及灌木护坡 4 种。

(1) 护坡的类型与结构

①编柳抛石护坡　是将块石抛置于用柳枝十字交叉编织的柳条框格内的护坡方法。柳条框格平面尺寸为 1m×1m 或 0.3m×0.3m,厚度为 30~50cm,柳条框格内抛填的块石厚 20~40cm,块石的下方设置 10~20cm 的砾石层以利于排水和减少土壤流失。柳条发芽后便成为保护性较好的护坡设施,且富有自然野趣(图 6-9A)。

②铺石护坡　如图 6-9B~D 所示,即在整理好的岸坡上密铺块石,最好选用相对密度大、吸水率小的石块。块石的直径为 18~25cm,长、宽比宜为 1∶2。

铺石护坡应有足够的透水性以减少土壤从护坡流失。因此,需要在块石下面设倒滤层垫底(厚 10~25cm),并在护坡坡角设挡板。水的流速较小时,可用砾石或直接用粗沙做倒滤层。若流速较大,则应以碎石做倒滤的垫层。水深在 2m 以上时,护坡被水淹没部分可考虑采用双层铺石。此外,当护坡块石用砂浆勾缝时(干砌则不用),还需要设置伸缩缝和泄水孔。伸缩缝间距20~25m，泄水孔间距5~20m。

③草坪护坡　在较缓的坡面上采用草坪进行保护性种植的一种护坡方法。草坪护坡多应用于湖池缓坡、高速公路缓坡、水库堤坝缓坡及以休闲为主的生态型公园缓坡。草种一般选用地方适生草种，如南方喜欢用狗牙根、竹节草、假俭草等。施工时可以选用泥砖种植草再移到需护坡地上，也可直接在坡面上采用植草法或播种法施工（图6-9）。

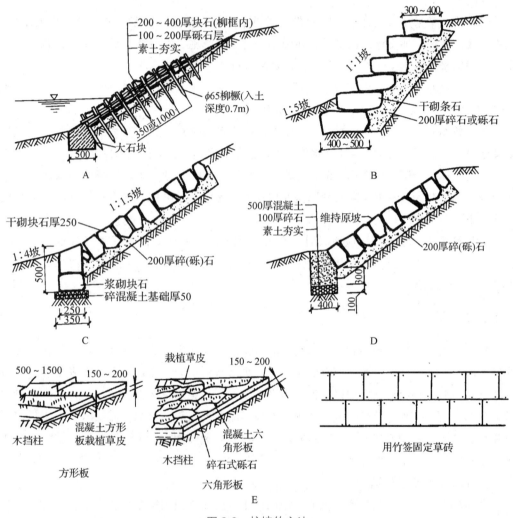

图6-9　护坡的方法

一些较陡的坡面需要用草坪时，还需应用一定工程手段，如在坡面上选埋设预制混凝土条（护土筋），通过护土筋围合成种植框再在框内种植草皮。

④灌木护坡　一种比较少用的但比较综合的植物护坡方法。这种方法有一定绿化立面，属于分层式护坡。坡面层铺草，草坪上方种植灌木，形成一定立面层次及根部层次，利于水土保持。护坡适用的灌木有许多，但要求有一定抗性，根系比较深，吸土力强，常绿，容易生长。水际边护坡可选野杨梅、水河柳、野牡丹、芦苇等；陆岸缓坡可选项用侧柏、龙船花、夹竹桃、扶桑等。

(2）护坡施工

①铺石护坡

施工流程：放线挖槽→砌坡脚石、铺倒滤层→铺砌块石→勾缝→成品保护。

施工方法：

第一，放线挖槽。按设计放出护坡的上、下边线。若岸坡地面坡度和标高不合设计要求，则需开挖基槽，经平整后夯实。如果水体土方施工时已整理出设计的坡面，则经简单平整后夯实即可。

第二，砌坡脚石、铺倒滤层。先砌坡脚石，其基础可用混凝土或碎石。大石块（或预制混凝土块）坡脚用 M5~M7.5 水泥砂浆砌筑。混凝土也可现浇。无论哪种方式的坡脚，关键是要保证其顶面的标高。铺倒滤层时，要注意摊铺厚度，一般下厚上薄，如从 20cm 逐渐过渡为 10cm。

第三，铺砌块石。由于是坡面上施工，倒滤层碎料容易滑移而造成厚薄不均，因此施工前应拉绳网控制，以便随时矫正。从坡脚处起，由下而上铺砌块石。块石要呈品字形排列，保持与坡面平行，彼此贴紧。用铁锤随时打掉过于突出的棱角，并挤压上面的碎石使之密实地压入土内。石块间用碎石填满、垫平，不得有虚角。

第四，勾缝。一般而言，块石干砌较为自然，石缝内还可长草。为更好地防止冲刷，提高护坡的稳定性等，也可用 M7.5 水泥砂浆进行勾缝（凸缝或凹缝）。

②草皮护坡施工（常规方法）

第一，直接在坡面上播草种，并加盖塑料薄膜。

第二，如图 6-9E 所示，先在预制好的混凝土种植砖上种草，然后将草砖用竹签固定四角于坡面上。

第三，直接在坡面上铺块状或带状植草皮，施工时沿坡面自下而上成网状铺草，并用木条或预制混凝土条分隔固定，稍加踩压。

用草皮护坡需注意坡面临水处的处理，有的做成水面直接与草皮坡面接触，有的则要在临水处先埋设大块石或大卵石，再沿坡植草。

6.1.4 施工注意问题与成品保护

①灰土层湖底厚度要均匀，无水养护期不少于 20d。

②塑料薄膜湖底施工中要注意保护好防水层，黄土层中不得含有砖瓦、石砾、木条等硬物，薄膜破损处补丁长度超出破损长度不少于 80cm。

③湖底施工时要注意保护先期修建的驳岸和护坡，损坏处需及时处理。

④驳岸基底土壤不得超挖，注意防水，避免基土遭受水浸。

⑤施工时若发现基土种类与设计不符，要与设计方协商解决。

⑥严格遵循操作规程与施工验收规范。

⑦搬运物料时注意保护已建成部分，不得在岸顶堆积重物。

⑧浆砌块石基础施工时，石头要砌密实，尽量减少缝穴。如有大间隙应以小石填实。灌浆务必饱满，使其渗进石间空隙。

⑨北方地区冬季施工可在水泥砂浆中加入 3%~5% 的 $CaCl_2$ 或 $NaCl$，用以防冻，使之正

常混凝。

⑩钢筋混凝土结构水池壁板和壁槽灌缝之前，必须将模板内杂物清除干净，用水将模板湿润。

⑪做好冬季水池泄水的管理，避免冬季池水结冰而冻裂池体。

6.2 人工瀑布施工

人工瀑布属于水景景观，一般由瀑布背景（高位水池）、瀑布落水口、瀑身、承水潭及小溪五部分构成。每部分都对瀑布景观有影响，其中以瀑布落水口影响较大。

6.2.1 施工流程

施工准备→定点放线→基坑（槽）挖掘→瀑道与承水潭施工→管线安装→扫尾→试水→验收。

6.2.2 施工方法

（1）施工准备

主要是进行现场勘察，熟悉设计图纸，准备施工材料、施工机具、施工人员。对施工现场进行清理平整，接通水电，搭置好必需的临时设施等。

（2）定点放线

依据已确定的设计图纸。用白粉笔、石灰、黄沙等勾画出瀑布的轮廓，并注意落水口与承水潭的高程关系。如属掇山型瀑布，平面上应将掇山位置采用"宽打窄用"的方法放出外形，这类瀑布施工最好先按比例做出模型，以便施工参考。还应注意循环供水线路的走向。

（3）基坑（槽）挖掘

可采用人工开挖，挖方时要经常与施工图校对，避免过量挖方，保证各落水高程的正确。如瀑道为多层跌落方式，更应注意各层的基底设计高程。承水潭挖方会遇到排水问题，工程中常用基坑排水，这是既经济又简易的排水方法。此法沿承水潭基边挖成临时性排水沟，并每隔一定距离在承水潭基外侧设置集水井，再通过人工或机械抽水排走，以确保施工顺利进行。

（4）瀑道与承水潭施工

图 6-10 是瀑布承水潭的常用结构，瀑道要按设计要求开挖。其他参考水池的施工。瀑布落水口的做法常用下列方法来保证堰口有较好的出水效果。

①将落水口处的山石做卷边处理。

②堰唇采用青铜或不锈钢制作。

③适当增加堰顶蓄水池深度。

④在出水管口处设置挡水板，降低流速。

⑤可将出水口处山石做拉道处理，凿出细沟，设计成丝带状滑落。

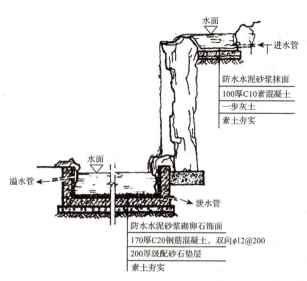

图 6-10 瀑布的构造示意图

(5) 管线安装

对于埋地管可结合瀑道基础施工同步进行。各连接管(露地部分)在浇捣混凝土 1~2d 后安装,出水口管段一般待山石堆掇完毕后再连接。

(6) 扫尾

对照设计的要求进行扫尾工作,并对瀑身和承水潭进行必要的点缀,如种上卵石、水草、铺上净沙、散石,必要时安装上灯光系统。

(7) 试水

试水前应将承水潭全面清洁和检查管路的安装情况。而后打开水源,注意观察水流及瀑身,如达到设计要求,说明瀑布施工合格。

(8) 验收

依据设计要求进行检查验收,验收合格后,合同双方应签订竣工交接签收证书,施工单位应将全套验收材料整理好,装订成册,交建设单位存档。同时办理工程移交,并根据合同规定办理工程结算手续。

6.2.3 管线安装要点

瀑布工程中的管线均是隐蔽的,施工时要对所供管道、管件的质量进行严格检查,并严格按照有关施工操作规程进行施工。

① 各种供货应有出厂质保书,并按设计要求和质量标准采购、加工,质量必须合格。铸铁管道和管件不得有砂眼或裂缝,管壁厚薄要均匀。使用前再用观察、灌水或外壁冲水方法逐根检查。

② 钢管焊接连接应根据钢管的壁厚在对口处留一定的间隙,并按规范规定破口,不得有未焊透现象。镀锌钢管严禁焊接,配件不得用非镀锌管件代替。

③ 管道安装前清除管内杂物,以防堵塞。预埋的管道务必做好管口封堵。

④ 穿越构筑物的管线必须采取相应的止水措施。

6.2.4 施工中容易产生的问题与解决方法

①瀑布整个水流路线易出现渗漏,因此必须做好防渗漏处理,施工中凡瀑布流经的岩石缝隙应封严堵死,防止泥土冲刷至潭中,以保证结构安全和瀑布的景观效果。

②瀑布落水口处理马虎,影响瀑布效果。施工中要求堰口水平光滑。

③无论自然式瀑布还是规则式瀑布,均应采取适当措施控制堰顶蓄水池供水管的水流速度。如在出水管口处加设挡水板或增加蓄水池深度等,以减少上游紊流对瀑身形态的干扰。

6.2.5 成品保护与日常养护管理

①施工时应注意妥善保护定位桩、轴线桩,防止碰撞位移,并应经常复测。

②基坑的直立壁和边坡,在开挖后应有措施,避免塌陷。

③夜间施工时应配备足够的照明设施,防止基坑瀑道等错挖、超挖。

④对浇筑混凝土的承水潭,其强度达到 1.2MPa 以后,方可在其上进行上部施工。

⑤冬期施工混凝土表面应覆盖保温材料,防止受冻。

⑥破损的防水层材料要及时更换。

⑦混凝土浇筑的承水潭养护,应保护湿润环境 14d,防止混凝土表面因水分散失而产生干缩裂缝,减少混凝土的收缩量。

⑧清污,保持瀑布用水具有较高的水质(图 6-11)。

图 6-11 柳州中华园的壁瀑

6.3 人工清溪施工

6.3.1 施工流程

施工准备→溪道放线→溪槽挖掘→基底处理→溪底施工→溪壁施工→管线安装→扫尾→试水→验收。

6.3.2 施工方法

(1)施工准备

主要是现场勘察,熟悉设计图纸,进行物资准备、劳动组织准备、施工现场准备等,可参考瀑布的做法。

（2）溪道放线

依据已确定的小溪设计图纸（图6-12），用石灰粉、黄沙或绳子等在地面上勾画出小溪的轮廓，同时确定小溪循环用水的出水口和承水池间的管线走向。由于溪道宽窄变化多，放线时应加密打桩量，特别是转弯点。相应的设计高程要标注清楚各桩，变坡点（即设计小跌水之处）要做特殊标记。

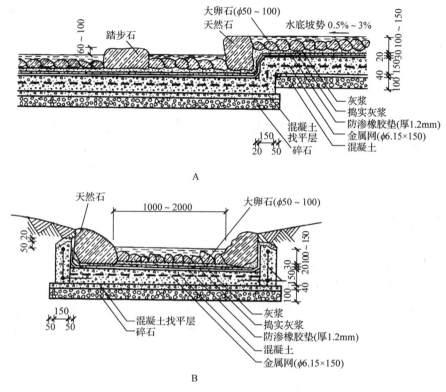

图6-12 溪道结构图（单位：mm）
A. 溪流纵剖面图　B. 溪流横剖面图

（3）溪槽挖掘

溪槽按设计要求挖掘，最好掘成"U"形坑，因小溪多数较浅，表层土壤较肥沃，要注意将表土堆放好，作为溪涧种植土。溪道开挖要求有足够的宽度和深度，以便安装散点石。应当注意的是，一般的溪流在落入下一段之前应有至少7cm的水深，故挖溪道时每一段最前面的深度都要深些，以确保小溪自然。

（4）基底处理

溪道挖好后，必须将溪底基土夯实，溪壁拍实。如溪底采用混凝土结构，先在溪底铺10~15cm厚碎石层作为垫层。

（5）溪底施工

①混凝土结构　在碎石层上铺上沙子（中沙或细沙），垫层厚2.5~5cm，盖上防水材料（EPDM、油毡卷材等），然后灌浇混凝土，厚度10~15cm（北方地区可适当加厚），其上铺M7.5水泥砂浆约3cm，然后再铺素水泥浆2cm，按设计铺上卵石即可。

②柔性结构　如果小溪较小，水又浅，溪基土质良好，可直接在夯实的溪道上铺一层

2.5~5cm 厚的沙子，再将衬垫薄膜盖上。衬垫薄膜纵向的搭接长度不得小于 30cm，留于溪岸的宽度不得小于 20cm，并用砖、石等重物压紧。最后用水泥砂浆把石块直接粘在衬垫薄膜上。

(6) **溪壁施工**

溪岸用大卵石、砾石、瓷砖、石料等铺砌处理。与溪底一样，溪岸也必须设置防水层，以防止渗漏。如果小溪环境开朗，溪面宽、水浅，可将溪岸做成草坪护坡，且坡度尽量平缓。临水处用卵石封边。

(7) **管线安装**

小溪工程中的管线是隐蔽的，施工时要对所供管道、管件的质量进行严格检查，遵循有关施工操作规程，水下布线施工中，应满足电气设备相关技术规程规定，防止线路破损漏电，选择的照明灯具应密封防水并具有一定的机械强度，以抵抗水浪和意外的冲击。

(8) **扫尾**

依据设计图纸进行扫尾工作，整理施工现场，为使溪流更具自然有趣，可用少量的鹅卵石置于溪床上，使水面产生轻柔的涟漪。同时点缀少量景石，配以水生植物，饰以小桥、汀步等小品。

(9) **试水**

试水前应将溪道全面清洁打扫，并检查管路的安装情况。而后打开水源，注意观察水流及岸壁，如达到设计要求，说明溪道施工合格。

(10) **验收**

组织相关人员，严格按照施工设计要求逐一进行检查，合格者予以验收，不合格者限期返工，直至达到设计要求。

6.3.3 施工常见问题及其处理

①挖掘溪槽时，不可挖到底，槽底设计标高以上应预留 20cm，待溪底垫层施工时再挖至设计标高。不得超挖，否则需用原土回填并夯实。

②严格控制标高和坡度，超过允许规定误差时必须进行校核与修正。

③对于破损的防水层材料要及时更换。

④溪流的岸壁常用卵石和自然山石装点。砌筑时主要考虑景观的自然，砂浆暴露要尽量少。

6.3.4 成品保护

①对于采用混凝土结构的溪底，要按照《混凝土结构工程施工及验收规范》进行无水养护。

②施工时要注意保护溪壁，避免破坏，损坏处及时处理。

③搬运物料时注意保护已建成部分。

④溪流的岸壁用卵石或自然山石装点，未完全被水泥粘住时应防止人为移动或松动，若松动需及时加固。

6.3.5 清溪施工实例

(1) 项目情况

某办公楼前需要建设小溪(连接水池)水景,用地现状面积约 $200m^2$,同时改造原停车场及分车护墙,水景草坪为不可进入草地,因此要设置路牙石,水池深≥1.5m,边角处设计小型跌水,普通景石掇垒,整个水景采用循环供水。

(2) 小溪水景设计(图6-13)

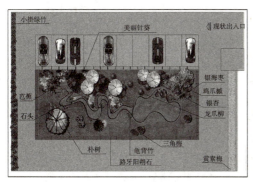

图6-13 小溪平面设计(含效果图)

(3) 施工设计

根据设计平面图绘出施工断面图,撰写施工说明(图6-14至图6-18)。

(4) 现场施工

依据施工设计在现场进行场地平整,小溪与水池放线,溪道(水池)挖方,管线布置,卵石拉底施工及试水等,最后种植植物,铺上草坪,养护管理(图6-19)。

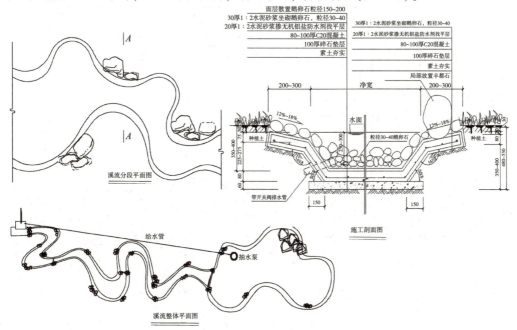

图6-14 小溪施工图

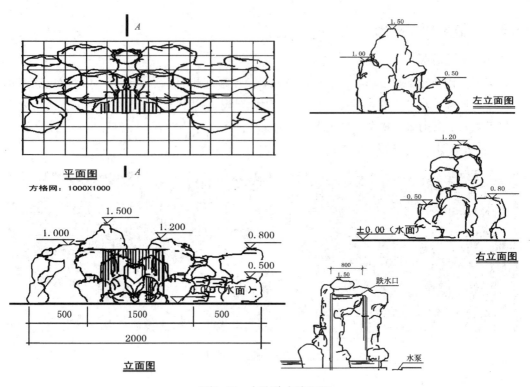

图 6-15 水池跌水施工图

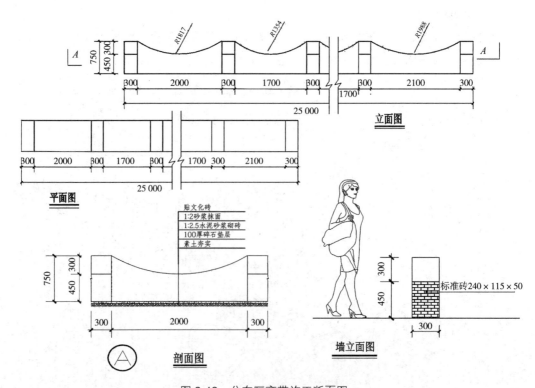

图 6-16 分车隔离带施工断面图

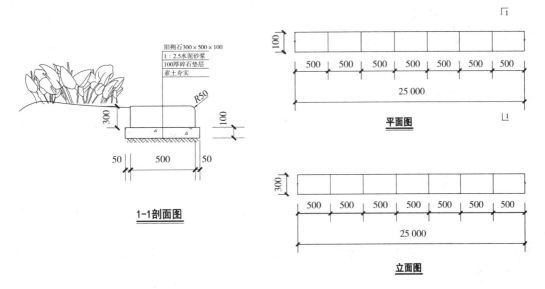

图 6-17 路牙施工断面图

1. 小溪、水池均采用卵石拉底形式，卵石块径3~4cm，小溪中间点缀卵石大块石为涟漪石。
2. 小溪平面空间宽控制在1.2~1.5m之间，线形自然流畅，溪边适当抬高后以卵石镶边。
3. 小溪平均水深控制在8~15cm，溪中间设计小式跌流，跌水高20cm。跌水下设小潭，其宽控制在1.5m以内，潭深20cm。
4. 水池池沿与溪沿装饰设计一致。大块卵石间点种水生植物，如水生美人蕉等。水池出水口采用暗式设计，出水通过PVC管与原建筑排水沟连接。
5. 水池供水选用循环式，池中安装潜水泵（扬程≤10m），选用软式管连接，管线埋于地下，埋深30cm。
6. 池中小型跌水采用潜水泵供水，扬程≤5m，管路选用软式管，管线隐埋于石缝中。
7. 小型跌水景石选用普通三都石，大小适中，用水泥砂浆勾缝，缝孔用同色石粉(或水泥+石粉)抹灰。
8. 小溪与水池面上配光设计采用蓝色光、红色光和绿色光3种，光源选择发光二极管。池内水中配光采用沉水灯，通过水下专业接线盒及防水电缆连接。
9. 整理个水景电力控制箱安装于公司大门门卫房内，控制箱要配备钥匙。
10. 点种卵石采用1∶2水泥砂浆（水泥标号32.5或42.5）；景石胶黏选用1.5∶2水泥砂浆（水泥标号42.5）；山石勾缝时用纯水泥砂浆（加入石粉）。
11. 小溪出水口（水源口）用整块景石，选用黄蜡石，宜选择有孔隙者；如果用塑石，必须预留出水孔，塑石须塑成黄蜡石，石孔大小应满足供水软管管径。

施工说明

图 6-18 小溪(含水池)施工说明

图 6-19 小溪现场施工后图示(局部)

6.4 喷泉工程施工

6.4.1 喷泉施工流程

准备工作→定点放线→喷水池施工→管线安装→冲洗→喷头及照明灯具安装→试喷与调试→验收。

6.4.2 施工要点

①喷水池施工时应将基础底部素土夯实，密实度不得低于85%，灰土层厚30cm，土厚10~15cm。

②喷水池的地基若比较松软，或者水池位于地下构筑物（如水泵地下室）之上，则池底、池壁的做法应视具体情况，进行力学计算后再定。

③池底、池壁防水层的材料，宜选用防水效果较好的卷材，如三元乙丙防水布、氯化聚乙烯防水卷材等，正确选择和合理使用防水材料是保证水池质量的关键。

④水池的进水口、溢水口、泵坑等要设置在池内较隐蔽的地方，泵坑位置、穿管的位置宜靠近电源、水源。

⑤池体应尽量采用硬性混凝土，严格控制沙石中的含泥量，以保证施工质量，防止漏透。

⑥在冬季冰冻地区，各种池底、池壁的做法都要求考虑冬季排水，故水池的排水设施一定要便于人工控制。

⑦较大水池的变形缝间距一般不宜大于20m。水池设变形缝应从池底、池壁整体设置。

⑧变形缝止水带要选用成品，采用埋入式塑料或橡胶止水带。施工中浇注防水混凝土时，要控制水灰比在0.6以内。每层浇注应从止水带开始，并应确保止水带位置准确，嵌接严密牢固。

⑨施工中必须加强对变形缝、施工缝、预埋件、坑槽等薄弱部位的施工管理，保证防水层的整体性和连续性，特别是在卷材的连接和止水带的配置等处，更要严格技术管理。

⑩施工中所有预埋件和外露金属材料，必须认真做好防腐防锈处理。如埋在地下的铸铁管，外管一律刷沥青防腐，明露部分可刷红丹漆。

⑪为了利于清淤，在水池的最低处设置沉泥池，也可做成集水坑。

⑫要穿过池底或池壁的管网，必须安装止水环，以防漏水。

⑬地下式泵房建于地面之下，一般应采用砖混结构或钢筋混凝土结构，并做特殊的防水处理。

6.4.3 喷泉管线布置基本要求

喷泉管网主要由吸水管、供水管、补给水管、溢水管、泄水管及供电线路等组成。

①喷泉管道要根据实际情况布置。装饰性小型喷泉，其管道可直接埋入土中，或用山石、矮灌木遮住。大型喷泉，分主管和次管，主管要敷设于可人行的地沟中，为了便于维修应设置检查井；次管直接置于水池内，管网布置应排列有序，整齐美观。

②环形管道最好采用十字形供水,组合式配水管宜用分水箱供水,其目的是要获得稳定等高的喷流。

③为了保持喷水池正常水位,水池要设溢水口。溢水面积应是进水口面积的2倍,要在其外侧配备拦污栅,但不得安装阀门。溢水管要有3%的顺坡,直接与泄水管连接。

④补给水管的作用是启动前的注水及弥补池水蒸发和喷射的损耗,以保证水池正常水位。补给水管与城市供水管相连,并安装阀门控制。

⑤泄水口要设于池底最低处,用于检修和定期换水时的排水。管径100mm或150mm,也可按计算确定,安装单向阀门,与公园水体或城市排水管网连接。

⑥连接喷头的水管不能有急剧变化,要求连接管至少有20倍其管径的长度;若不足,需安装整流器。

⑦喷泉所有的管线都要具有不小于2%的坡度,便于停用时将水排空;所有管道均要进行防腐处理;管道接头要严密,安装必须牢固。

⑧管道安装完毕后,应认真检查并进行水压试验,保证管理安全,一切正常后再安装喷头。为了便于水型的调整,每个喷头都应安装阀门控制。

⑨喷泉照明多为内侧给光,给光位置为喷高的2/3处(图6-20),照明线路采用防水电缆,以保证供电安全。

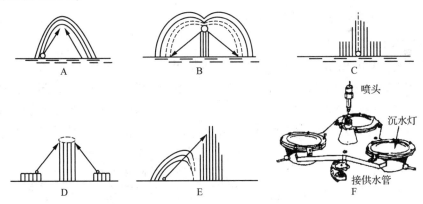

图6-20 喷泉给光示意图

A. 给光与喷水平行　B. 给光与喷水溅落处　C. 给光与喷水同向
D. 给光与喷水顶部　E. 给光与水幕照射水柱　F. 沉水灯

⑩在大型的自控喷泉中,管线布置极为复杂,并安装功能独特的阀门和电器元件,如电磁阀、时间继电器等,配备中心控制室,用以控制水形的变化。

6.4.4 管线安装技术与试喷

①管道安装不得使用木垫、砖垫或其他垫块。

②管道安装分期进行或因故中断时,应用堵头将敞口封闭。

③安装带有法兰的阀门和管件时,法兰应保持同轴、平行,保证螺栓自由穿入,不得用强紧螺栓的方法消除歪斜。

④直联机组安装时,水泵与动力机必须同轴,联轴器的端面间隙应符合要求。

⑤在设备安装过程中,应随时进行质量检查,不得将杂物遗留在设备内。

⑥电气设备应按接线图进行安装,安装后应进行对线检查和试运行,并由专门技术人员组织实施。

⑦喷头安装前应核对喷头的型号、规格,检查喷头各转动部分动作是否灵活,弹簧是否锈蚀等。

⑧喷泉照明线路必须采用水下防水电缆,其中一根要接地,且要设置漏电保护装置。

⑨照明灯具应密封防水,安装时必须满足施工相关技术规程。水中的灯具应具有抗蚀性和耐水构造,并具有一定的机械强度。

⑩水中布线,必须满足电气、设备的有关技术规程和各种标准,同时在线路方面也应有一定的强度。

⑪机械设备安装的有关具体质量要求,应符合《机械设备安装工程施工及验收规范》的规定。

⑫非直联卧式机组安装时,动力机和水泵轴心线必须平行,皮带轮应在同一平面,且中心距符合设计要求。

⑬管线喷头安装完毕并检查合格后,进行试喷,试喷过程中应随时观察管线、喷头各方面情况,并做好记录,发现问题及时处理。处理后再进行试运行直到合格为止。

6.4.5 喷泉施工实例

下面以北京某饭店的喷泉工程为例进行介绍。

(1)水池与喷水造型

水池位于大楼和大门之间的小广场上。因视野不够开阔,故喷泉造景宜小中见大。水池设计成直径14m的类似马蹄形,内池直径8m,池壁用花岗岩砌筑。后部左右两侧对称点缀两个"L"形花池,如图6-21所示。在内池的正中间交错布置3排冰塔水柱,最大高度2.9m,沿半圆周设有83个直流水柱喷向池中心。落入内池的水流沿池壁溢入外池形成壁

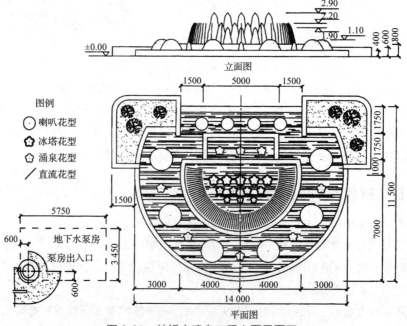

图6-21 某饭店喷泉工程立面平面图

流。外池沿圆周交替布置了不易溅水的喇叭形和涌泉形水柱。此外，在内池后边、内外池之间增设一矩形小水池，内设涌泉水柱。在水池内设置有三色(红、黄、绿)水下彩灯。

(2) 运行控制

根据水流变换要求和喷头所需的水压要求，将所有喷头分成6组，每组设专用管道供水，分别用6个电磁阀控制水流。每个电磁阀只有开、关两个工位，利用可编程序控制开关变化。随着水流的变换，水下彩灯也相应出现明灭变化。

(3) 主要工艺设备

根据水景工程的造型设计要求，选用的喷头总数为113个，水下彩灯57盏，卧式离心泵2台，泵房(地下式)排水用潜污泵1台，电磁阀6个，见表6-1。该喷泉工程的循环总流量约300L/s，耗电总功率62kW。图6-22为该喷泉工程的管道、设备平面布置图。

表6-1 主要工艺设备表

编号	名称	规格	数量	编号	名称	规格	数量
1	喇叭喷头	φ50	6	16	水泵吸水口	—	2
2	喇叭喷头	φ40	4	17	水泵泄水口	φ100	1
3	涌泉喷头	φ25	8	18	水泵溢水口	φ100	1
4	冰塔喷头	φ75	5	19	水泵	10Sh-19	1
5	冰塔喷头	φ50	4	20	水泵	10Sh-19A	1
6	冰塔喷头	φ40	3	21	潜污泵	—	1
7	可调直流喷头	φ15	83	22	电磁阀	φ100	1
8	水下彩灯(黄)	200W	6	23	电磁阀	φ150	1
9	水下彩灯(绿)	200W	6	24	电磁阀	φ150	1
10	水下彩灯(黄)	200W	5	25	电磁阀	φ100	1
11	水下彩灯(绿)	200W	4	26	电磁阀	φ150	1
12	水下彩灯(红)	200W	8	27	电磁阀	φ150	1
13	水下彩灯(绿)	200W	8	28	闸阀	φ50	1
14	浮球阀	DN50	1	29	闸阀	φ100	1
15	水泵排水口	DN32	1				

注：φ的单位为mm。

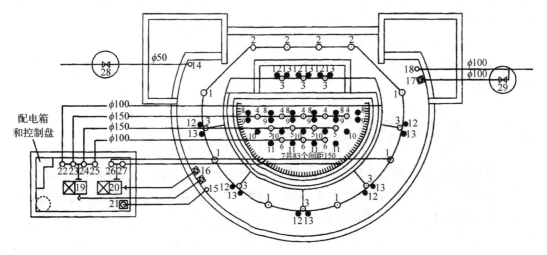

图6-22 某饭店喷泉工程平面布置图
(图中编码数字为表6-1中的设备编号)

6.4.6 喷泉的日常管理

喷泉的日常管理工作非常重要。特别是布置在重要场合作为核心景观的大型喷泉，日常管理的正规化是非常必要的。通过加强管理，及时维护能够保证喷泉处于良好的工作状态，延长设备的使用寿命和维持喷水景观。通常日常管理应注意以下几方面：

①喷水池清污。一段时间后，水池中常有一些漂浮物、杂斑等影响喷泉景观，应及时处理，采取人工打捞和刷除的方法去污；对沉泥、沉沙要通过清污管排除，并对池底进行全面清扫，扫后再用清水冲洗1~2次，最好用漂白粉消毒1次。经常喷水的喷泉，要求20~30d清洗1次，以保证水池的清洁。在对池底排污时，要注意对各种管口和喷头的保护，应避免污物堆塞管道口。水池泄完水后，一般要保持1~2d干爽时间，这时最好对管道进行一次检查，看连接是否牢固，表面是否脱漆等，并做防锈处理。

②喷头检测。喷头的完好性是保证喷水质量的基础，有时经一段时间喷水后，一些喷头出现喷水高度、喷水型等与设计不一致，原因是运行过程中喷嘴受损或喷嘴受堵，必须定期检查。如喷头堵塞，可取下喷头将污物清理后再安装上去；如喷头已磨损，应及时更换。检测中发现不属于喷头的故障，应对供水系统进行检修。

③动力系统维护。在泄水清理维护水池期间，同时要对水泵、阀门、电路（包括音响线路和照明线路）进行全面检查与维护，重点检查线路的接头与连接是否安全，设备、电缆等有否磨损，水泵转动部件是否涂油润滑，各种阀门关闭是否正常，喷泉照明灯具是否完好等。如为地下式泵房，还应查地漏排水是否畅通。如发现有不正常现象，应及时维修。

④冬季温度过低，应及时将管网系统的水排空，避免积水结冰，冻裂水管。

⑤喷泉管理应由专人负责，非管理人员不得随意开启喷泉。启动前应事先查看喷水池的有关情况，如水位、喷头、照明灯具等是否正常，有无影响喷泉启动和喷水的其他异常情况。然后检查泵房或控制室的设备设施情况。一切正常后按预定的启动顺序启动各用电组。关闭喷泉时同样也要按预定顺序依次关闭各组控制开关。喷泉运行过程中要定期查看喷泉工作状况和设备的运行状况。注意天气的变化特别是风速和风向，超过设计风速时，应及时关闭喷泉。要制定喷泉管理制度和运行操作规程。

⑥维护和检测过程中的各种原始资料要认真记录，并备案保存，为日后喷泉的管理提供经验材料。

6.5 临时水景施工

在重要的节日、庆典、会展等场合，有时会临时布置一些水景。临时水景的形式常采用中、小型喷泉，水池和管路均为临时布设，材料的选择一般没有特殊要求，可根据条件选用一些废余料或代用品，但要保证施工可靠、安全。

6.5.1 施工流程

根据确定的临时水景方案准备设备、工具、材料→场地清理和放线→水池施工→铺贴防水层→管路安装→布设临时水线路→水池充水→试喷→装饰→清理余料。

6.5.2 施工方法

(1) 定位放线

按照设计要求用皮尺、测绳等在现场测出水池位置和形状,用灰粉或粉笔标明。

(2) 池壁施工

根据水池造型、场地条件和使用情况,池壁材料可使用土、石、砖等,或堆或叠或砌,也可用泡沫制作。

(3) 防水层施工

根据使用情况及防水要求,防水层可做成单层或双层。单层直接铺贴于水池表面。双层施工先铺底层,其上铺5~10cm厚黄土作为垫层,再铺表层。防水层由池内绕过池壁至池外后用土或砖压牢。注意防水层与池底和池壁需密贴,不得架空。防水层尺寸不足时可用502胶接长。

(4) 管线装配

常用国标镀锌钢管及管件。钢管过丝(即人工制作螺纹)要保证质量。

一般是先在池外进行部分安装:部分水平管,三通、四通、弯头、堵头等尽可能多地事先进行局部连接,以减少池内的安装量。竖管和调节阀门也宜事先接好。

(5) 管线组装与就位

局部安装完成后可移入池内进行最后组装。组装时动作要谨慎,避免损伤防水层。调整水泵位置和高度,并与组装好的管道连接。

(6) 充水

对于带有泵坑的水池,可分两次进行:先少量充水,然后试喷。较低的水位方便工作人员安装喷头和进行调试操作。但水量最少要保证水泵工作时处于淹没状态。最后充水至设计水位。

(7) 冲洗和喷头安装

充水后首先启动水泵1~3min,把管路中的泥沙和杂物冲洗干净。然后安装喷头。

(8) 试喷与调试

试喷启动,主要观察各喷头的工作情况。若发现有喷洒水型、喷射角度和方向、水压、射程等有问题时,应停机进行修正和调节。

(9) 装饰

为了掩饰防水层,通常需要在池壁顶部和外侧用盆花、景石等进行装点。

6.5.3 施工常用材料

黄土可用于堆塑池壁及垫层,黏土砖用于垒叠或砌筑池壁,PE编织布(塑料彩条布)或塑料薄膜(一般需要做双层防水)用作防水层,镀锌钢管和管件用于池内管路等。

6.5.4 成品保护

铺贴防水层应小心谨慎防止破损,管道系统的最后组装、就位和调试要注意保护防水层。此外,还要重点做好临时水景供电线路的保护工作,以防止漏电、触电事故发生。

6.5.5 施工实例

(1)操作实例

某临时水景位于某单位庭园广场,水池为5m×7m的长方形,池壁用机砖、石灰砂浆砌筑,表面用单层PE编织布防水,1个雪松喷头,4个涌泉喷头,4个牵牛花喷头和1台潜水泵(QJB5-50-3)。

①选购设备和材料:潜水泵、镀锌钢管(DN25和DN15各20m)及管件、调节球阀、喷头、PE编织布等;

②根据设计尺寸锯截钢管并过丝;

③用灰线表示水池位置和平面造型;

④用机砖、混合砂浆砌筑池壁;

⑤铺贴PE编织布防水层,注意与构筑物密贴、防止破损,压牢固定边沿;

⑥管道系统在池外进行部分安装及水泵和管道系统池内组装,接临时水电管路;

⑦充水及冲洗管路,喷头安装;

⑧试喷、修正、装饰及场地清理、竣工。

(2)小型临时水池施工

①设计图准备,同时进行场地准备。

②现场放线,用砖或泡沫根据水池边线制作池壁,如图6-23所示。

③根据要求进行配光布线。一般将管线埋设于土下,也可置于草坪下。同时进行池内喷水管路安装施工(图6-24)。

图6-23 水池池壁施工并按需要进行池沿地形改造

图6-24 配光及喷水管路安装

④水池修饰。所有管线安装完毕后,要通电试运行,正常后就可进行水池池周的植物等修饰种植,并饰以小径、景观建筑等(图6-25)。

⑤最后根据作品完成质量进行工程验收(图6-26)。

图 6-25　水池修饰施工

图 6-26　施工完成后的作品

知识拓展

1. 喷泉工程常用喷头

喷头是喷泉的一个主要组成部分。它的作用是把具有一定压力的水，经过喷嘴的造型作用，在水面上空喷射出各种预想的、绚丽的水花。喷头的形式、结构、材料、外观及工艺质量等对喷水景观具有较大的影响。喷头要求外观美观，耗能小。

制作喷头的材料应当耐磨、不易锈蚀、不易变形。常用青铜或黄铜制作喷头。近年也有用铸造尼龙制作的喷头，耐磨、润滑性好、加工容易、轻便、成本低，但易老化、寿命短、零件尺寸不易严格控制等，主要用于低压喷头。

喷头的种类较多，而且新形式不断出现。常用喷头可归纳为以下几种类型：

①单射流喷头　是喷泉中应用最广的一种喷头，也是压力水喷出的最基本的形式。可单独使用，也可组合，组合使用时能形成多种样式的花形。其形式和基本水姿如图 6-27A。

②喷雾喷头　这种喷头内部装有一个螺旋状导流板，使水流螺旋运动，喷出后细小的水流弥漫成雾状水滴。在阳光与水珠、水珠与人眼之间的连线夹角为 $40°36'\sim42°18'$ 时，可形成缤纷瑰丽的彩虹景观。其构造如图 6-27B 所示。

③环形喷头　出水口为环状断面，使水形成内空外实且集中不分散的环形水柱，气势粗犷、雄伟，其构造如图 6-27C 所示。

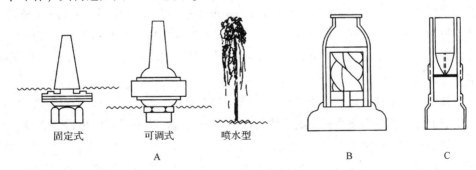

图 6-27　喷头类型一

A. 单射流喷头　B. 喷雾喷头　C. 环形喷头

④旋转喷头　利用压力由喷嘴喷出时的反作用力或用其他动力带动回转器转动,使喷嘴不断地旋转运动。水形成各种扭曲线形,飘逸荡漾,婀娜多姿,其构造如图6-28A所示。

⑤扇形喷头　在喷嘴的扇形区域内分布数个呈放射状排列的出水孔,可喷出扇形的水膜或像孔雀开屏一样美丽的水花,见图6-28B所示。

⑥变形喷头　这种喷头的种类很多,它们的共同特点是在出水口的前面有一个可以调节的形状各异的反射器。当水流经过时反射器起到水花造型的作用,从而形成各种均匀的水膜,如半球形、牵牛花形、扶桑花形等,如图6-28C所示。

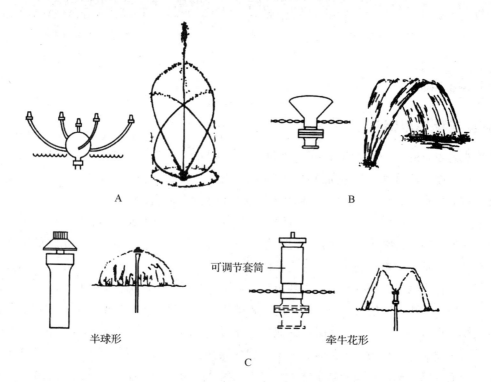

图6-28　喷头类型二
A. 旋转喷头　B. 扇形喷头　C. 变形喷头

⑦吸力喷头　它利用压力水喷出时在喷嘴的喷口附近形成的负压区,在压差的作用下把空气和水吸入喷嘴外的套筒内,与喷嘴内喷出的水混合后一并喷出,如图6-29A所示。其水柱的体积膨大,同时因混入大量细小的空气泡而形成白色不透明的水柱。它能充分反射阳光,特别在夜晚彩灯的照射下会更加光彩夺目。吸力喷头可分为吸水喷头、加气喷头和吸水加气喷头3种。

⑧多孔喷头　这种喷头可以由多个单射流喷嘴组成的一个大喷头,也可以是由平面、曲面或半球形的带有很多细小孔眼的壳体构成的喷头。多孔喷头能喷射出造型各异、层次丰富的盛开的水花,如图6-29B所示。

⑨蒲公英喷头　这种喷头是在圆形壳体上安装多个同心放射状短管,并在每个短管端部安装一个半球形变形喷头,从而喷射出像蒲公英一样美丽的球形或半球形水花,新颖、典雅,如图6-29C所示。此种喷头可单独使用,也可几个喷头高低错落地布置。

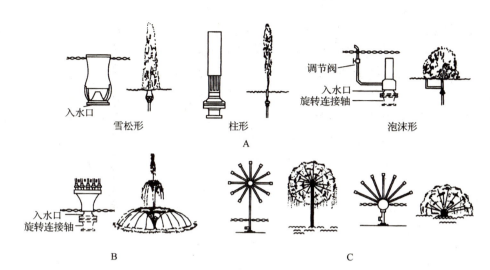

图 6-29 喷头类型三
A. 吸力喷头　B. 多孔喷头　C. 蒲公英喷头

⑩组合喷头　由两种或两种以上形体各异的喷嘴，根据水花造型的需要组合而成的一个大喷头。它能够形成较复杂的喷水花型。

2. 喷泉喷头技术要求

(1)环境条件

环境温度-40~80℃；风速不大于三级；在盐碱度不大于3%饱和浓度的水中。

(2)质量要求

①喷头应按照规定程序批准的图样及技术文件制造。

②喷头零件的原材料、外购件、外协件应具有生产厂的合格证书，否则必须经过验证合格后方准使用。

③制造厂生产的同一型号喷头的零件应具有互换性。

④铸件、锻件不得有错位、砂眼、气孔、夹渣、飞边、毛刺等缺陷，表面应光洁平整，气割边缘应圆滑平直。铸件非加工表面允许有长度小于1mm、深度不大于0.3mm的气孔缺陷，但不得多于两处。

(3)安装要求

①喷头零件安装应正确、完整，连接牢固可靠。

②焊件焊缝应均匀一致，不得有漏焊、咬肉、裂纹等缺陷，焊后焊渣必须清除干净。

③喷头壳体材料应具有耐高温(80℃)、耐潮、抗冻(-40℃)、抗腐蚀和耐磨性能。

④喷头零件内表面和喷孔均应有良好的制造质量，加工零件的表面粗糙度不得大于3.2，非加工零件表面粗糙度不得大于50。连接螺纹粗糙度不得大于12.5。

⑤喷头连接螺纹，普通螺纹按《普通螺纹　基本尺寸》(GB/T 196—2003)，锥管螺纹按《60°密封管螺纹》(GB/T 12716—2011)执行。

⑥喷头表面镀层按 GB 9797 或按 GB 9793 执行。

⑦涂层零件和涂层方法按产品图样要求。

(4) 性能要求

① 喷头装配后不能有泄漏,连接管螺纹应具有良好的密封性能。

② 喷头应具有承受 1.5 倍额定工作压力的压力试验,零件不得出现机械损伤和残余变形。

③ 喷头应具有承受液压冲击的能力,当水压从 0.5 倍额定工作压力急速增长至 10 倍额定工作压力时,不允许出现残余变形或机械损伤。

④ 在额定工作压力下,喷头喷水量、喷射高度、喷射范围均应大于规定值,其差值不得超过±5%。

⑤ 喷头旋转、摆动和升降必须活动自如。球形接头必须能相对出水轴做不低于 15°的方向调节。

(5) 喷头可靠性要求

① 喷头可靠性考核指标规定为可靠度 R,首次故障前工作时间 t,平均无故障工作时间 $MTBF$。

可靠度 R:

$$R = t_c / (t_c + t_i) \times 100\%$$

式中 t_c——喷头累积工作时间(h);

t_i——产品修复故障的时间总和(h)。

平均无故障工作时间 $MTBF$:

$$MTBF = t_c / r_b$$

式中 r_b——在规定的可靠性试验时间内出现的当量故障数。

$$R_b = \sum n \cdot \varepsilon$$

式中 n——出现故障的次数;

ε——故障的危害度系数。

② 故障危害度系数,见表 6-2 所列。

表 6-2 故障危害度系数

故障类别	故障名称	故障原因	故障危害度系数
1	严重故障	喷射性能明显下降,不能在现场修复的故障	2.0
2	一般故障	喷射性能下降,可在现场修复的故障	1.0
3	轻度故障	在现场可立即排除的故障	0.2

③ 喷头可靠性试验时间为 600h。

④ 可靠度不应低于 90%,平均无故障工作时间不应低于 300h,首次故障前工作时间不应低于 250h。

3. 喷泉工程常见配套工程

(1) 阀门井

① 给水阀门井 通常设置在临近喷泉的给水管道上,内装截止阀,用于控制补给水量。一般为砖砌圆形,由井底、井身和井盖组成,其构造如图 6-30 所示。

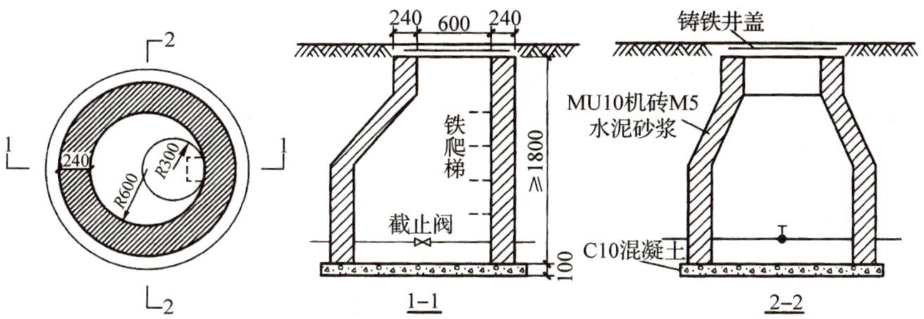

图 6-30　给水阀门井构造

②排水阀门井　用于泄水管、溢水管与附近排水管网的连接。泄水管上安装闸阀,溢水管接于阀后确保溢水管排水通畅。其构造同给水阀门井。

阀门井的位置既要便于使用和管理,又要注意隐蔽。井盖的形式应充分考虑与环境及地面铺装的协调。

(2)泵房

泵房是安装水泵等设备的专用构筑物。潜水泵直接布置在水池中,采用清水离心泵循环供水的喷泉,必须把水泵置于泵房中。泵房的形式按照泵房与地面的相对位置可分为地上式泵房、地下式泵房和半地下式泵房3种。

地上式泵房多用砖混结构,简单经济、管理方便,但有碍观瞻,可与管理用房结合使用。地下式泵房一般采用砖混结构和钢筋混凝土结构,其优点是不影响景观,但造价较高,有时排水困难,并且需做防水处理。泵房内安装的设备有水泵、电机、供电和电气控制设备、管线系统等。

4. 喷泉工程水力计算公式

喷泉水力计算的目的是确定各喷头流量、总流量、所需水压等,并在此基础上计算所需管径、水泵扬程及流量,从而为管径选择和水泵选型提供依据。水力计算是实现喷水造型的保证。喷泉管路中的水压是靠电机和水泵等动力设备提供的,运行可靠的配套动力对于喷泉是必不可少的。

①单喷头流量计算　可采用下列公式:

$$q = uf\sqrt{2gH} \times 10^{-3}$$

式中　q——出流量(L/s);

　　　u——流量系数,一般为0.62~0.94;

　　　f——喷嘴断面积(mm^2);

　　　g——重力加速度(m/s^2);

　　　H——喷头入口水压。

②工作组流量及喷泉总流量计算　工作组流量即某一时间工作组内同时工作的各个喷头喷出流量之和的最大值,即 $Q = q_1 + q_2 + \cdots + q_n$;喷泉总流量为各工作组流量之和,即 $Q_总 = Q_1 + Q_2 + \cdots + Q_n$。

③管径计算

$$D = \sqrt{4Q/\pi v}$$

式中　　D——管径(mm)；
　　　　Q——管段流量(L/s)；
　　　　π——圆周率；
　　　　v——流速，通常选用 0.5~0.6m/s。

④求总扬程

$$总扬程 = 净扬程 + 损失扬程$$

$$净扬程 = 吸水高度 + 扬水高度$$

式中　损失扬程——一般喷泉可粗略地取净扬程的 10%~30%。

影响喷泉设计的因素较多，单纯靠设计和计算很难达到预期效果。因此，有时需要通过试验加以校正，最后运转时还必须经过一系列的调整甚至局部修改，才能达到目的。

⑤动力选择　循环供水的喷泉需要布设水泵。潜水泵直接布置在水池中；离心泵则需要安装在特设的泵房内。水泵的性能要素较多，其中最重要的是水泵的扬程和流量。电机和水泵要配套，并满足所有喷头对流量和水压的要求。

5. 瀑布及清溪供水技巧

瀑布或清溪为节约用水常采用循环供水方式，基本运行：潭池(内设沉水坑)→安装潜水泵→铺设供水线路→高位水池(或出水口)→成瀑跌落→水回潭池。因此，必须熟悉以下内容：

①沉水坑至出水口(高位水池)的垂直高程(采用实际扬程)。

②知道购置同种潜水泵(扬程、流量、功率三要素)。

③线路安装时的走向与埋设。小型瀑布或溪，供水管埋深多在 30cm 左右，如果要穿过山石，必须先将山石打孔，孔径与供水管径一致。如果是假山掇成，管通过假山内块石缝隙间，必须预先做好通道，将管埋入缝隙中，再用同色石粉勾缝。

6. 水景中进行文化创作

在一些施工环境中，如星级酒店宾馆、影剧院、展览馆、别墅区、楼盘中心花园、高层楼盘空中花园等往往需要进行文化型水景施工。文化型水景诸如风水球、"龙出水"(也称龙抬头)、壁岩落、"两人世界""蜻蜓点水"等，深受地方群众喜欢。这些水景除供水方式及水池外，各有特点，需要差别对待。如风水球，要求有喷水烘托，有聚水支撑，还要有动态石球滚动，因此动力支持多是分开设计，各有动力支撑。而龙抬头，则需水景墙为背景，出水处设置于墙体两侧或某一侧，采用歇息式供水，因而需要继电设备。"蜻蜓点水"复杂一些，需要音控或振控。

水中"星光大道"的做法也是音控或振控的应用，人只要踩上汀步点上(汀步设置于水下)，光源就会亮起，每走一步亮一步，水也跟着喷出，形成水柱或水线，非常漂亮。

7. 小水景常见实用配套

小水景多指体量较小的叠水景致，水池占地规模 3~5m^2，山石叠垒高度 1.5~3.0m，落水 3 叠式，包括一些配光及喷雾等装饰。因此，配套设施主要有：流线型水池、滤清池、山石叠体、供水排水管件、配光灯饰、控制箱、交流直流电变换器、小型喷雾器、控制阀等。其中水池要设置泄水口、溢水口,画出常水位。

滤清池要连接水池侧壁,底部留出两个安放潜水泵的坑。山石选用要根据实际确定,比较理想的有青云片石、小块的黄石、柳江墨石、皱纹石、吸水石等。供水排水用管多选浅色软 PVC 管及三通管,管径依据水泵、阀门连接口确定。配灯一般用发光二极管、沉水灯或草坪射灯。控制箱是安装开关的专用箱,需满足各种控制开关的布设,注意将转换变压器(交流变直流)放于箱体内。喷雾器用普通型号即可,多头喷雾器更佳。为了保证水质,除溢水口外,其他出水口均需安装控制阀门。

实训与思考

1. 到现场参观某一水景工程的施工过程(或施工工序)。
2. 以小组(3~5人)为单位先设计一临时水景(池、瀑布、溪结合最好),面积 3~5m²,进行实际施工。要求:

(1)上交材料:

①某小型临时水景设计图(设计平面图、施工放样图、植物配置图、简单景点效果图 2~3 幅)(A2 图纸);

②主要施工材料表及施工日志一份;

③施工方案及施工简明造价各一份。

(2)材料准备:

①基础材料类:泡沫(越多越好)、红砖(适量)、卵石(少量)、海蓝色吹塑纸(约5张)、景石(或人工塑,少量)、驳岸材料(如树桩、卵石或煤渣加水泥塑成山石)、马尼拉草(或苔藓)、少量低矮植物、人工配饰用建筑(亭、小桥、廊、木屋、舫、塔等,或一些人物、坐凳等配饰)、废报纸等。

②配光配电类:发光二极管(红光、黄光、紫光或蓝光)、细电线(红蓝各1条,每条约5m)。

③喷水类:小型喷水器、小型潜水式抽水机、水管约 2m。

④其他:胶黏材料(白胶、光油)、水泥(白或普通水泥)、玻璃胶。

(3)施工程序:

技术资料准备(设计图纸)→现场放线→水池施工→管网布置→配光→试水。

3. 如果要对卵石拉底的人工小水池进行施工,请简述该水池施工程序和施工要点。
4. 瀑布、小溪施工有特殊要求,请列出施工程序,说出施工中可能产生的问题,提出可能的解决方法。
5. 要配置一小型水景工程,如堆砌高 2m 的假山石,配以丝状小瀑布,饰以小水池,配上暖色光,植以少量水生植物。针对此小水景提出你的施工技术方案,草拟出施工方法。

学习测评

选择题:

1. 为防止人工水池漏水,当管件通过池壁时,要在管件与池壁间加(   )。

A. PPR、PE 套管　　　　B. 止水环　　　　C. 钢筋　　　　D. 沥青油

2. 采用竹木桩基作为驳岸材料时，竹木桩基防腐技术常用(　　)。
A. 银粉处理　　　　　B. 涂抹光油　　　　C. 涂酒精　　　　D. 涂柏油
3. 瀑布施工中发现有"起霜"现象，说明瀑布瀑身施工(　　)。
A. 合格　　　　　　　B. 质量好　　　　　C. 有问题　　　　D. 可行
4. 采用细卵石拉底的小型水池，如果要清洗，最好的方法是(　　)。
A. 1%高锰酸钾溶液洗　　　　　　　　B. 0.50%的硫酸溶液清洗
C. 30%的草酸溶液清洗　　　　　　　D. 5%的盐酸+适量洗衣粉溶液清洗
5. 人工水池池底在确定水深后，为使景观看上去池底更深些，可采用(　　)。
A. 池底贴浅蓝色瓷砖　　　　　　　　B. 池底贴浅白色瓷砖
C. 池底配暖色光源　　　　　　　　　D. 池底混凝土常规铺装
6. 影响瀑布景观质量的因素很多，其中(　　)影响最大。
A. 承水潭/小溪　　　　　　　　　　　B. 泄水石/顶水石
C. 落水口/瀑身　　　　　　　　　　　D. 高位水池/背景
7. 清溪施工中溪道要铺一层防水材料，做法是(　　)。
A. 溪道夯压后，先铺沙层后再铺防水层
B. 溪道夯压后，先铺矿石层再铺防水层
C. 溪道夯压后，先铺混凝土层再铺防水层
D. 溪道夯压后，先铺防水层再铺混凝土层
8. 对于较大型人工湖，为了自然景观效果，边坡多采取(　　)方式。
A. 砌石护坡　　　　　B. 草坪护坡　　　　C. 抛石护坡　　　D. 重力护坡
9. 喷泉喷头安装点与供水管连接的长度有严格要求，此管长度规定不小于(　　)。
A. 20倍连接管径　　　B. 10倍连接管径　　C. 5倍连接管径　　D. 50倍连接管径
10. 在给瀑布配光时，如果在承水潭中配光，沉水灯应安装于水下(　　)。
A. 15cm　　　　　　　B. 20cm　　　　　　C. 5cm　　　　　　D. 30cm

数字资源

单元 7　景石与假山工程施工

学习目标

【知识目标】
(1) 了解园林景石假山工程涉及的基本概念、配置方法；
(2) 熟悉假山景石工程中的石种、假山结构与相关技法。

【技能目标】
(1) 能根据施工图组织景石安装施工；
(2) 能根据施工图组织小型假山工程施工；
(3) 能进行较常见的景石施工和安装方法。

【素质目标】
(1) 培养景石假山安全施工意识；
(2) 培养景石假山调运安装流程认真细致的工作态度；
(3) 培养学习积累传统施工技法的素质。

假山是中国传统园林的重要组成部分，它独具中华民族文化的艺术魅力，在各类园林中得到了广泛的应用。景石工程在园林工程中越来越受到重视，应用更为广泛。景石假山工程是园林的专业工程，需要比较专业的施工技术。

7.1　假山概述

7.1.1　假山的概念

假山是指用人工的方法堆叠起来的山，是仿自然山水经艺术加工而制作的。一般意义的假山实际上包括假山和置石两部分。

① 假山　是以造景，游览为主要目的，充分地结合其他多方面的功能作用，以土、石等为材料，以自然山水为蓝本并加以艺术的提炼和夸张，用人工再造山水景物的统称。假山一般体量比较大，可观可游，使人置身于自然山林之感。

② 置石　是以山石为材料做独立性造景和作为附属性的配置造景布置，主要表现山石的个体美或局部组合，不具备完整的山形。置石体量一般较小而分散，主要以观赏为主。

7.1.2　假山的作用

① 假山和置石在园林中具有重要作用。
② 作为自然山水园的主景和地形骨架。
③ 作为园林划分空间和组织空间的手段。

④运用山石小品作为点缀园林空间和陪衬建筑和植物的手段。
⑤用山石作驳岸、挡土墙、护坡、花台、排水设施等。
⑥用作自然式的家具和器设等。

7.1.3 假山的分类

根据使用的土、石料的不同，假山可分为：

①土山　指完全用土堆成的山。

②土多石少的山　山石用于山脚和山道两侧，主要是固土并加强山势，也兼造景作用。

③土少石多的山　山形四周和山洞用石堆叠，山顶和山后则有较厚的土层。

④石山　完全用石堆成的山。

7.1.4 假山材料

7.1.4.1 根据堆叠假山的功能、用途进行分类

①峰石　一般是选用奇峰怪石，多用于置石或假山收顶。

②叠石　要求质量好，形态特征适宜，主要用于山体外层堆叠，常选用湖石、黄石、青石等。

③腹石　主要用于填充山体的山石，石质宜硬，但对形态没有特别要求。

④基石　位于假山底部，多选用大型块石，其形态要求不高，但须坚硬、耐压、平坦。

7.1.4.2 根据假山石料的产地、质地来分类

(1) 湖石类

在我国分布很广，因产地不同而在色泽、纹理、形态方面有所不同。

①太湖石　又称贡石、洞庭石，有"千古名石"之称，为我国古代四大名石之一，因产于太湖而得名，它是石灰岩经过千万年浪激波涤和流水侵蚀而成。由于风浪或地下水的侵蚀作用，其纹理纵横，脉络显隐。石面上遍多坳坎，称为"弹子窝"，扣之有微声，还很自然地形成沟、缝、穴、洞，有时窝洞相套，玲珑剔透，蔚为奇观，观赏价值比较高。太湖石质地坚硬，具有瘦、漏、透、皱之美，深受人们喜爱。太湖石色泽以灰白、青色、褐黄为多见。苏州瑞云峰、冠云峰，上海玉玲珑皆是。

②房山石　产于北京房山一带山上，因之为名。也是石灰岩，但由于原产地特有的红色土壤浸润，新开采的房山岩呈土红色、橘红色或更淡一些的土黄色，日久表面带些灰黑色。质地不如南方的太湖石脆，但有一定的韧性。这种山石也具有太湖石的涡、沟、环、洞的变化。因此也有人称它们为北太湖石。它的特征除了颜色与太湖石有明显区别以外，容重也比太湖石大，扣之无共鸣声，多密集的小孔穴而少有大洞，因此外观比较沉实、浑厚、雄壮。这和太湖石外观轻巧、清秀、玲珑是有明显差别的。与房山石比较接近的还有镇江所产的山石，形态颇多变化而色泽淡黄清润，也有灰褐色的，石多穿眼相通。

③英石　因产于广东英德山一带而得名，系石灰岩。它开发较早。外表锋棱突兀，多见黑色，间有青色、白色，并时见白色石筋，这种山石多为中、小形体，很少见有大块。英石分为水石、旱石两种，水石从倒生于溪河之中的巉岩穴壁上用锯取之，旱石从石山上凿取。英石由于凿、锯而得，正背面区别较明显，正面凹凸多变，嶙峋崎岖，背面往往平坦无变化，若是选取得当，正背皆可观，则愈益可贵。英石又可分白英、灰英和黑英3种。一般以灰英居多，白英和黑英均甚罕见，所以多用作特置或散点。英石以质坚而脆，扣之有共鸣声者为佳。

④灵璧石　原产于安徽省灵璧县。石产土中，被赤泥渍满，须刮洗方显本色。石身黝黑光亮，多皱折，富纹理，石质坚硬，扣之铿然有声。石面有坳坎的变化，石形亦千变万化，但其眼少有婉转回折之势，须借人工以全其美。灵璧石有较广泛的观赏环境。大者高长数丈，可置于园林、庭院，既可立石为山，又能独自成景。中者，可装饰于厅堂、宾馆或陈列馆中，可装点池塘坡岸或衬托花木草坪。小者可放于居室内或盆几中。案头石，可放于办公桌或几案之上。主要石种有：青黑磬石奇石、青黑奇石、皖螺石、纹石、五彩图纹石、条纹石(玉带石)、白灵璧石及众多的单色石、双色石和复色石等。

⑤宣石　产于安徽宁国。其色有如积雪覆于灰色石上，也由于为赤土积渍，因此又带些赤黄色，非刷净不见其质，所以愈旧愈白。由于它有积雪一般的外貌，扬州个园用它作为冬山的材料，效果显著。

⑥黄石　是一种带橙黄颜色的细砂岩，产地很多，以常熟虞山的自然景观为著名。苏州、常州、镇江等地皆产。其石形体顽夯，见棱见角，节理面近乎垂直，雄浑沉实。与湖石相比其又另具景象，平正大方，立体感强，块钝而棱锐，具有强烈的光影效果。明代所建上海豫园的大假山、苏州耦园的假山和扬州个园的秋山均为黄石掇成的佳品。

(2)青石

即一种青灰色的细砂岩。北京西郊洪山口一带均产。青石的节理面不像黄石那样规整，不一定是相互垂直的纹理，也有交叉互织的斜纹。就形体而言多呈片状，故又有"青云片"之称。北京圆明园武陵春色的桃花洞、北海的濠濮间和颐和园后湖某些局部都用这种青石为山。

(3)石笋

即外形修长如竹笋的一类山石的总称。这类山石产地颇广。石皆卧于山土中，采出后直立地上。园林中常作独立小景布置，如个园的春山等。根据产地、产状和岩性的不同，常见的石笋状山石有白果笋、乌炭笋、慧剑、钟乳石笋等。

(4)斧劈石

为沉积岩。有浅灰、深灰、黑、土黄等色。产于江苏常州一带。具竖线条的丝状、条状、片状纹理，又称剑石，外形挺拔有力，但易风化剥落。

(5)其他石品

诸如木化石、松皮石、石珊瑚、黄蜡石和石蛋等。木化石古老朴质，常作特置或对置。产于辽宁锦州城西，又名锦川石，属沉积岩。石身细长如笋，上有层层纹理和斑点，似如松皮。黄蜡石色黄，表面有蜡质感，质地如卵石，多块料而少有长条形。石蛋为产于海边、江边或旧河床的大卵石，有砂岩及各种质地的(图7-1)。

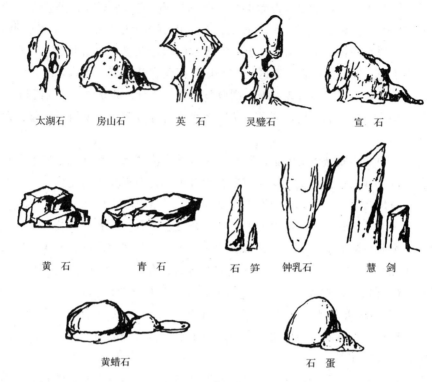

图 7-1 常见假山石

吸水石、皱纹石、贵州青石、柳江墨石（柳江石）、大化石、摩尔石、都安石、南流江石等也比较常用。贵州青石价位较低，色彩青蓝；柳江墨石自然状态下为白灰色，用5%的盐酸清洗石色变深褐色，显得更稳重；皱纹石表面多层皱，中间还常有岫洞，品质好，属于高档景石。

7.2 景石工程施工

景石是指不具备山形，但以奇特的怪石形状为审美特征的石质观赏品，是园林中重要景物形式之一。

7.2.1 景石组景手法

景石用的山石材料较少，结构比较简单，但能取得山的整体效果。因而要求组景布置格局必须严谨，手法简练，点到为景。它的特点是以少胜多，以简胜繁，量虽少但对质的要求较高。常安放于树下、水边、宽阔的场所中，按放置的形式分为特置、对置、散置、群置、景石与建筑及景石与植物配置等。

(1) 特置

特置又称孤置山石，也有称其为峰石的。特置山石大多由单块山石或若干块山石拼凑而成，布置成独立性的石景，常在环境中作局部主题（图 7-2、图 7-3）。

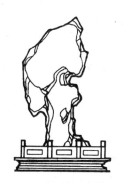 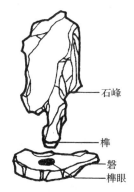

图 7-2　规则石座特置　　　　图 7-3　自然基座特置

特置选石宜体量大，轮廓线突出，姿态多变，色彩突出，具有独特的观赏价值。石最好具有透、瘦、漏、皱、清、丑、顽、拙等特点。特置常在园林中作入口的障景和对景，或置于视线集中的廊间、天井中间、漏窗后面、水边、路口或园路转折的地方。此外，还可与壁山、花台、草坪、广场、水池、花架、景门、岛屿、驳岸等结合使用。

（2）**对置**

把山石沿某一轴线或在门庭、路口、桥头、道路和建筑物入口两侧作对应的布置称为对置。对置由于布局比较规整，给人严肃的感觉，常在规则式园林或入口处使用。对置并非对称布置，作为对置的山石在数量、体量以及形态上无须对等，可挺可卧，可仰可俯，只求在构图上的均衡和在形态上的呼应，这样既给人以稳定感，亦有情的感染。

（3）**散置**

散置即所谓的"攒三聚五，散漫理之，有常理而无定势"的做法。常用奇数三、五、七、九、十一、十三构成散置，最基本的单元是由 3 块山石构成的。散置对石材的要求相对特置低一些，但要组合得当。常用于园门两侧、廊间、粉墙前、竹林中、山坡上、小岛上、草坪和花坛边缘或其中、路侧、阶边、建筑、角隅、水边、树下、池中、高速公路护坡、驳岸或与其他景物结合造景。它的布置特点在于有聚有散、有断有续、主次分明、高低起伏、顾盼呼应、一脉既毕、余脉又起、层次丰富。山石散置时特别讲究石块间的呼应，即相互间的动态关系（图 7-4）。

（4）**群置**

应用多数山石互相搭配布置称为群置或聚点、大散点。群置常布置在山顶、山麓、池畔、路边、交叉路口以及大树下、水旁，还可与特置山石结合造景。群置有墩配、剑配和卧配 3 种方式，不论采用何种配置方式，均要注意主从分明、层次清晰、疏密有致、虚实相间。

（5）**山石器设**

用山石做室内外的家具或器设是我国

图 7-4　山石散置

园林中传统的做法，山石几案不仅有实用价值，而且可与造景密切结合。特别是用于地形复杂的自然式地段，很容易与周围的环境取得协调，既节省木材又能耐久，无须搬进搬出，又不怕日晒雨淋。

山石几案适宜布置在林间空地或有树荫的地方，以避免游人被暴晒。可独立布置，更可与其他景物或设施结合布置，如挡土墙、花台、驳岸等。

几案用石不必过于方正，有一面稍平即可，但尺寸应比一般家具要大些，以与室外空间相称。平面布置安排也要有自然变化，不能过于对称。

(6) 山石与地形的结合

将山石布置在山顶、山腰或山脚，仿自然山岩裸露之状，这实际上是散置的一种应用方式，即土山点石。若布置得法，则能在一定程度上加强山势，增添环境的自然野趣。因自然土山乃年久之山，所以土山点石宜用风化程度较深的岩石。

土山山顶多浑厚、圆润，故山顶置石一般宜用圆钝、顽劣之石。石可立、可卧，但应以卧为主，注意控制立石高度。置石于山腰，可丰富山腰坡度轮廓线的变化，并能护坡挡土，局部凿成平台，便于种树。山脚点石宜横卧。沉稳坚实、自然大方。

(7) 山石与建筑的结合

这实际上是用山石来陪衬建筑的做法。用少量的山石在适宜的部位装点建筑，就仿佛把建筑坐落在自然山岩上一样，所表现的是大山之一隅。古典园林中，这类山石应用较为普遍。

①山石踏跺与蹲配　中国传统的建筑多建于台基之上。这样出入口部位就需要台阶作为室内外上下的衔接部分。园林建筑中用自然山石做成的台阶，即为踏跺。石材形状扁平即可，不必非要长方形。每级高度在10~30cm，各级高度也不必相等。

布置在踏跺两侧的置石成为蹲配。其功能类似于台阶两侧的垂带或门口两侧的石狮、石鼓一类的装饰品，外形上却又自然灵活一些。体量大而高者为蹲，体量小而低者为配。两侧的蹲配可进行组合变化，但在左右构图关系上应均衡。

②抱角和镶隅　建筑的墙面多成直角转折，这些拐角的外角和内角的线条都比较单调、平滞，故常用山石来美化。对于外墙角，山石呈环抱之势紧抱基角墙面，称为抱角；对于内墙角，则以山石镶嵌其中，称为镶隅。经过这样的处理，本来是在建筑外面包了一些山石，却又似把建筑坐落在自然山岩上一样。

山石抱角和镶隅的体量要与墙体所在的空间取得协调。选材应考虑如何使山石与墙接触的部位，特别是可见的部位能吻合起来。

③粉壁置石　即以墙面作为背景，在墙面前基础种植部位做石景或山景布置，也称壁山。在江南园林中这种布置随处可见。

④回廊转折处的廊间山石小品　园林中的廊为了争取空间的变化或使游人从不同角度去观赏景物，在平面上做成曲折回环的半壁廊。这正是可以发挥山石小品"补白"的地方。使之在很小的空间里也有层次和深度的变化。同时可诱导游人按照设计的游览序列入游，丰富沿途的景色，使建筑空间小中见大，活泼自然。

⑤"尺幅窗"和"无心画"　园林景色使室内外互相渗透常用"漏窗透石景"，即尺幅窗。然后在窗外布置竹石小品之类，使景入画。这样，就以真景入画，较之画幅生动百倍，称

为"无心画"。以"尺幅窗"透取"无心画"是从暗处看明处,窗花有剪影的效果,加之石景以粉壁为背景,从早到晚,窗景因时而变(图7-5)。

⑥云梯　即山石掇成的室外楼梯。是山石集使用功能与造景为一体的应用方式,既节约室内建筑面积,又可形成自然山景。布置时要注意与其他设施和景物结合,如壁画、花台、峰石特置等结合,忌孤立一座。

(8) 山石花台

即把花木布置在自然山石砌筑的台地中,这种方式在江南园林中应用极为普遍,概因其排水条件良好,且观花方便又可随机应变,能够协调游览路线等(图7-6)。

图7-5　"无心画"示意图　　　　　图7-6　特置山石与花台配置

花台的布置也颇有讲究。就花台的个体平面轮廓而言,应有曲折、进出之变化,大、小弯组合应用,自然多变。多个花台组合时要大小相间、若断若续、层次深厚。花台的里面也应有起伏变化,如组合"立峰"等。此外,花台的断面和细部要有伸缩、虚实和藏露的变化。树石相生,一柔一坚,最宜互相衬托。树石小景,乃形简意深之佳例,但要配合得法,所谓"松下之石宜拙,梅下之石宜古,竹下之石宜瘦"之意。

7.2.2　施工设备与施工材料

7.2.2.1　施工设备

景石施工常常需要吊装一些巨石,因此施工需要相应的起重机械,有汽车起重机、吊装起重机、起重绞磨机、葫芦吊等。施工过程中小的山石还采取人工搬运的方式,造型采取传统的操作方式,因而还需要一定的手工工具。详见本章7.3。

7.2.2.2　施工材料

施工材料根据设计所需在施工前全部运进现场,主要材料有:
①假山石　通货石、峰石。质地、体态、纹理均要求出类拔萃。
②填充物　沙子、碎石、毛石、卵石、桐油等。主要用于配置各种砂浆,混凝土和其

他填充物。

③胶结体　现在主要用水泥和白灰，古代用糯米浆和纸筋。

④着色料　彩色水泥、广告色、煤黑及各色细石粉，用于假山修饰。

7.2.3　施工流程

定位放线→选石→景石吊运→拼石→基座设置→景石吊装→修饰与支撑→成品保护。

（1）定位放线

施工前应根据施工设计平面图进行放样。无施工图的景石堆置和散置，可由施工人员用石灰在现场放样示意，经有关单位现场人员认可后，方可施工。

（2）选石

选石是施工过程中很重要的一项工作，在选石过程中要注意：

①所选的山石最好未经人工加工过，具有自然的形态和风味。

②所选的山石有特殊的纹理脉络或具有一定的象形特征的为佳。

③在同一位地域，切忌多种类的山石混用，要同色、同质，这样局部和总体容易协调。

④选石无贵贱之分，应就地取材，有地方特色的石材最为可取。

⑤选石要注意选择地方性材料，体现地方特色。

⑥选石要从传统与现代入手，讲究审美性。传统审美归为八个字"透瘦漏皱，青顽奇丑"；现代对石之审美，还要讲究"石色、石纹、石质、石座"，即好石要配好基座。

总之，在选石过程中，应首先熟知石性、石形、石色等石材特性，其次应准确地把握置石环境，如建筑物的体量、外部装饰、绿化、铺装等诸多因素。

（3）景石吊运

景石装运应轻装、轻吊、轻卸。特殊用途或有特殊要求的景石，如峰石、斧劈石、石笋等，在运输时应用软质如黄泥、草包、草绳或塑料材料绑扎或填充，防止损伤。山石上原有的泥土、杂草不要清理。景石运到施工现场后，应进行检查，凡有损伤的不得做景石使用。

（4）拼石

景石运到施工现场后，必须对景石的石种、质地、形态、纹理、石色进行挑选和清理，除去表面尘土、尘埃和杂物，分别堆放备用。当所选的山石体量不够大时，或石形某部分不够美观有缺陷时，往往需用几块同种山石进行拼接，在拼接时尽量选择接口处形状比较吻合的山石，尽量使接缝严密，有时可以采取修饰处理而掩饰缝口。同时选石时选择同色、同质以及纹理相同的山石，使拼合的山石形成一个整体效果。

（5）基座设置

基座可由砖石材料砌筑成规则形状，基座也可采用稳重的墩状座石做成。座石半埋或全埋地表，其顶面凿孔作为榫眼。埋于地下的基座，应根据山石的欲埋方向及深度定好基础开挖面，放线后按要求挖方，然后在坑底先铺混凝土一层，厚度不得少于15cm，其后准备吊装山石。

(6) 景石吊装

在施工时，要有专人指挥，统一负责吊装任务。施工人员要先分析山石主景面，定好方向，最好标出吊装方向，并预先摆好起重机(图 7-7)。当景石吊到预装位置后，要用起重机挂钩定石，然后可填充块石，并浇注 C20～C25 混凝土充满石缝，浇捣交叉进行，确保安全稳固。之后将铁索和挂钩移开，做好支撑保护，并在山石高度的 2 倍范围内设立安全标志，保养 7d 后开放。

(7) 修饰

景石布置好后，可利用植物和石刻来加以修饰，使之意境深邃，构图完整。植物修饰的主要目的是采用灌木或花草来掩饰山石的缺陷，丰富山石的层次，使景石更能与周围环境和谐统一。石刻能增加园林人文景观的意境。要做到景石造景与石刻艺术互为补充，浑然一体(图 7-8)。

图 7-7 景石吊装

图 7-8 吊装成功后准备山石修饰

7.2.4 施工要点及注意事项

7.2.4.1 特置山石施工要点及注意事项

①特置山石布置的要点在于相石立意，为突出主景并与环境相协调，常石前"有框"(前置框景)，石后有"背景"衬托，使山石最富变化的那一面朝向主要观赏方向，并利用植物或其他方法弥补山石的缺陷。

②特置山石作为视线焦点或局部构图中心，应与环境比例合宜。

③特置山石要考虑其与周围环境的透障关系。一般透障关系为 3：7 或 2：8 效果较好。

④特置山石在工程结构方面要求稳定和耐久。关键是掌握山石的重心线使山石本身保持重心平衡，我国传统的做法是用石榫固定。榫头长度一般为 10～20cm，但榫头直径不宜大，榫肩 3mm 左右。必须保证石榫头在重心上。基盘上的榫眼应比石榫头的直径大 0.5mm，并比石榫头长度深 2～3mm。吊装山石前应在榫眼中浇灌少量素水泥浆或其他黏合材料，待石榫头插入时，黏合材料便可自然充满空隙。

⑤特置山石也可以布置在台座中。即用石头或其他建筑材料砌成整形的台基,内盛土壤,台下有一定的排水设施,然后在台上布置山石。

⑥在没有合适的自然基座的情况下,也可采用混凝土基础方法加固峰石,方法是:先在挖好的基础坑内浇筑一定体量的块石混凝土基础,并留出榫眼,待基础完全干透后,再将峰石吊装,并用黏合材料黏合(图7-9)。

图7-9 景石基础施工

7.2.4.2 群置、散置施工要点及注意事项

①群置、散置布置时要注意石组的平面形式与立面变化。在处理2块或3块石头的平面组合时,应注意石组连线总不能平行或垂直于视线方向,3块以上的石组排列不能呈等腰、等边三角形和直线排列。立面组合要力求石块组合多样化,不要把石块放置在同一高度,组合成同一形态或并排堆放,要赋予石块自然特性。

②散置山石目的要明确,格局严谨;手法洗练,有聚有散,有断有续,主次分明。

③石材选好后,按设计位置定位。首先结合印象采用临时支撑措施在地面进行试摆。试摆的目的是要观察、斟酌并最后确定每一块山石最理想的位置和朝向,观察时要兼顾各个方向,重点考虑主要观赏方向。方案确定后,最好能现场画一幅草图,做些记录或拍数码照片等,便于指导施工。埋石时在满足造型要求的前提下既要求稳固又要展示山石之美。

7.2.5 成品保护

景石安置后,在养护期间,应设支撑保护,加强管理,设置防护栏,禁止游人靠近,以免发生危险。

7.3 假山工程施工

7.3.1 假山施工工具、机械及常用构件

7.3.1.1 假山施工工具

假山工程主要是一种造型操作,一种手工技艺。目前,虽然吊装机械设备的使用代替了繁重的体力劳动,但其他的手工操作部分却仍然离不开一些传统的操作方式及有关工具,如铁锤、铁铲、箩筐、镐、耙、灰桶、瓦刀、水管、木锤、杠绳、竹刷、脚手架、撬棍、小抹子、毛竹片、钢筋夹、木撑、三角铁架、手动葫芦等。

(1)铁锤

主要用于敲打山石或取山石的刹石和石皮,刹石用于垫石,石皮用于补缝。最常用的

是单手锤。石纹是石的表面纹理脉络，而石丝则是石质的丝路。石纹与石丝有时同向运动，有时又不一样。所以要认真观察所要敲打的山石，找准丝向，然后顺丝敲打，才能随心所欲。另外在塞垫刹石时，一般要避免用铁锤直接敲击，而是用锤柄抵顶或木榔头敲打，以免敲碎刹石。

（2）竹刷

主要用于山石拼叠时水泥缝的扫刷，应该在水泥未完全凝固前进行。一般工序是：第一天傍晚做的缝，第二天一早上工即先刷缝。此外，也可以在刚做完的缝口处用毛排刷蘸清水扫刷。

（3）棕绳（或麻绳、钢丝）

用于搬运山石。用棕绳或麻绳捆绑山石进行吊装和搬运，其优点是抗滑、结实，比较柔软，易打结扣。钢丝绳结实但结扣较难打。山石的捆吊不是随意的，要根据山石在堆叠时放置的角度和位置进行捆吊。还要尽量使捆绑山石的绳子不能在山石拼叠时被石料压在下面，要便于吊装后将绳索顺利抽出。绳子的结扣要易打好解，不能松开滑掉，要越抽越紧，即山石自身越重，绳扣越紧。吊装时一般用元宝扣（图7-10），使用方便，结活扣而靠山石自重将绳紧压。山石基本到位后因"找面"而最后定位称为走石。走石用铁撬棍操作，前、后、左、右转动山石至理想位置。套绳的位置应选好，便于山石定位后取出。

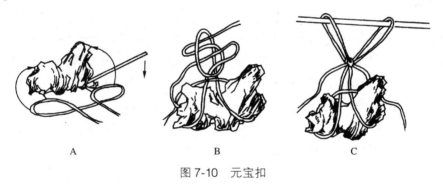

图 7-10 元宝扣

（4）小抹子

常用柳叶抹，用于山石拼叠缝口处的水泥接缝。

（5）毛竹片、钢筋夹、撑棍和木刹

主要用于临时性支撑山石，以利于山石的拼接、叠合和做缝，待混凝土凝固后或山石稳定后再行拆除。

（6）脚手架与跳板

脚手架与跳板可用于山石拼叠的常规操作，也用于较大型的山洞后山石的拱券施工。

7.3.1.2 假山施工机械

假山堆叠需要的机械包括混土机械，运输机械和起吊机械。小型的堆山和叠石用手动葫芦即可完成大部分工程，而对于一些大型的叠石造山工程，吊装设备尤其重要，合适的起重机可以完成所有的吊装工作。

7.3.1.3 假山常用构件

(1) 平稳设施和填充设施

为了安置底面不平的山石，在找平石之上面以后，于底下不平处垫以一至数块控制平稳和传递重力的垫片，北方假山师傅称为刹，江南假山师傅称为垫片或重力石。山石施工术语有"见缝打刹"之说。刹要选用坚实的山石，在施工前就打成不同大小的斧头形片以备随时选用。这块石头虽小，却承担了平衡和传递重力的要任，在结构上很重要。打刹也是衡量技艺水平的标志之一。打刹一定要找准位置，尽可能用数量最少的刹而求得稳定。打刹后用手推拭一下是否稳定。至于两石之间不着力的空隙也要适当地用块石填充。假山外围每做好一层，最好即用块石和灰浆填充其中，称为填肚，凝固后便形成一个整体。

(2) 铁活加固设施

必须在山石本身重点稳定的前提下用以加固。常用熟铁或钢筋制成。铁活要求用而不露，因此不易发现。古典园林中常用的有以下几种：

①银锭扣　为生铁铸成，有大、中、小3种规格，主要用以加固山石间的水平联系。先将石头水平向接缝作为中心线，再按银锭扣大小画线凿槽打下去。古典石作中有"见缝打卡"的说法。其上再接山石就不外露了。北海静心斋翻修山石驳岸时就有这种做法 (图 7-11)。

②铁爬钉　用熟铁制成，用以加固山石水平向及竖向的衔接。南京明代瞻园北山之山洞中尚发现用小型铁爬钉做水平向加固的结构；北京圆明园西北角之"紫碧山房"假山坍倒后，山石上可见约长10cm、宽6cm、厚5cm的石槽，槽中都有铁锈痕迹，也似同一类做法；北京乾隆花园内所见铁爬钉尺寸较大，长约80cm、宽10cm左右、厚7cm，两端各打入石内9cm。也有向假山外侧下弯头而铁爬钉内侧平压于石下的做法。避暑山庄则在烟雨楼峭壁上用竖向联系的做法 (图 7-12)。

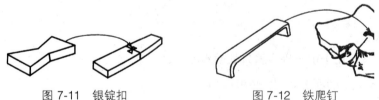

图 7-11　银锭扣　　　　图 7-12　铁爬钉

③铁扁担　多用于加固山洞，作为石梁下面的垫梁。铁扁担之两端成直角上翘，翘头略高于所支承石梁两端。北海静心斋沁泉廊东北，有巨石象征蛇出挑悬岩，选用了长约2m、宽16cm、厚6cm的铁扁担镶嵌于山石底部。即使下到池底仰望，也不易察觉 (图 7-13)。

④马蹄形吊架和叉形吊架　见于江南一带。扬州清代宅园"寄啸山庄"的假山洞底，由于用花岗石作石梁只能解决结构问题，外观极不自然。用这种吊架从条石上挂下，采架上再安放山石便可裹在条石外面，便接近自然山石的外貌 (图 7-14)。

图 7-13　铁扁担　　　　　　　图 7-14　吊　架

7.3.2 假山布置技巧

(1) 山水结合，相映成趣

中国园林把自然风景看成是一个综合的生态环境景观，山水又是自然景观的主要组成，山水之间是相互依存和相得益彰的。诸如"水得地而流，地得水而柔""山无水泉则不活""有水则灵"都是强调山水结合的观点。自然山水的轮廓和外貌也是相互联系和影响的。有人喻山为骨骼，水为血脉，建筑为眼睛，道路为经络，树木花草为毛发的说法也是强调自然风景的综合性和整体性。如果片面地强调堆山掇石却忽略了其他因素，其结果必然是"枯山""童山"而缺乏自然的活力。而获得成功的假山园均循此理而达到"作假成真"的境界。假山在古代称为"山子"，足见"有真为假"，指明真山是造山之"母"。真山既是以自然山水为骨架的自然综合体，那就必须基于这种认识来布置才有可能获得"作假成真"的效果。

(2) 相地合宜，造山得体

自然山水景物是十分丰富多样的，在一个具体的园址上究竟要在什么位置上造山，造什么样的山，采用哪些山水地貌组合单元，都必须结合相地、选址因地制宜地把主观要求和客观条件的可能性及所有的园林组成因素做统筹的安排。《园冶》"相地"一节谓"如方如圆，似扁似曲。如长弯而环壁，似扁阔以铺云。高方欲就亭台，低凹可开池沼。卜筑贵从水面，立基先究源头。疏源之去由，察水之来历"。如果用这个理论去观察北京北海静心斋的布置，便可了解"相地"和山水布置间的关系。避暑山庄在澄湖中设"青莲岛"，岛上建烟雨楼以仿嘉兴之烟雨楼，而在澄湖东部辟小金山为仿镇江金山寺。这两处的假山在总体是模拟名景，但具体处理又必须根据立地条件。也只有因地制宜地确定山水结体才能达到构园得体，有若自然。

(3) 巧于因借，混假于真

这也是因地制宜的一个方面，就是充分利用环境条件造山。如果园之远近有自然山水相因，那就要灵活地加以利用。在"真山"附近造假山是用"混假于真"的手段取得"真假难辨"的造景效果。位于无锡惠山东麓的寄畅园借九龙山、惠山于园内作为远景，在真山前面造假山，如同一脉相贯。其后颐和园建谐趣园仿寄畅园，于万寿山东麓造假山有类似的效果。颐和园后湖则在万寿山之北隔水造假山。真假山夹水对峙，取假山与真山山麓相对应，极尽曲折收放之变化，令人莫知真假。特别是自东西望时，更有西山为远景，效果就更逼真一些。"混假于真"的手法不仅用于布局取势，也用于细部处理。避暑山庄外八庙有些假山、山庄内部山区的某些假山、颐和园的桃花沟和画中游等都是用本山裸露的岩石为材料，把人工堆的山石和自然露岩相混布置，也都收到了"作假成真"的成效。

（4）独立端严，次相辅强

意即要主景突出，先立主体，再考虑如何搭配，以次要景物突出主体景物。宋代李成《山水诀》谓："先立宾主之位，次定远近之形，然后穿凿景物，摆布高低。"这段画理阐述了山水布局的思维逻辑。拙政园、网师园、秋霞圃皆以水为主，以山辅水。建筑的布置主要考虑和水的关系，同时也照顾和山的关系。而瞻园、个园、静心斋却以山为主景，以水体和建筑辅助山景。留园东部庭院则又是以建筑为主体，以山、水陪衬建筑。北海画舫斋中的"古柯庭"就以古槐为主题，庭院的建筑和置石都围绕这株古槐布置。布局时应先从园之功能和意境出发并结合用地特征来确定宾主之位。假山必须根据其在总体布局中之地位和作用来安排。最忌不顾大局和喧宾夺主。

确定假山的布局地位以后，假山本身还有主从关系的处理问题。《园冶》提出："独立端严，次相辅强"就是强调先定主峰的位置和体量，然后辅以次峰和配峰。苏州有的假山师傅以"三安"来概括主、次、配的构图关系。这种构图关系可以分割到每块山石为止。不仅在某一个视线方向如此，而且要求在可见的不同景面中都保持这种规律性。

（5）三远变化，移步换景

假山在处理主次关系的同时还必须结合"三远"的理论来安排。宋代郭熙《林泉高致》说："山有三远。自山下而仰山巅谓之高远；自山前而窥山后谓之深远；自近山而望远山谓之平远。"又说："山近看如此，远数里看又如此，远十数里又如此，每远每异，所谓山形步步移也。山正面如此，侧面又如此，背面又如此，每看每异，所谓山形面面看也。如此是一山而兼数百山之形状，可得不悉乎？"

假山在处理"三远"变化时，高远、平远比较易，而深远做起来却不易。它要求在游览路线上能给人山体层层深厚的观感。这就需要统一考虑山体的组合和游览路线两个方面。环秀山庄的湖石假山并不像某些园林以奇异的峰石取胜。清代假山匠戈裕良从整体着眼，局部着手，在面积很有限的地盘上掇出近似自然的石灰岩山水景。整个山体可分三部分，主山居中而偏东南，客山远居园之西北角，东北角又有平岗拱伏，这就有了布局的"三远"变化。就主山而言又有主峰、次峰和配峰的安置，它们也是呈不规则三角形错落相安的。主峰比次峰高 1m 多，次峰又比配峰高，因此高远的变化也初具安排。而难能可贵的还在于有一条能最大限度发挥山景"三远"变化的游览路线贯穿山体。无论自平台北望或跨桥、过栈道、进山洞、跨谷、上山均可展示一幅幅的山水画面。既有"山形面面看"，又具"山形步步移"。假山不同于真山，多为中、近距离观赏，因此主要靠控制视距奏效。此园"以近求高"，把主要视距控制在 1∶3 以内，实际尺度并不很大，而身历其境却有如置身深山幽谷之中，达到了"岩峦洞穴之莫穷，涧壑坡矶之俨是"的艺术境界，堪称湖石假山之极品。

（6）远观山势，近看石质

"远观势，近观质"也是山水画理。这里既强调了布局和结构的合理性，又重视细部处理。势指山水的形势，亦即山水的轮廓、组合与所体现的动势和性格特征。置石掇山亦如作文。一石即一字，数石组合即用字组词，由石组成峰、峦、洞、壑、坡、矶等组合单元则如造句。由句成段落即类似一部分山水景色。然后由各部山水景组成一整篇文章，这就像造一个整园子。园之功能和造景的意境结合便是文章的命题。这就是"胸中有丘壑"的内容。

合理的布局和结构还必须落实到假山的细部处理上。这就是"近看质"的内容，与石质和石性有关。如果说得更简单一些，至少要分出竖纹、横纹和斜纹几种变化。掇山置石必须讲究效法才能做到"掇山莫知山假"。

（7）土石结合，树石相生

土山少势，岩山枯板。一般而言大山多石，小山宜土。"土石二物，原不相离，石山离土，则草木不生，是童山矣"。

（8）寓情于石，情景交融

假山很重视内涵与外表的统一，常运用象形、比拟和激发联想的手法造景。所谓"片山有致，寸石生情"也是要求无论置石或掇山都讲究"弦外之音"。中国自然山水园的外观是力求自然的，但就其内在的意境而言又完全受人的意识支配。这包括长期相为因循的"一池三山""仙山琼阁"等神仙境界的意境；"峰虚五老""狮子上楼台""金鸡叫天门"等地方性传统程式；"十二生肖"及其他各种象形手法；"武陵春色"寓意隐逸或典故的追索。

7.3.3 假山基本施工结构

7.3.3.1 基础施工

最理想的假山基础是天然基岩，否则就需人工立基。基础的做法有以下几种。

（1）桩基

这是一种古老的基础做法，至今仍有实用价值，特别是在水中的假山和假山石驳岸。具体做法可参考驳岸桩基做法。

（2）灰土基础

北方园林中位于陆地上的假山多采用灰土基础。石灰为气硬性材料，在北方灰土基础有较好的凝固条件。灰土凝固后具有不透水性，可有效防止冻涨现象。灰土基础的宽度应比假山底面宽0.5m左右，术语称为"宽打窄用"。保证假山的压力沿压力分布的角度均匀地传递到素土层。灰槽深度一般为50~60cm。2m以下的假山一般是打一步素土，一步灰土，夯实为15cm厚度左右。2~4m高的假山用一步素土、两步灰土，以后每增加2m基础增加一步。石灰一定要选用新出窑的块灰，在现场泼水化灰。灰土的比例采用3∶7。

（3）混凝土基础

现代假山多采用浆砌块石或混凝土基础。浆砌块石基础也叫毛石基础，砌石时用M5.0水泥砂浆；混凝土基础广泛实用于各种场合。对于水中假山，混凝土基础应与水池的地面混凝土同时浇注形成整体。

假山上种植有高大树木时，为了能使其根系从基底土壤中吸收水分，通常需在种植位置下基础留白。

如果山体是在平地上堆叠的，则基础平面应低于周围地平面至少20cm。山体堆叠成形后再回填土，既隐蔽了基础，又可沿山体边沿栽种花草，使山体与临近地面的过渡更加生动自然。

7.3.3.2 拉底

在假山施工中的拉底，就是在假山基础上叠置最底的自然假山石，选用大块的山石拉底，具有坚实耐压、永久不坏的作用，同时因为这层山石大部分在地面或水面以下，但仍有一小部分露出，为山景的一部分，而假山的空间变化却立足于这层，所以古代叠山匠师把拉底看作是叠山之本。

拉底山石不需要形态特别好，但要求耐压，有足够的强度。通常用大块山石拉底，避免用过度风化的山石。

从拉底施工开始，假山的造型和结构安全已成为施工活动的两大主要问题，拉底操作的施工要点如下：

(1) 统筹向背

向即主要观赏面，背即次要观赏面或视线不可及的面。统筹向背，即根据立地的造景条件，特别是游览路线和风景透视线的关系，统筹确定假山的主次关系。根据主次关系安排假山组合的单元，从假山组合单元的要求来确定底石的位置和发展的体势。要精于处理主要视线方向的画面以作为主要朝向。然后照顾次要的朝向，简化地处理那些视线不可及的一面，扬长避短，忌面面俱到。

(2) 曲折错落

假山底脚的轮廓线一定要打破一般砌直墙的概念。要破平直为曲折，变规则为错落。在平面上要形成具有不同间距、不同转折半径、不同宽度、不同角度和不同支脉的变化。或为斜八字形，或为各式曲尺形。有的转势缓，有的转势急，曲折而置，错落相安。为假山的虚实、明暗的变化创造条件。

(3) 断续相间

假山底石所构成的外观不是连绵不断的。要为中层做出"一脉既毕，余脉又起"的自然变化做准备。因此在选材和用材方面要灵活运用。或因需选材，或因材施用。用石之大小和方向要严格地由纹理的延展来决定。大小石材成不规则的相间关系安置。或小头向下渐向外挑，或相邻山石小头向上预留空档以便往上卡接。或从外观上做出"下断上连""此断彼连"等各种变化。

(4) 紧连互咬

外观上要有断续的变化而结构上却必须一块紧连一块，接口力求紧密，最好能互相咬住。要尽可能争取做到"严丝合缝"。因为假山的结构是"集零为整"，结构上的整体性最为重要。它是影响假山稳定性的又一重要因素。假山外观所有的变化都必须建立在结构上重心稳定、整体性强的基础上。实际上山石水平向之间是很难完全自然地紧密相连的。这就要借助于小块的石头打入石间的空隙部分，使其互相咬住，共同制约，最后连成整体。

(5) 垫平安稳

基石大多数都要求以大而水平的面朝上，这样便于继续向上垒接。为了保持山石朝上面水平，常需要在石之底部用"刹"垫平以保持重心稳定。北京假山师傅掇山多采用满拉底石的办法，在假山的基础上满铺一层。而南方一带没有冻胀的破坏，常采用先拉周边底石再填心的办法。

7.3.3.3 中层

即底石以上、顶层以下的部分,这是占体量最大、触目最多的部分。用材广泛,单元组合和结构变化多端。可以说是假山造型的主要部分。

(1) 叠石的过程

假山堆叠无论其规模大小都是由一块块形状、大小不一的山石拼叠起来的。施工过程中应对每一块石料的特性有所了解,观察其形状、大小、重量、纹理,脉络、色泽等,并熟记在心,在堆叠时先在想象中进行组合拼叠,然后在施工时能信手拿来并发挥灵活机动性,寻找合适的石料进行组合。掇山造型技艺中的山石拼叠实际上就是相石拼叠的技艺。其过程顺序是相石选石→想象拼叠→实际拼叠→造型相形,而后从造型后的相形回到相石选石过程,如此反复循环,直到整体的堆叠完成。

(2) 中层施工的技术要点

①接石压茬 山石上下的衔接也要求严密。上下石相接时除了有意识地大块面闪进以外,避免在下层石上面闪露一些很破碎的石面。假山师傅称为避茬,认为"闪茬露尾"会失去自然气氛而流露出人工的痕迹。这也是皴纹不顺的一种反映。但这也不是绝对的,有时为了做出某种变化,故意预留石茬,待更上一层时再压茬。

②偏侧错安 即力求破除对称的形体,避免成四方形、长方形或等边三角形。要因偏得致,错综成美。要掌握各个方向呈不规则的三角形变化,以便为向各个方向的延展创造基本的形体条件。

③厂立避"闸" 山石可立、可蹲、可卧,但不宜像闸门板一样厂立。厂立的山石很难与一般布置的山石相协调,而且往上接山石时接触面往往不够大,因此也影响稳定。但这也不是绝对的,自然界也有厂立如闸的山石。特别是作为余脉的卧石处理等,但要求用得巧。有时为了节省石材而又能有一定高度,可以在视线不可及之处以立山石空架上层山石。

④等分平衡 拉底石时平衡问题表现不显著,掇到中层以后,平衡的问题就很突出了。《园冶》所谓"等分平衡法"和"悬崖石使其后坚"是此法的要领。无论是挑、拷、垂等,凡是重心前移者,必须用数倍于前沉的中立稳压内侧,把前移的重心再拉回到假山的重心线上。

(3) 叠石的技术措施

①压 "靠压不靠拓"是叠山的基本常识。叠石拼叠,无论大小,都是靠山石本身重量相互挤压而牢固的,水泥砂浆只是一种补强和填缝的作用。

②刹 为了安置底面不平的山石,在找平山石顶面以后,在石块底下不平处垫以一块至数块控制平稳和传递中立的垫片,北方假山师傅称为刹,江南假山师傅称为垫片或重力石。山石施工语有"见缝打刹"之说,刹要选用坚实的山石,在施工前就打成不同大小的斧头片以备随时选用。打刹一定要找准位置,尽可能用数量最少的刹片求得稳定,打刹后用手推试一下是否稳定,至于两石之间不着力的空隙也要适当地用块石填充。详见 7.3.1.3。

③对边　叠山需要掌握山石的重心,应根据底边山石的中心来找上面的重心位置,便于保持上、下山石的平衡。

④搭角　石工操作有"石搭角"的术语,这是指石与石之间的衔接,特别是用山石发券时,只要能搭上角的,便不会发生脱落倒塌的危险。搭角时应使两旁的山石稳固,以承受做发券山石对两边的侧向推力。

⑤防断　对于较瘦长的石料应注意山石缝隙,如果石料间有夹沙层或过于透漏,则容易断裂,这种山石在吊装过程中容易发生危险,此外这种山石也不宜做悬挑石用。

⑥忌磨　叠石"怕磨不怕压"。叠石数层以后,其上在行叠石时如果位置没有放准确,需要就地移动一下,则必须把整块石料悬空吊起,不可将石块在山体上磨转移动去调整位置,否则会因带动下面石料同时移动,而造成山体倾斜倒塌。

⑦铁活加固　铁活加固必须在山石重心稳定的前提下使用,铁活常用熟铁或钢筋制成,铁活要求用而不露,不易发现。

⑧勾缝和胶结　掇山之事虽在汉代已有明文记载,但宋代以前假山的胶结材料已难以考证。不过,在没有发明石灰以前,只可能在干砌或用素泥浆砌。从宋代李诫撰《营造法式》中可以看到用灰浆泥假山,并用粗墨调色勾缝的记载,因为当时风行太湖石,宜用色泽相近的灰白色灰浆勾缝。从一些拆迁明、清的假山来看,勾缝的做法尚有桐油石灰(或加纸筋)、石灰纸筋、明矾石灰、糯米浆拌石灰等多种,湖石勾缝再加青煤,黄石勾缝后刷铁屑装置盐卤等,使之与石色相协调。现代一般使用水泥砂浆勾缝,通常用"柳叶抹",有勾明缝和勾暗缝两种做法。勾明缝不宜超过20mm宽,如缝过宽可用随形石块填缝后再勾。砂浆可适当掺加矿物质颜料随山石色,勾缝时随勾随用毛刷带水打点,尽量不显抹纹、压楂痕迹。暗缝应凹入石面15~20mm,外观越细越好。一般6m以下的假山,可待封顶后,从上到下一次勾缝。6m以上每增高2层(3~4m)勾1次缝为好。

(4)造型艺术要求

石不可杂,纹不可乱、块不可均、缝不可多。石料通过拼叠组合、或使小石变成大石,或使石形造成山形,这需要进行一定的艺术处理,以使石块之间浑然一体,做假成真。故在叠山过程中要注意以下几个方面:

①同质　山石拼叠组合时,其品种质地要一致。应当遵循自然山川岩石构成的规律。同一石壁上的山石在品种、质地上总是一样的。不同石料的石性特征不同,混于一处,势必假象毕露,无论怎么拼叠,也不会成为一个整体。

②同色　即使是同一种石质,其色泽相差也大。如湖石类中就有灰黑色、灰白色、褐黄色以及青色等色泽;黄石除深黄色、淡黄色外,还有暗红色和灰白色等。所以,叠石时石料不仅要相同,在色泽上也要力求一致。

③接形　将各种形状的山石外形互相组合拼叠起来,既有变化而又浑然一体,这就是接形。在叠石造山这门技艺中,造型的艺术性是第一位的。因此,选石及造型绝不能一味地追求石块外形有多大。但如果石料太小也不好,因为块型小,人工拼叠的石缝就多,接缝一多,山石拼叠不仅费时费力,而且外形上也显得过于破碎。

④合纹　形是山石的外观,纹是指山石表面的内在纹理脉络。当山石在相互组合拼叠时,合纹就不仅是山石原有的内在纹理、脉络的沟通衔接,实际上还包括山石拼叠时的外

面的接缝处理。也就是说,当石料处于单独状态时,外形的变化是外在表现,而当石块与石块相互组合拼叠时,山石间石缝对整体而言就成了山石的内在纹理脉络。这种以石形带石纹的山石拼叠的技艺手法就叫作合纹。叠石造山特别强调以形就纹,以纹放形。因此叠山施工中,横纹石块常采用横行叠置,层层向上堆叠,可以形成流动、飘逸、险峻之势;竖纹拼叠的山体脉络多成竖向运动,常用竖向的石缝来加强山体竖向纹理的挺拔和变化,山石造型气势挺拔,给人以刚劲有力的感觉。此外还有环透拼叠、扭曲拼叠等合纹放形的方法。

⑤过渡 假山的施工,通常是在千百块石料的拼叠组合过程中进行的。这千百块石料在色泽、纹理、外形上必然会有所差异。因此在叠石时应注意山石不同部位间的色彩、外形、纹理等方面有所过渡,使其变化逐渐发生,可使山体具有整体性并自然生动。

(5)山石接体的基本形式

假山虽有峰、峦、洞、壑等各种组合单元的变化,但就山石相互之间的结合而言却可以概括为十多种基本的形式。这就是在假山师傅中有所流传的"字诀"。如北京的"山子张"张蔚庭老先生曾经总结过"十字诀",即安、连、接、斗、挎、拼、悬、剑、卡、垂。此外,还有挑、飘等。江南一带则流传9个字,即叠、竖、垫、拼、挑、压、钩、挂、撑。两者比较,有些是共有的字,有些即使称呼不一样但实际上是一个内容。由此可见我国南北的匠师同出一源,一脉相承,大致是从江南流传到北方,并且互有交流。

①安 是安置山石的总称。放置一块山石叫作"安"。特别强调这块山石放下去要安稳。其中又分单安、双安和三安(图7-15)。双安指在两块不相连的山石上面安一块山石,下断上连,构成洞变化。三安则是于三石上安一石,使之形成一体。安石又强调要"巧安",即本来这些山石并不具备特殊的形体变化,而经过安石以后可以巧妙地组成富于石形变化的组合体,亦即《园冶》所谓"玲戏安巧"的含义。苏州某些假山师傅对"三安"有另一种解释,把三安当作布局、取势和构图的要领。说三安是把山的组合划分为主、次、配3个部分,每座山及其局部亦可依次三分,一直可以分割到单块的石头。认为这样即可着眼于远观的总体效果,又注意到每个局部的近看效果,使之具有典型的自然变化。

图7-15 安

②连 山石之间水平向衔接称为"连"。"连"要求从假山的空间形象和组合单元来安排,要"知上连下",从而产生前后左右参差错落的变化,同时又要符合纹分布的规律(图7-16)。

③接 山石之间竖向衔接称为"接"。"接"既要善于利用天然山石的茬口,又要善于补救茬口不够吻合的所在。最好是上下茬口互咬,同时不因相接而破坏了石的美感。接石要

根据山体部位的主次依纹结合。一般情况下是竖纹和竖纹相接，横纹和横纹相接。但有时也可以以竖纹接横纹，形成相互间既有统一又有对比衬托的效果(图7-17)。

④斗　置石成向上拱状，两端架于二石之间，腾空而起，若自然岩石之环洞或下层崩落形成的孔洞。北京故宫乾隆花园第一进庭院东部偏北的石山上，可以明显地看到这种模拟自然的结体关系。一条山石蹬道从架空的谷间穿过，为游览增添了不少险峻的气氛(图7-18)。

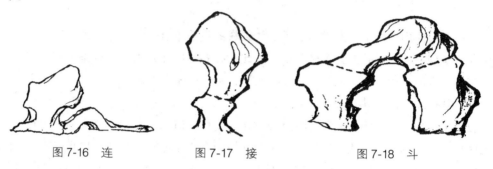

图7-16　连　　　　　图7-17　接　　　　　图7-18　斗

⑤挎　如山石某一侧面过于平滞，可以旁挎一石以全其美，称为"挎"。挎石可利用茬口咬压或上层镇压来稳定。必要时加钢丝绕定。钢丝要藏在石的凹纹中或用其他方法加以掩饰(图7-19)。

⑥拼　在比较大的空间里，因石材太小，单独安置会感到零碎时，可以将数块以至数十块山石拼成一整块山石的形象，这种做法称为"拼"。例如，在缺少完整石材的地方需要特置峰石，也可以采用拼峰的办法。例如，南京莫愁湖庭院中有两处拼峰特置，上大下小，有飞舞势，俨然一块完整的峰石，但实际上是数十块零碎的山石拼掇成的。实际上这个"拼"字也包括了其他类型的结体，但可以总称为"拼"(图7-20)。

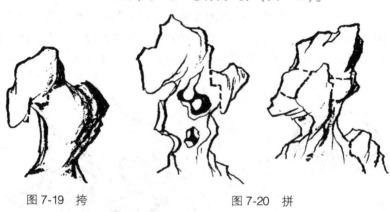

图7-19　挎　　　　　图7-20　拼

⑦悬　在下层山石内倾环拱环成的竖向洞口下，插进一块上大下小的长条形的山石。由于上端被洞口扣住，下端便可倒悬当空。多用于湖石类的山石模仿自然钟乳石的景观。黄石和青石也有"悬"的做法，但在选材和做法上区别于湖石。它们所模拟的对象是竖纹分布的岩层，经风化后部分沿节理面脱落所剩下的倒悬石体(图7-21)。

⑧剑　以竖长形象取胜的山石直立如剑的做法。峭拔挺立，有刺破青天之势。多用于各种石笋或其他竖长的山石。北京西郊所产的青云片亦可剑立，现存海淀区礼王府中之庭园以

青石为剑，很富有独特的性格。立"剑"可以造成雄伟盎然的景象，也可以做成小巧秀丽的景象。因境出景，因石制宜。作为特置的剑石，其地下部分必须有足够的长度以保证稳定。一般石笋或立剑都宜自成独立的画面，不宜混杂于它种山石之中，否则很不自然。就造型而言，立剑要避免"排如炉烛花瓶，列似刀山剑树"，假山师傅立剑最忌"山、川、小"。即石形像这几个字那样对称排列就不会有好效果(图7-22)。

图7-21　悬

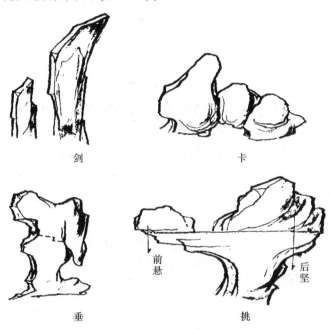

图7-22　剑、卡、垂、挑

⑨挑　"下层由两块山石对峙形成上大下小的楔悬一石。再之不能也。予以平衡法将前悬分散后坚，仍以长条堑里石压之，能悬数尺。"叙述了"挑"的要领。挑有单挑、担挑和重挑之分。如果挑头轮廓线太单调，可以在上面接一块石头来弥补。这块石头称为"飘"。挑石每层约出挑相当于山石本身重量1/3的长度。从现存园林作品中来看，出挑最多的约有2m多。"挑"的要点是求浑厚而忌单薄，要挑出一个面来才显得自然。因此要避免成直线地向一个方向挑。再就是巧安后坚的山石，使观者但见"前悬"而不一定观察到后坚用石。在平衡重量时应把前悬山石上面站人的荷重也估计进去，使之"其状可骇"而又"万无一失"(图7-22)。

⑩撑　即用斜撑的力量来稳固山石的做法。要选取合适的支撑点，使加撑后在外观上形成脉络相连的整体。扬州个园的夏山洞中，做"撑"以加固洞柱并有余脉之势，不但统一地解决了结构和景观的问题，而且利用支撑山石组成的透洞采光，很合乎自然之理。

应当着重指出，以上这些结体的方式都是从自然山石景观中归纳出来的。例如，苏州天平山"万笛朝天"的景观就是"剑"所宗之本，云南石林之"千钧一发"就是"挑"的自然景观，苏州大石山的"仙桥"就是"撑"的自然风貌等。因此，不应把这些字诀当作僵死的教条或公式，否则便会给人矫揉造作的印象。

7.3.3.4 收顶

收顶即处理假山最顶层的山石,具有画龙点睛的作用。叠筑时要用轮廓和体态都富有特征的山石,注意主从关系。收顶一般分峰、峦和平顶3种类型。尖曰峰,圆曰峦,山头平坦则曰顶。峦顶多用于土山或土多石少的山;平顶适用于石多土少的山;峰顶常用于岩石。峦顶多采用圆丘状或因山岭走势而有些伸展。平顶多采用平台式、亭台式等,可为游人提供一个赏景活动的场所,其外围仍可堆叠山石以形成石峰、石崖等,但须坚固。峰顶根据造型特征可分为5种:剑立式、斧立式、斜劈式、流云式、悬崖式。

7.3.3.5 做脚

做脚就是用山石堆叠山脚,它是在掇山施工大体完成以后,于紧贴拉底石外缘部分拼叠山脚,以弥补拉底造型的不足。根据主山的上部造型来造型,即要表现出山体如同土中自然生长的效果,又要特别增强主山的气势和山形的完美。山脚的造型应与山体造型结合起来考虑,施工中的做脚形式主要有:凹进脚、凸出脚、断连脚、承上脚、悬底脚、平板脚等造型形式。当然,无论是哪种造型形式,它在外观应当是山体向下的延续部分,与山体是不可分割的整体。即使采用断连脚、承上脚的造型,也还要"形断势连,势断气连",在气势上连成一体。

做脚方法:具体做脚时可以采用点脚法、连脚法或快面脚法。

7.3.4 假山施工技法

7.3.4.1 施工流程

假山制模→准备石料→施工放线→挖槽→基础施工→拉底→中层施工→扫缝→收顶与做脚→验收保养。

7.3.4.2 各环节施工方法

(1)假山制模

假山施工前首先要按设计方案塑造好模型,使设计立意变为实物形象,再进一步完善设计方案。模型常用1∶10~1∶50的石膏模型,其用料及制作工艺见表7-1所列。

表7-1 假山模型工艺表

工 序	用 料	操作方法
底盘制作	木料(板)	按1∶10~1∶50的比例,用木器厂板制作假山平面板一个,在板面上刻画(50mm×50mm方格网)
塑 造	木柱 麻丝 石膏粉	假山平面板上,按山峰标高竖立木柱。将麻丝缠扎在木柱上,然后把石膏粉用水拌和糨糊状稠液涂抹其上。如此多次涂塑,使山体形成,再用刀具反复修整,假山模型就基本成功
刷 浆	石膏浆	用排笔蘸石膏浆通刷模型

(续)

工 序	用 料	操作方法
着 色	铬绿 墨汁	将铬绿用水拌和，加入墨汁和少许石膏粉，然后用毛刷蘸颜色通刷模型和底盘
刻画坐标网	小刀 小钢条 锯条	按 1∶10~1∶50 的比例在山体刻画 50mm×50mm 坐标网

(2) 准备石料

① 石料的选购　根据假山设计意图及设计方案所确定的石材种类，由负责施工的假山师傅亲自到山石的产地进行选购。依据山石产地石料的形态特征，与想象中先行拼凑出哪些石料可用于假山的何种部位，并通盘考虑山石的形状与用量。石料有新、旧、半新半旧之分。采自山坡的石料，由于暴露地面，经长期的风吹、日晒、雨淋，自然风化程度深，属旧石，用来叠石造山，易取得古朴、自然的良好效果。而从土中挖出的石料，表面有一层土锈，用这种石料堆山，需经长期风化剥蚀后，才能达到旧石的效果。有的石头一半露出地面，一半埋于底下，则为半新半旧之石。应尽量选购旧石，少用半新半旧之石，避免使用新石。到山地选购石料还有通货石和单块峰石之别。通货石是指不分大小好坏，混合出售的石头。选购通货石不必一味地求大、求整，因为石料过大、过整都会影响假山的造型变化，不一定用得上。当然过碎、过小也不好，会产生过多的石缝而使人工的痕迹更加明显。

实际上叠石造山时大多数情况下山石只有一个面是向外的，其他的石面看不到。因此，对于那些稍有破损的山石也不必全部排除。总之，选购通货石的原则大体上是：大小搭配，形态多变，石质、石色、石纹力求基本相同。单块峰石造型—单块成形。购买时以单块论价出售。单块峰石四面可观者为极品，三面可观者为上品，前后两面可观者为中品，一面可观者为末品。可根据假山山体的造型即峰石安置的位置，考虑选购一定数量的峰石(图 7-23)。

② 石料的运输　石料的运输，特别是湖石的运输，最重要的是防止石料被损坏。在装卸过程，宁可慢一些，多费一些人力、物力，也要尽力保护好石料的石皮。峰石的运输中更要注意保护。一般在运输车中放置黄沙或虚土厚约 20cm，而后将峰石仰卧在沙土上，这样可以保证峰石的安全。

③ 石料的分类　石料运输到工地后应平放在地面上，以供相石方便。然后再将石料分门别类，进行有次序的排列放置。

第一，形态好的单块峰石应放

图 7-23　假山石的准备及堆放

在离施工场地较远并安全的地方,以防止其他石料在使用吊装的过程中与之发生碰撞而损坏。

第二,其他石料可按其不同的形态、作用和施工造型的先后顺序合理放置。

第三,要使每一块石料的大面,即最具形态特征的一面朝上,以便施工时不需要翻动就能辨认和取用。

第四,石料的排列要有次序。通常2~3块为一排,成竖向条形置于施工场地。条与条之间应留有通道,便于搬运石料。

第五,从叠石造山大面的最佳观赏点到山石拼叠的施工场地之间,一定要保证其空间地面的平坦并无任何障碍物。其间的距离通常应为假山高度的3.5倍左右。观赏点又叫假山师傅的"定点"位置。假山师傅每堆叠一块石料,都要从堆叠山石处退回到"定点"的位置上进行相形,这是保证叠石造山大面造型的一个重要步骤。

(3)**施工放线**

按设计图纸确定的位置与形状在地面上放出假山的外形形状。一般基础施工比假山的外形要宽,特别是在假山有较大的外挑时,一定要根据假山的重心位置来确定基础的大小,需要放宽的幅度会更大。

(4)**挖基础槽**

根据基础的大小与深度开挖。多采用人工挖方,挖至基本标高后,要将基土夯实。

(5)**基础施工**

具体做法参考7.3.3.1。

(6)**拉底与中层施工**

假山中层叠石见图7-24。

(7)**勾缝**

现代一般用1:1的水泥砂浆勾缝,勾缝用小抹子,有勾明缝和暗缝两种做法,一般水平方向勾明缝,竖直方向采用暗缝。勾缝时不宜过宽,最好不要超过2cm,如缝过宽,可用石块填充后再勾缝(图7-25)。

图7-24 假山中层叠石

图7-25 假山勾缝

(8)**收顶与做脚**

具体做法参见7.3.3.4节和7.3.3.5节。

(9) 验收保养

工程竣工后应加紧检查验收，及时交付使用，验收合格后，签订正式的验收证书，即移交给使用单位或保养单位进行正式的保养管理工作。

7.3.4.3 施工中应注意的问题

①做好施工前的准备工作。在假山施工开始之前，需要做好一系列的准备工作，才能保证工程施工的顺利进行。施工准备主要有备料、场地准备、人员准备及其他工作。

②工期及工程进度安排要适当。

③施工应注意先后顺序，应自后向前，由主及次，自下而上分层作业。保证施工工地有足够的作业面，施工地面不得堆放石料及其他物品。

④交通路线要最佳安排。施工期间，山石搬运频繁，必须组织好最佳的运输路线，并保证路面平整。

⑤施工中切实注意安全，严格按操作规程进行施工。不懂电气和机械的人员，严禁使用和摆弄机电设备。

⑥持证上岗。严格检查各类持证上岗人员的资格。

⑦切实保证水、电供应。

⑧须有坚固耐久的基础。基础不好，不仅会引起山体开裂、破坏、倒塌，还会危及游客的生命安全，因此必须安全可靠。

⑨山石材料要合理选用。山石的选用是假山施工中一项很重要的工作。要将不同的山石选用到最合适的位点上，组成最和谐的山石景观，对于结构承重用山石要保证有足够的强度。

⑩叠山要注意同质、同色、合纹，接形、过渡要处理好。

⑪在叠石造山施工中，忌对称居中、重心不稳、杂乱无章、纹理不顺、刀山剑树、铜墙铁壁、鼠洞蚁穴、叠罗汉等通病。

⑫搭设或拆除的安全防护设施、脚手架、起重机械设备，如当天未完成，应做好局部的收尾，并设置临时安全措施。

⑬高处作业时，不准往下或向上乱抛材料和工具等物件。

⑭注意按设计要求边施工边预埋各种管线，切忌事后穿凿，松动石体。

⑮安石争取一次到位，避免在山石上磨动。

⑯掇山完毕后应重新复检设计（模型），检查各道工序，进行必要的高速补漏，冲洗石面，清理现场。如山上有种植池，应填土施底肥，种树、植草一气呵成。

7.3.4.4 假山与水景结合时的施工要点

假山与水景结合的施工要点是防渗漏。北方有打两步灰土以预防的做法。而叠石的处理方法为："凡处块石，俱将四边或三边压掇。若压两边，恐石平中有损。如压一边，即罅稍有丝缝，水不能注。虽做灰坚固，亦不能止，理当斟酌。"在做好防渗漏的同时，注意按设计要求边施工，边预留水路孔洞。

7.3.4.5 成品保护

掇山完毕后,重视黏结材料混凝土的养护期,没有足够的强度不允许拆模或拆支撑。在凝固期间,要加强管理,禁止游人靠近或爬上假山上游玩,一旦摇动则胶结料失效,山石脱落,发生危险。凝固期过后,要冲洗石面,彻底清理现场,才能对外开放,接待游人。

7.4 园林塑石、塑山施工

7.4.1 常见塑石、塑山的种类和应用

塑山即是在传统灰塑山石和假山的基础上运用水泥、混凝土、玻璃钢、有机树脂等现代材料和石灰、砖等传统材料通过人工塑造的山石、假山,具有用真石掇山、置石的功能。塑山、塑石可省采石、运石之功,造型不受石材的限制,体量可大可小,整体性好,此外塑石还具有施工期短和见效快的特点,但它近观质感效果差,容易产生细小的裂痕,表面的皱纹的变化不如自然山石丰富。塑山根据其骨架材料的不同,可分为:

(1) **砖骨架塑山**

即以砖作为塑山的骨架。适用于小型的塑山及塑石。

(2) **钢骨架塑山**

即以钢材作为塑山的结构骨架,适用于大型塑山、屋顶花园塑山。实践中骨架应用比较灵活,可根据山形、荷载大小、骨架高度和环境的情况而采用混合骨架、砖骨架、砖骨架以及混凝土骨架并用的形状(图 7-26)。

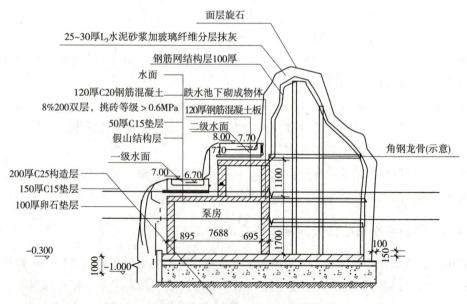

图 7-26 钢骨架塑山框架

7.4.2 塑石、塑山的施工方法

7.4.2.1 砖骨架塑山

(1) 施工流程

基础施工→砌筑砖骨架→打底抹面→造型→上色→成品保护。

(2) 施工要点及注意事项

①基础施工 基础施工时，塑山范围内基础满打(铺满)灰土或混凝土基础。基础的厚度按各处荷载的大小根据设计确定。放线时要按塑山轮廓找准线点。

②砌筑砖骨架 骨架设置施工中砌筑整个山体的支撑体系，并在此基础上进行山体外形的塑造。砖骨架常用机制砖，M5水泥砂浆砌筑。砖骨架砌筑必须严格按照高度、外形进行施工。

③打底抹面 打底抹面是塑山造型最重要的环节，骨架完成常用M7.5的混合砂浆打底造型，反复加工，使造型、纹理、塑体和表面刻画基本上接近模型。然后在塑体表面细致地刻画石的质感、色泽、纹理和表层特征。质感和色泽根据设计要求，用石粉、色粉按适当比例配白水泥或普通水粉调成砂浆，按粗糙、平滑、拉毛等塑面手法处理。纹理刻画宜用"写意"手法，概括简练；自然特征的处理宜用"工笔"手法，精雕细琢。

④造型上色 造型主要是对砌筑好的砖面经抹灰后按要求制作出假山的外表，如一些纵向横向纹理。上色一般在塑面水分未干透时进行，根据石色要求刷或喷涂非水溶性颜料，基本色调也可用颜料粉和水泥加水拌匀，逐层洒染。在石缝孔洞或凹进角部位略洒稍深的色调，待塑面九成干时，在凹陷处洒上少许绿、黑或白等大小、疏密不同的斑点，以增强立体感和自然感。各种石色色浆的配合比可参考表7-2。

表 7-2 各种石色色浆的配合比可参考表　　kg

用量 仿色	白水泥	普通水泥	氧化铁黄	氧化铁红	硫酸钡	107胶	黑墨汁
黄石	100		5	0.5		适量	适量
红色山石	100		1	5		适量	适量
通用石色	70	30				适量	适量
白色山石	100				5	适量	

7.4.2.2 钢骨架塑山

(1) 施工流程序

基础施工→设置骨架→铺设钢丝网→打底抹面→上色→成品保护。

(2) 施工要点及注意事项

①基础施工 柱基础多用混凝土现浇，应当保证钢柱构件预埋入的位置和深度。基础施工时要在基底安装配好的钢筋，并预留有焊接点(条)。

②设置骨架　骨架多以内接的几何形体为构架，作为整个山体的支撑体系，施工中应在主骨架的基础上加密支撑体系的框架密度，使框架的外形尽可能接近设计的山体形状。骨架多用角钢、工字钢或槽钢，焊接或拴接，所有金属构件应刷防锈漆 2 道。

③铺设钢丝网　钢丝网在塑山中主要起成型及挂泥的作用，应选择易于挂泥的材料。铺设之前先做分块钢架附在形体简单的钢骨架上并焊牢，变几何形体为凸凹的自然外形，其上再挂钢丝网。钢丝网根据设计造型用木锤及其他工具成型。钢丝网的选择一般以目数确认，常用 100 目或以上目数。

④打底抹面　成形后应先抹白水泥麻刀灰两遍，在堆抹 C20 豆石混凝土打底。然后在其上用 M15 水泥砂浆罩面塑造山石的自然。边塑边改皴纹，最终应使各个局部都能够显示出自然山石的质感。

⑤上色　上色方法同砖骨架塑山。由于刚性塑山多为大型构筑体，上色时多用喷色方式，喷色中要注意明面与暗面的不同，色彩有深有浅、有浓有厚，要积累经验。

⑥成品保护　上色后的塑山除加固保护外，还需根据天气、温度、风吹等情况适当保养。如果塑形好后有雨或强度阳光，宜采用加盖物件（防雨布、防晒膜等）方法加以保护。

7.4.2.3　GRC 工艺和 FRP 工艺

(1) GRC 工艺

GRC 是玻璃纤维强化水泥（glass fiber reinforced cement）的简称，或称 GFRC。其基本概念是将一种含氧化锌（ZnO_2）的抗碱玻璃纤维与低碱水泥砂浆混合固化后形成的一种高强的复合物。GRC 于 1968 年由英国建筑研究院（B. R. F.）马客达博士研究成功并由英国皮金顿兄弟公司（Pilkinean Brother Co.）将其商品化，后又用于造园领域。GRC 用于假山造景，是继灰塑、钢筋混凝土塑山、玻璃钢塑山后，人工创造山景的又一种新材料、新工艺。它具有可塑性好、造型逼真、质感好、易工厂化生产，材料重量轻、强度高、抗老化、耐腐蚀、耐磨、造价低、不燃烧、现场拼装施工简便的特点。可用于室内外工程。能较好地与水、植物等组合创造出美好的山水点景。目前我们采用的是喷吹式生产 GRC 山石构件。主要用来塑造假山雕塑喷泉瀑布等（图 7-27）。

GRC 用于塑山的主要特点表现在：

①山石造型、皴纹逼真。

图 7-27　GRC 塑石

②材料自身重量轻，强度高，抗老化且耐水湿，易工厂化生产。施工方法简便、快捷、造价低，可在室内外及屋顶花园等处广泛使用。

③造型设计、施工工艺较好，可塑性大，可满足各种特殊造型要求。

④GRC 塑山的工艺过程由组件成品的生产流程和山体的安装流程组成。

组件生产流程：原材料（低碱水泥、沙、水、添加剂）→搅拌、挤压→加入经过切割粉碎的玻璃纤维→混合或喷出→附着模具→压实→安装预埋件→脱模→表面处理→组件成品。

山体的安装流程：构架制作→各组件成品的单元定位→焊接→焊点→防锈→预埋管线→作缝→设施定位→面层处理→成品。

(2) FRP 工艺

继 GRC 之后，目前还出现了另一种新型塑山材料：玻璃纤维强化树脂（简称 FRP），是用不饱和树脂及玻璃纤维结合而成的一种复合材料。其特点是刚度好、质轻、耐用、价廉、造型逼真，同时还可以预制分割，方便运输，特别适用于大型、易地安装的塑山工程。其施工流程为：

泥模制作→翻制石膏→玻璃钢制作→模件运输→基础和钢框架制作安装→玻璃钢预制件拼装→修补打磨→油漆→成品。

①泥模制作　按设计要求放样制作泥模。一般在一定比例（多用 1∶15～1∶20）的小样基础上进行。

②翻制石膏　一般采用分割翻制，便于翻模和以后运输的方便。分块的大小和数量根据塑山的体量来决定，其大小以人工能搬动为好。每块按顺序标注记号。

③玻璃钢制作　玻璃钢原材料采用 191 号不饱和聚酯及固化体系，1 层纤维表面毡和 5 层玻璃布，以聚乙烯醇水溶液为脱模剂。要求玻璃钢表面硬度大于 34，厚度 4cm，并在玻璃钢背面粘 $\phi 8$ 的钢筋。制作时要预埋铁件以便安装固定之用。

④基础和钢框架制作安装　柱基础采用钢筋混凝土，其厚度不小于 80cm，双层双向 $\phi 18$ 配筋，C20 预拌混凝土。框架柱梁可用槽钢焊接，柱距 1m×(1.5～2)m。必须确保整个框架的刚度和稳定。框架和基础用高强度螺栓固定。

⑤玻璃钢预制件拼装　根据预制件大小及塑山高度，先绘出分层安装剖面图和分块立面图。要求每升高 1～2m 就要绘一幅分层水平剖面图，并标注每一块预制件四个角的坐标位置与编号，对变化特征之处要增加控制点。然后按顺序由下向上逐层拼装，做好临时固定。全部拼装完毕后，由钢框架伸出的角钢悬挑固定。

⑥打磨，油漆　拼装完毕后，接缝处用同类玻璃钢补缝、修饰、打磨，使其浑然一体。最后用水清洗，罩以土黄色玻璃钢油漆即可。

7.4.2.4 临时塑石施工

临时用塑石体量要求不大，耐用性要求也不高，量轻便于移动，因此往往应用于某些临时展览会、展销会、节庆活动地、商场影剧院等。

(1) 主要施工工具与材料

主要施工工具与材料见表 7-3。

表 7-3　临时塑石主要施工工具与材料表

项　目	材料名称	用　途
固定材料	竹签、回形针、细铁丝	加固构件
上色材料	红墨水、碳素墨水、氧化铁红、氧化铁黄、红黄广告色等	配　色
主要工具	小桶、灰批、羊毛刷、割纸刀、手推车等	制作用
其　他	电吹风	快速风干

（2）工艺流程

设计绘图→泡沫修形→加固胶黏→抹灰填逢→上色装饰→晾干保护。

（3）施工方法

①根据设计意图，确定主景面，选择石体大小。

②将泡沫逐一修形，并正确对形，要与所塑石种相像，满意后可用固定件固定，注意编号（图7-28）。

③所有泡沫修形后，组合在一起，再次与设计立面图、效果图比较，直至符合要求。用细铁丝加固定形，并于缝中加入胶黏剂。

④稍稳定后用白水泥浆（视景石需要色彩选择是用白水泥或普通水泥）抹灰3~5遍，直到看不见泡沫为止。待干后（通常3h，如急用可用电吹风吹干），进入下道工序（图7-29）。

⑤按设计要求配好色彩（图7-30），配色要认真细致，色彩饱满，无论哪种色彩均要加入少量红墨水和黑墨水作为色彩稳定剂。上色时，用羊毛刷蘸色料后在离塑石构件20~30cm处用手或铁件轻弹毛刷，使色料均匀撒于石上。要求弹色匀轻，色点分布均匀，不得有大块及"流泪"现象。

⑥上完色后，应将景石置于室外（天气好）晾干。

图7-28 用泡沫整形

图7-29 上白水泥浆

图7-30 上 色

📖 知识拓展

1. 景石保养小贴士

有些景石可适用于室内和室外，如黄蜡石、太湖石、青云片、钟乳石、陶彩石、水冲石、马安石等；对于某些深色石品，如三都石、太湖石、英石等。上述这些石品用于室内时变成石玩，养护这些石玩时要注意：先用水清洗干净，再用5%的盐酸液洗涤，8h后，还需用15%~20%的草酸液+适量洗衣粉洗1~2次，然后用纱团擦干，48h后，用专用明矾抹擦 2~3 遍，罩上密封塑料袋保养 7d。再打开，重上专用明矾抹擦 1~2 遍，保养 15d，即可展览。如这些石品仅是室外造景，可直接用光油或桐油上 1~2 遍即可。

2. 山石选石小贴士

在园林山石选用中有比较多的传统要求，如选择何种色彩、何种体量、何种石材，是水中石还是土中石，因此配置山石要看石之意、石之义。石还有稳重、浪漫之说，色彩中黑色山石、红色山石比较稳重，如墨石；浅蓝色、奶白色比较轻快浪漫；黄色石料比较沉醉，似黄金，如黄蜡石。另外，山石是"龙"的"骨"，由此布置景石要体现石之态、石之文、石之缘、石之美。

3. 景石题刻小贴士

景石的制作中还要讲究文化，即语言艺术在山石中的应用。方法是在石面上刻字、对联、诗文、词曲等。如制作成"棋盘石""琴石""缘字石"等。要在石面上刻字，不太容易，一般做法是：选择好刻字的石面，制作好脚手架后，再在刻字面上喷淋水多次，将石面淋足淋透，接着在石面上拓出要刻的文字，去掉拓纸，在文字周边画出字线。之后采用人工加机械方法细心谨慎雕刻。刻字毕后上色处理，可用化学色（油漆色），也可用传统色（植物色）。

🍃 实训与思考

1. 通过现场参观与调查，了解假山、置石在园林中的作用，假山与建筑、水体、植物等造园要素的结合，不同的置石方式在园林中的应用。通过实地考察进一步理解掇山和置石的理法、结构和山石结体方式，并且识别各类石品。

实训用具：钢卷尺、笔记本、绘图纸和笔。

完成一份实训报告：用 A4 纸完成。

2. 置石模型制作：

材料：发泡聚酯板、厚纸板（底板）、水粉颜料、黏合剂。

工具：电热刀、电烙铁、裁刀、毛刷等。

要求：用若干块景石，构成一组完善的石组。石质可仿太湖石、黄石、青石、黄蜡石等，景石不少于 7 块。1∶20~1∶50 绘置石的平面图、立面图。

3. 石山模型制作：

材料：发泡聚酯板、吹塑纸板、软木片、大孔泡沫海绵等。

工具：电热刀、电烙铁、裁刀、美工刀、剪子等。

要求：按图纸制作环境模型。在图纸给定的空间范围内设计石假山，画出平立面草图，按图制作石山模型，石品为北太湖石、灵璧石、黄石、青石等。按完成的石山模型，绘制出假山的平面图及四立面图（1∶50~1∶100）。

4. 塑山塑石实训：

材料：$\phi 5~12$ 钢筋、铅丝网（$\phi 5 \times 5$）、水泥、白水泥、颜料、中粗沙、细沙。

工具：钢丝钳、弯筋器、绑筋钩、泥灰。

要求：设计一组实用景石，可为树桩，用所提供材料将设计的景石或树桩制作出来。基层砂灰为 1∶30，面层为 1∶1~1∶1.5。注意进行混凝土保湿。

5. 阐述公园内假山、置石是如何与土山、建筑、水体等其他造园要素在造园实用功能上结合应用的。

6. 草测快绘建筑、假山和置石,绘出草测图(平面图、立面图和剖面图),并进行简要的分析,突出假山、景石在园林中的应用。

7. 园林景石如果要在石面上刻楹联,请说出其施工技术方法。

8. 请列出所在地区的主要石种及分析其用石特色。

学习测评

选择题:

1. 以下山石中色彩为浅蓝色的是(   )。
   A. 黄蜡石　　　　　B. 太湖石　　　　　C. 淘彩石　　　　　D. 菊花石

2. 适用于单点的景石要求(   )可观。
   A. 单面　　　　　　B. 多面　　　　　　C. 峦顶　　　　　　D. 峰脚

3. 假山中讲到基础、拉底、中层、收顶和做脚概念,其中拉底位于(   )之间。
   A. 收顶与中层　　　B. 中层与基础　　　C. 基础与坑基　　　D. 素土层与基坑

4. 园林室外景石常附有草根、泥土等杂物,清洗方法比较好的是(   )。
   A. 1%的硫酸溶液　　　　　　　　　　　B. 5%的盐酸+适量洗衣粉溶液
   C. 1.5%高锰酸钾溶液　　　　　　　　　D. 30%草酸溶液

5. 通过景石刻字体现一定的文化内涵,那么在刻字前应对此景石(   )。
   A. 用火烘干　　　　B. 上色处理　　　　C. 石面消毒　　　　D. 用水冲洒多遍

6. 假山施工中需要安装管线(如供水管、细电缆等),如下说法正确的是(   )。
   A. 管线可根据假山需要随假山面通到各功能点
   B. 管线应另外设计不与假山相连
   C. 管线应埋设于假山石缝隙中,再用同色石粉加水泥勾缝
   D. 管线除出水点、用电点外都不能外露,线路要用同质细石屏挡

7. 在假山施工中如果两块石头同向水平靠在一起,再用银锭扣固定,称为(   )。
   A. 安　　　　　　　B. 接　　　　　　　C. 悬　　　　　　　D. 连

8. 评析景石时常用到一些专业用语,如(   )。
   A. 透　　　　　　　B. 漏　　　　　　　C. 青　　　　　　　D. 顽

9. 有一石种,色黄整块状,多用于瀑布跌水,整体性好,规范沉稳,为(   )。
   A. 宣石　　　　　　B. 灵璧石　　　　　C. 钟乳石　　　　　D. 黄石

10. 古典山石造景中的"粉壁理石",施工时要求(   )。
    A. 山石直接贴粉墙堆垒　　　　　　　　B. 山石离粉墙约20cm堆垒
    C. 山石堆垒高度要大于粉墙高　　　　　D. 山石靠粉墙用台阶状堆垒

数字资源

单元 8　园林建筑小品工程施工

学习目标

【知识目标】
(1) 了解常见园林建筑小品的类型与应用特点；
(2) 熟悉常见园林建筑小品的结构模式及技术要求。

【技能目标】
(1) 能根据施工图组织一般性建筑小品施工；
(2) 能根据施工环境提出施工流程、施工方法；
(3) 能解决一般性建筑小品施工中遇到的技术问题。

【素质目标】
(1) 具备发现问题、解决问题的能力与素养；
(2) 培养建筑小品施工中材料、机械、人员协调有序推进的意识；
(3) 培养建筑小品施工管理中岗位职责意识。

园林建筑小品种类繁多，其功能简明，体量小巧，富于神韵，立意得体，精巧多彩，有高度的传统艺术性，是讲究适得其所的精制小品。园林小品以其丰富多彩的内容和造型活跃在古典园林、现代园林、游乐场、街头绿地、居住小区游园、公园和花园中。但在造园上不起主导作用，仅是点缀与陪衬作用，即所谓"从而不卑，小而不贱，顺其自然，插其空间、取其特色、求其借景"。力争人工中见自然，给人以美妙意境、情趣感染。

8.1　景亭施工

景亭为园林建筑中的最基本的建筑单元，主要是为了满足人们在旅游活动之中的休憩、停歇、纳凉、避雨、极目远眺之需。景亭的体量随意、大小自立，可因地制宜，适用于各种造景。景亭可分为两类：一是供人休憩观赏的亭，二是具有实用功能的票亭、售货亭等。我国古代的景亭，起初的形式是一种体积不大的四方亭，木结构草顶或瓦顶，结构简易，施工方便。以后，随着技术的提高，逐渐发展为多角形（三角、五角、六角、八角等）、圆形、十字形等较复杂的形体。在单体建筑平面上寻求多边的同时，又在亭与亭的组合，亭与廊、墙、房屋、石壁的结合，以及建筑的立体造型上进行创造，出现了重檐、三重檐、两层等亭式，产生了极为绚丽的建筑形象。景亭在装饰上繁简皆宜，可精雕细琢，构成花团锦簇之亭，也可不施任何装饰构成简洁质朴之亭。

8.1.1　景亭的施工程序

施工准备工作→施工放线→地基与基础工程→柱身施工→亭顶施工→装修施工→成品保护。

8.1.2 景亭的施工结构

景亭一般由亭顶、亭柱(亭身)、台基(亭基)三部分组成。亭的结构繁简不一,但一般较简单,即使传统的木结构亭,施工上较繁杂一些,但其各部构件仍可按形预制而成,使亭的结构及施工均较为简便,造价经济。尤其是亭的建造,适于采用竹、石、木、砖瓦等地方性传统材料,如今更多的是用钢筋混凝土或兼以轻钢、铝合金、玻璃钢、镜面玻璃、充气塑料等新材料组建而成。

(1)亭顶

亭的顶部梁架可用木材制成,也可用钢筋混凝土或金属铁架等。亭顶一般分为平顶和尖顶两类。形状有方形、圆形、多角形、仿生形、十字形和不规则形等。顶盖的材料则可用瓦片、稻草、茅草、树皮、木板、树叶、竹片、柏油纸、石棉瓦、塑胶片、铝片、铁皮等。

(2)亭柱和亭身

亭柱的构造因材料而异。制作亭柱的材料有钢筋混凝土、石料、砖、树干、木材、竹竿、钢材等。亭一般无墙壁,故亭柱在支撑顶部重量及美观要求上都极为重要。亭身大多开敞通透,置身其间有良好的视野,便于眺望、观赏。柱间下部常设半墙、座凳或鹅颈椅,供游人坐憩。柱的形式有方柱(海棠柱、长方柱、下方柱等)、圆柱、多角柱、梅花柱、瓜楞柱、多段合柱、包镶柱、拼贴棱柱、花篮悬柱等。柱的色泽各有不同,可在其表面上绘成或雕成各种花纹以增加美观。

(3)台基

台基(亭基)多以混凝土为材料,若地上部分的负荷较重,则需加钢筋、地梁;若地上部分负荷较轻,如用竹柱、木柱盖以稻草的亭,则仅在亭柱部分掘穴以混凝土作基础即可。不同形式和材质的景亭,其构造做法也不同。

8.1.3 景亭的施工方法

(1)传统亭的施工

施工流程:施工准备工作→施工放线→地基、基础施工→柱身施工→亭顶施工→攒尖顶做法→成品保护。

①施工准备工作 根据施工方案配备好施工技术人员、施工机械及施工工具,按计划购入施工材料。认真分析施工图,对施工现场进行详细勘察,做好施工准备。

②施工放线 在施工现场引进高程标准点后,用方格网控制出建筑基面界线,然后按照基面界线外边各加1~2m放出施工土方开挖线。放线时注意区别桩的标志,如角桩、台阶起点桩、柱桩等。

③地基、基础施工 根据现场施工条件确定挖方方法,可用人工挖方,也可用人工结合机械挖方。开挖时要注意基础厚度及加宽的要求,挖至设计标高后,基底应找平并夯实,再铺上一层碎石或砾石夯实。基础开挖时要注意排水,基底一般可采用基坑排水,坑边的四周一般可设临时排水沟排水。相隔一定距离,在底板范围外侧设置集水井,如果地下水较高则用深井抽水以降低地下水位。

景亭一般用混凝土基础较多，做混凝土基础先在夯实的碎石层上浇灌混凝土垫层，浇完 1~2d 后在垫层面测定底版中心，再根据设计尺寸进行放线，定出柱基以及底版的边界线，画出钢筋布线，依线绑扎钢筋，接着安装柱基和底版的模板。

在绑扎钢筋时，检查钢筋是否符合设计要求，上下钢筋应以铁撑加以固定，使之在浇捣过程中不发生变位。底板要一次浇完，不留施工缝。混凝土浇捣可用平板浇捣，也可用插入式振动。混凝土浇筑后不得在其上设置脚手架，安装模板和搬运工具，并要做好混凝土的养护工作。基础保养 3~4d 后，可进行亭柱施工。

④柱身施工　亭柱一般为方柱和圆柱，方柱一般采用木模法，先按设计规格将模板钉好，然后现浇混凝土，一次性浇完。浇注时要将模板内全部浇满；圆柱目前一般采用油毛毡施工法，即先按设计直径用钢筋预制圆圈，一般每隔 20cm 放一个，然后将钢筋圆圈与柱配筋绑扎好或焊接好，将已绑扎好的柱筋立起和基础预留的钢筋接口焊接固定，然后用单层油毛毡绕柱包被，用玻璃胶或粘贴胶固定好，再包一层油图毛毡，拉紧后封死并绑牢，即可浇注混凝土。无论哪种方法施工，固定模板前都要在内侧涂刷脱模剂。混凝土保养 5~7d 后可脱模。

⑤亭顶施工　亭顶的顶，以攒尖顶为多，也有采用歇山顶、硬山顶、露顶、卷棚顶的，现代景亭以钢筋混凝土平顶式景亭较多。传统亭顶的框架做法有：

伞法：攒尖亭顶构架做法之一。模拟伞的结构模式，不用梁而用斜戗及枋组成亭的攒顶架子，边缘靠柱支撑，即由老戗支撑灯芯木（雷公柱），而亭顶自重形成了向四周作用的横向推力，它将由檐口处一圈檐梁（枋）和柱组成的排架来承担。但这种结构整体刚度较差，一般多用于亭顶较小、自重较轻的小亭、草亭或单檐攒尖亭（图8-1），或用于在亭顶内上部增加一圈拉结圈梁，以减少推力，增加亭的刚度。

大梁法：亭顶构架做法之二（图8-2）。一般亭顶构架可用对穿的一字梁，上架立灯芯木即可。较大的亭则用两根平行大梁或相交的十字梁，来共同分担荷载。

搭角梁法：亭顶构架做法之三（图8-3）。在亭的檐梁上首先设置抹角梁与脊（角）梁垂直，与檐梁呈 45°，再在其上交点处立童柱，童柱上再架设搭角梁重复交替，直至最后收到搭角梁与最外圈的檐梁平行即可，以便安装架设角梁戗脊。

扒梁法：亭顶构架做法之四（图8-4）。

扒梁有长短之分，长扒梁两头一般搁于柱子上，而短扒梁则搭在长扒梁上。用长、短扒梁叠合交替，有时再铺以必要的抹角梁即可。长扒梁过长则选材困难，也不经济，长、短扒梁结合，则取长补短，圆、多角攒亭都可采用图。

抹角扒梁组合法：亭顶构架做法之五（图8-5）。在亭柱上除设置额枋、平板枋及用斗拱挑出第一层屋檐外，在 45°方向施加抹角梁，然后在其梁正中安放纵横交圈井口扒梁，层层上收，视标高需要而立童柱，上层质量通过扒梁、抹角梁而传到下层柱上。

杠杆法：亭顶构架做法之六（图8-6）。以亭之檐梁为基线，通过檐桁斗拱等向亭中心悬挑，借以支撑灯芯木。同时以斗拱之下昂后尾承托内拽枋，起类似杠杆作用使内外重量平衡。内部梁架可全部露明，以显示这一巧作。

框圈法：亭顶构架做法之七（图8-7）。多用于上、下檐不一致的重檐亭，特别当材料为钢筋混凝土时，此种法式更利于冲破传统章法的制约，大胆构思，创造出不失传统神韵

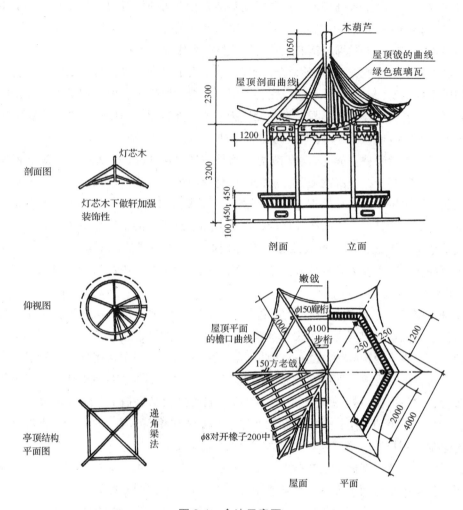

图 8-1 伞法示意图

的构造章法，更符合力学法则，显得更简洁些。

⑥攒尖顶做法　攒尖顶在构造上比较特殊，它一般应用于正多边形和圆形平面的景亭上。攒尖顶的各戗脊由各柱中向中心上方逐渐集中成一尖顶，用"顶饰"来结束，外形呈伞状，屋顶的檐角一般反翘，北方起翘比较轻微，显得平缓、持重；南方戗角兜转耸起，如半月形翘得很高，显得轻巧雅逸。

攒尖顶的施工做法，南、北方不尽相同，北方的景亭多按清代《工部工程做法则例》的做法，方形的亭，先在四角抹角梁构成梁架，在抹角梁的正中立童柱或木墩，然后在其上安檩枋，叠落至顶。在角梁的中心交汇点安雷公柱，雷公柱的上端伸出层面作顶饰，称为宝顶、宝瓶等。宝顶、宝瓶为瓦制或琉璃制，其下端隐在天花内，或露出雕成旋纹、莲瓣之类。六角亭最重要的是先将檩子的步架定好，两根平行的长扒梁搁在两头的柱子上，在其上搭短扒梁，然后在放射性角梁与扒梁的水平交点处承以童柱或木墩。这种用长扒梁及短扒梁互相叠落的做法，在长扒梁过长时显然是不经济的。圆形的攒尖顶亭，基本做法相同。不过因为额枋等全须做成弧形的，比较费工费料，因此应用不多。据估计，景亭这类建筑大约每平方米需用木材 $1m^3$，用量相当可观。

单元 8 园林建筑小品工程施工 173

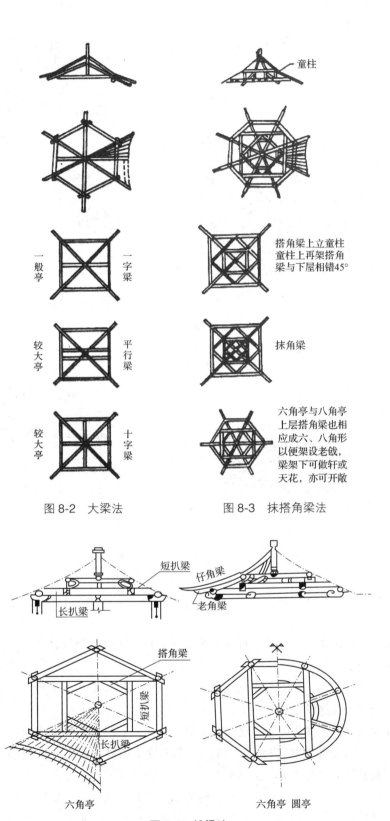

图 8-2 大梁法　　　图 8-3 抹搭角梁法

图 8-4 扒梁法

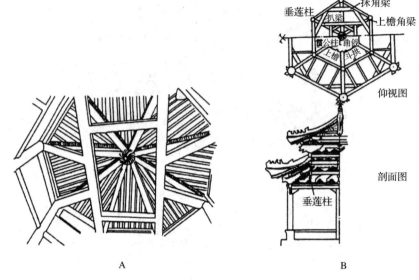

图 8-5 抹角扒梁组合法
A. 亭顶梁加顶视图——长扒梁法　B. 北京松柏交翠亭——抹角扒梁组合法

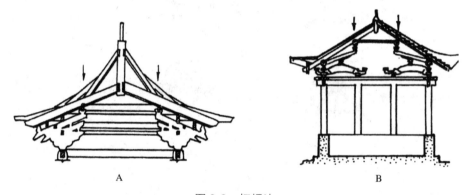

图 8-6 杠杆法
A. 宋式亭榭梁架杠杆法　B. 江南亭榭梁杠杆法

江浙一带的攒尖顶的梁架构造,按《苏州古典园林》一书总结的经验,一般分为以下3种形式:

用老戗支撑灯芯木:这种做法可在灯芯木下做轩,加强装饰性,但由于刚性较差,只适用于较小的亭。

用大梁支撑灯芯木:一般大梁仅1根,如亭较大可架2根,或平行、或垂直。但因梁架较零乱,须做天花遮没。

用搭角梁的做法:如为方亭,结构较为简易,只在下层搭角梁上立童柱,柱上再架成四方形的,与下层相错45°的搭角梁;如为六角,则上层搭角梁也相应地做成六角形,以便架老戗,梁架下可做轩或天花,也可开敞。

翼角的做法,北方的官式建筑,从宋到清都是不高翘的,一般是仔角梁贴伏在老角梁角背上,前段稍昂起,翼角的出椽也是斜出,并逐渐向角梁处抬高,以构成平面上及立面上的上翘趋势,它和屋面曲线一起形成了中国古典建筑所特有的造型美。

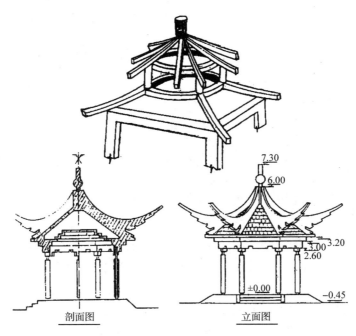

图 8-7 框圈法

江南的屋角式通常分成嫩戗发戗与水戗发戗两种。嫩戗的构造比较复杂，老戗的下端伸出檐柱之外，在它的尺头上向外斜向镶合嫩戗，用菱角木、箴木、扁檐木等把嫩戗与老戗牢固，这样就使屋檐两端升起较大，形成展翅欲飞的态势。水戗发戗没有嫩戗，木构体本身不起翘，仅戗脊端部利用铁件及泥灰形成翘角，屋檐也基本上是平直的，因此构造上比较简便。

屋面构造一般把桁、椽搭接于梁架之上，再在上面铺瓦做脊，北方宫廷园林中的景亭，一般采用色彩艳丽、锃光闪亮的琉璃瓦件，红色的柱身，以蓝、绿等冷色为基调的檐下彩画，以及洁白的汉白玉石栏、基座，显得庄重而富丽堂皇。南方景亭的屋面一般铺小青瓦、梁枋、柱等木结构刷深褐色油漆，在白墙青竹的陪衬下，看上去宛如水墨勾勒一般，显得清素雅洁，另有一番情趣。

(2) 草亭

草亭可就地取材，做法自然亲切，充分利用地方材料，柱可用树干，如松杉、棕榈等（现常用钢筋混凝土仿树建造），体现自然、朴实、粗犷之感。额枋、挂落、坐凳可用半个圆木代之，或棕榈树干做成，唯匾额宜稍精致。攒尖式亭顶宜用直径 50～100mm 树棍或竹竿间隔 200mm 左右作桁椽，构成亭顶骨架，再以花纹竹席打底，铺一层油毡防水，竹片压条顺水间隔 200mm，16 号铅丝绑扎，最上层可用茅草或稻草覆盖，竹篾绑扎。近来也有用仿茅草的加气中空水泥浆拉抹做成草顶盖的尝试，效果不错。

基础可用预制混凝土块，预埋 2～50mm 的燕尾扁铁，上留 14mm 孔。再以 2 个 12mm 对销螺丝栓即可。

就地取材的野趣式草棚、自然式草亭(图 8-8)和海滨浴场之草凉亭(兼售货亭)即为此等上乘之作。草亭可以单独排或多个连续排，还可呈片状多个排列在一起。

图8-8 自然式草亭

(3) 石亭

石亭多模仿木结构,但因石材材质导致施工构造有局限性,形成其特征——石堆积木,颇具技巧。其特点:装配式搭置,有利于用混凝土预制品代用。

以直代曲,甚为简洁。以简代繁,代替原来木结构所需复杂的多个构件。以缓代陡便于施工架设。石亭亭面粗犷古朴,因石材抗弯性能差,加工所需构件粗大所导致的外观效果。石亭多用花岗石和混凝土石建造,强度高,加工尚属方便。结构多仿木结构形式,柱截面多用棱柱或海棠柱,下贯地栿,上与檐额枋相连,再加普柏枋。在栌斗上置明栿,栿正中安置栌斗,斗上覆磐石,分置大角梁、斜栿各四,再铺上石板屋面即可。亭顶构造多用叠涩、挑梁、过梁、角梁等方式。歇山式石亭则仍可仿用木结构的抹角梁和搭角梁,借助于童柱完成翼角起翘而构成。

(4) 竹亭

多为仿木、仿竹结构,但构造更纤巧,选用毛竹作为受力构件,直径 $\phi 60 \sim 100$。在搭接头处,内填直径相当之圆木,以免受力时产生应力集中而破裂。在构造或非受力构件中竹径多取 $\phi 20 \sim 50$。

竹亭亭顶构造有两种做法:

①仿木(竹)结构 用伞法或大梁法。

②门式构架法 梁柱相连,一气呵成。主要受力构件用 $\phi 100$ 毛竹弯成。

(5) 混凝土亭

①仿传统亭 可分预制和现浇2种,构件截面尺寸全仿木结构。亭顶梁架构成手法多用仿抹角梁法、"井"字交叉梁法和框圈法。

由于亭顶采用了以钢板网代替木模板的做法,不使用起重设备,节约了大量木材和人工,还增加了亭顶的刚性。

②仿竹木和仿树皮亭 主要是亭采用仿竹和仿树皮装修,工序简单,具有自然野趣,可不使用木模板,造价低,工期短。

施工工艺:在砌好的地面台座上,将成型钢筋放置就位,焊接成网片,进行空间吊装就位,并与周围从柱头及面板上皮甩出的钢筋焊牢,再满铺钢板网一层,并与下面钢筋网片焊牢。在钢板网上、下同时抹水泥麻刀灰1遍,再堆抹C20细石混凝土(坍落度为0~2mm),并压实抹平,同时用1:2.5水泥砂浆找平层,并将各个方向的坡度找顺、找直、找平,分2次,各抹1mm厚水泥砂浆,压光。

装修:

● 仿竹亭装修。将亭顶屋面坡分成若干竹垅,截面仿竹搭接成宽100mm,高60~80mm,间隔100mm的连续曲波形。自宝顶往檐口处,用1:2.5水泥砂浆堆抹成竹垅,表面抹彩色水泥浆，厚2mm，压光出亮，再分竹节、抹竹芽，将亭顶脊梁做成仿竹竿或仿拼装竹片。做竹节时，加入盘绕的石棉纱绳会更逼真。

• 仿树皮亭装修。顺亭顶坡分3~4段，弹线。自宝顶向檐口处按顺序压抹仿树皮色水泥浆，并用工具使仿树皮纹路翘曲自然，接槎通顺。

角梁戗背可仿树干，不必太直，略有弯曲。做好节疤，画上年轮。做假树桩时可另加适量棕麻，用铁皮拉出树皮纹。

• 钢筋混凝土材料在园林传统建筑中的运用。首先抓住神似和合适尺度体量是关键，逼真的外观不仅要依靠选用合适的尺度，还要求细部处理精致和优良的施工质量，而不是粗糙的装模作样，该用木材处还得用木材等传统材料如挂落、扶手、小木作等。

③蘑菇亭 粗看如厚边平板亭，实际上野菌亭之檐口深而下垂，构造大小相同，有时还要在亭顶底板下做出菌脉，即可利用轻钢构架外加(钢丝网)水泥抹面仿生做成(图8-9)。

再如类似灵芝菌亭，边缘成多折面，因此组成的支撑架也是多折式，中心用法兰节头钢管，套于柱顶即成。

图8-9 蘑菇亭

(6)防腐木亭

①防腐木料 与仿木仿竹园林亭相比，防腐木亭是用真正的木料制作，只是将木材经过人工添加一定的化学防腐剂之后，使其具有防腐蚀、防潮湿、防白蚁、防霉变以及防水等特性。防腐木料主要有东北红松、俄罗斯樟子松、北欧赤松、美国南方松、铁杉、红雪松、花旗松、柳桉、菠萝格等。

②防腐木亭制作 分室内制作与现场制作两种。现场制作是将木料及相关构件在安装现场制作成成品。优点是不再需要重新安装，缺点是施工进度较慢，木料用量不好掌控，受天气影响较大，有锯末扬尘等。室内制作不受天气影响，能充分利用木料，制作速度较快，但需要二次安装。

• 室内制作。木亭制作是按照图纸进行的，图上的尺寸十分重要，必须准确无误。做法是：制作人员现场考察建亭地点，获取真实尺寸；室内按照要求选择防腐木材与规格；机械完成所需规格木料；结构试安装(只试部分)。

• 现场安装。规格构件运至现场，根据柱基定点划线，找准安装柱点，挖基础坑，用素混凝土固定。如果是安装于片石路面，需要配套柱子装饰墩(不用挖基础坑)。然后立柱，横梁加固(根据施工图，采用抬梁式或者穿孔式)，再做亭顶框架。

亭顶面斜脊做好后，需加盖一层防水布，再压一层防腐木条，木条间要留空，主要是为盖琉璃瓦准备。琉璃瓦色泽多种，常用青灰色或棕红色，各向盖完琉璃瓦后，接着施工亭的脊线。脊线应高出琉璃瓦面，并先涂白色防水材料(或用白水泥抹灰)，再于脊线上盖筒瓦。

木宝顶的安装比较容易，因为已在室内制作好，在亭安装时就应立好加固。

防腐木亭有时需要制作美人靠，即座椅。美人靠用料色泽与主亭相同，也在室内先制作好，安装时先安置凳的支撑柱，将木条按规格要求打入支撑横条，找平后再次卯钉。其后放入美人靠加上方横条加固即可。注意因现场安装，多余部分锯条时一定把握好尺度，否则锯件不整齐影响美观。

③防腐木亭保养　亭的构件安装完毕，检查后确认没有其他问题，就可对柱子、横梁、脊条、美人靠等进行涂料保护。一般选用合格光油，连续涂抹 3~4 遍即可。每抹涂 1 遍要等稍干后再涂第 2 遍。涂保护油漆的时间应选天气晴朗之日。

防腐木制作的景亭，特别是用柳桉、樟子松等松类，其亭柱经常出现纵向裂纹或裂缝，一般宽 3~5mm。出现这种情况，一般是天气变化产生热胀冷缩导致，对柱子安全影响不大。但毕竟纵向裂缝影响亭的美观，如果开裂宽度比较大，可适当选用建筑腻子填缝，填缝后用同木色原料上色 2 遍。

8.1.4　施工注意事项

①木结构亭其显著的特点是具有榫节，柱须以榫结入，柱下端一般加须弥座处理。
②柱间可以以园椅（美人靠）、挂落相连接。
③少数有底板的景亭柱间以梁板处理。
④木结构的处理，木材要蒸（浸）去皮，木材成料以桐油处理 2 遍，亮漆（光漆）处理 2 遍。
⑤竹料在使用过程中，尽量不要用铁钉，因为铁钉弯易生锈。
⑥由于木结构自身受材料的影响和限制，其成品的体量一般较小。
⑦木结构易受白蚁等虫害，在后期的养护中要增加油漆工序，也可以石灰水多次防腐，但应用较少。
⑧木、竹结构亭易燃，对消防有特殊的要求。
⑨竹材必须选用节短、肉厚、质地坚硬，表面光滑的竹材制作，且要符合设计要求。
⑩榫眼应选在竹节处。

8.2　景桥施工

我国园林以自然山水为基本形式，其中水面一般占有相当大的比重，而组织与水有关的景观时，大多与桥的布局有关。古人云："遇水架桥，逢山开路。"因此常用桥来组织水面的景观。园林中设置桥梁可以联系两岸交通，同时在观赏和景观方面也起着重要作用，所以景桥形式非常丰富，制作也极为讲究。

景桥按其使用材料大致可分为石桥、钢筋混凝土小桥、木作景桥和竹索桥等（图 8-10）。

8.2.1　景桥的基本构造

景桥由上部结构、下部支撑结构两大部分组成。上部结构包括梁（或拱）、栏杆等，是景桥的主体部分，既要求坚固，又要美观。下部结构包括桥台、桥墩等支撑部分，是景桥的基础部分，要求坚固耐用，耐水流的冲刷。桥台、桥墩要有深入地基的基础，上面应采用耐水流冲刷材料，还应尽量减少对水流的阻力。

图 8-10　木作景桥

8.2.2　景桥的施工流程及施工方法

8.2.2.1　施工流程

施工准备工作→施工定位放线→基坑开挖施工→基础施工→墩、台施工→梁（或拱）施工→桥面系统施工→成品保护。

8.2.2.2　施工方法

(1) 准备工作

施工单位在承接了施工任务后应尽快做好各项准备工作，创造有利的施工条件使施工能按期完成。必须熟悉设计文件、研究施工图纸和现场核对；制定施工方案、进行施工设计；准备好工程材料，检查试运转施工机具，并进行施工现场的清理。

(2) 定位放线

根据施工图纸放出基础平面，根据土质、开挖深度确定的边坡以及施工方式确定坑底工作面，从而放出开挖线。

(3) 基坑的开挖

一般小桥可用工程量不大的无水基坑，人力开挖；大、中桥基础工程，基坑深，平面尺寸大，挖方量也相应增加，可用挖掘机或半机械施工，以降低劳动强度和提高工作效益。无论采取何种方法施工，基础均应避免超挖。基坑顶面应设置防止地面水流入基坑的拦水和排水设施（围堰、沟道），在坑内基础范围内设置排水沟和集水井，以人工或机械抽水降低地下水。为了减轻基坑坡壁顶面静荷载，沿基坑顶面周围至少在 1m 范围内不得堆置土方、物料。在基坑的底部，为了施工方便应留有一定宽度的工作面，其宽度因情况而定。当坑壁土质不易稳定，并有地下水影响时可采用坑壁有支撑的基坑。基础挖至设计标高时应及时进行检验，检查基坑开挖标高、尺寸是否满足设计规定要求，符合后方可进行基础施工。

(4) 基础施工

①砌石基础施工　砌石基础所采用的片石应质地坚实，无风化剥落和裂纹，强度、尺寸满足规范要求。砌筑一般用 M5 水泥砂浆，灰缝厚度一般为 20~30mm。砌石基础扩大部分做成阶梯形，每阶内至少砌二皮石，上级接替的石块应至少压砌下级阶梯石块的 1/2。砌石基础前，必须校核片石基础放样尺寸，其允许偏差不应超过规范的规定。

砌石基础用的第一层石块应选用比较方正的大块石，大面朝下，放平、放稳。在土质基槽上砌石时，在基槽内将片石大面朝下铺满一层，空隙处用砂浆灌满，再用小石块填空挤入砂浆，打紧；在垫层上砌石时，先铺一层砂浆，再铺石块。基础第二层以上的石块，应铺浆砌石。

砌筑基础应分层卧砌，上下错缝，内外搭砌，上下层片石搭接不小于 10cm，不得有通缝。每砌完一层后，其表面应大致平整，不可有尖角、驼背现象，以使上一层容易放稳，并有足够的接触面，不得采用外面侧立石块，中间填心的包心砌法。基础最上面应选用较大的山石砌筑。渗水基坑应注意排水，保证砂浆的凝结和砌体的强度。

②混凝土基础施工　混凝土基础的特点是体积大而高度较小。施工用模板一般由木模或钢模拼装成环型基础模板，四周支撑于土壁上，安装好模板后，浇筑混凝土。土质好时最下面一级基础可采用土模(原槽灌筑)，可不用模板。

(5) 墩、台的施工

搭好脚手架，脚手架应环绕墩台搭建，用以堆放石料、砌块和砂浆，并支承工人砌筑、镶面及勾缝。石砌墩台在砌筑前，应按设计放出实样挂线砌筑。形状比较复杂的墩，应先做出配料设计图，注明砌块尺寸；形状比较简单的墩，也要根据砌体高度、尺寸、错缝等，先行放样配好材料。台石块在使用前要湿润，应清洗干净，混凝土预制块均以砂浆黏结。所有砌缝要求砂浆饱满。若用小块碎石填塞砌缝时，要求碎石周围都有砂浆。砌石顺序先为角石，再镶面，后填腹，填腹石的分层高度应与镶面相等。

混凝土基础的施工有安装墩台模板和混凝土浇筑两道工序。先根据设计要求选择相应的模板安装类型并安装好模板。在墩台施工前，应将基础顶面冲洗干净，除去表面浮浆，在基础顶面放出墩台中线和墩台内外轮廓线的准确位置。浇筑时应经常检查模板，钢筋及预埋件的位置和保护层的尺寸，确保位置正确，不发生变形。浇筑混凝土要连续操作，如中途停止，应按施工缝处理。脱模后表面不平整或有其他缺陷要予以修补。

园林中桥台通常采用拱座式、U 形、轻型、箱式结构建造。

(6) 梁(或拱)施工

园林中景桥所使用的材料种类比较多，做法比较灵活，梁施工做法可以根据不同类型的灵活处理。

(7) 桥面系统的施工

主要包括桥面伸缩缝的设置，防水层处理，桥面铺装施工，护栏的安装及桥面的装饰。

(8) 成品保护

整个桥体施工完毕，要按要求划出保护警戒红，挂上安全或语言警示语。保养期间要注意洒水，并观测桥面、支柱墩、栏杆等关键节点情况。养护期内严禁行人上桥。

8.2.2.3 各类常见施工要点

(1)石板平板桥

常用石板宽度为0.7~1.5m，以1m左右较多，长度1~3m，石料不加修琢，模仿自然，也可不设或只在单侧设栏杆。若游客流量较大，则并列加拼一块石板，宽度为1.5~2.5m，甚至更大可至3~4m。为安全起见，一般都加设石栏杆，栏杆不宜过高，为450~650mm。石板厚度宜200~220mm。常用石料石质特性见表8-1所列。

表8-1 常用石料石质特性

岩石种类	重度（kN/m³）	极限抗压（MPa）	平均弹性模量（MPa）	色　泽
花岗石	23~28	$98\times10^3 \sim 20\times10^3$	52×10^5	蓝色、微黄、浅黄、有红色或紫黑色斑点
砂岩	17~27	$15\times10^3 \sim 120\times10^3$	227×10^5	淡黄、黄褐、红、红褐、灰蓝
石灰岩	23~27	$19\times10^3 \sim 137\times10^3$	502×10^5	灰白不透明、结晶透明灰黑、青石
大理岩	23~27	$69\times10^3 \sim 108\times10^3$		白底黑色条纹、汉白玉色（青白色、纯白色）
片麻岩	23~26	$8\times10^3 \sim 98\times10^3$		浅黄、青灰，均带黑色芝麻色
凝灰岩	16~24	$40\times10^3 \sim 8\times10^3$		灰白、青灰、内夹褐红或绿色结核块

(2)古石拱桥

园林桥多用石料，统称石桥，以石砌筑拱券成桥，故称石拱桥。拱券石的连接方式如图8-11所示。

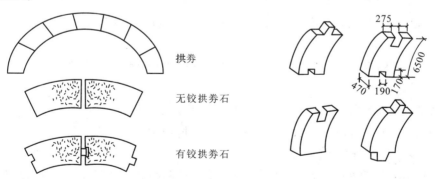

图8-11 拱券石的连接方式

石拱桥在结构上分成无铰拱与多铰拱（图8-12、图8-13）。拱桥主要受力构件是拱券，拱券由细料石榫卯拼接构成。拱券石能否在外荷载作用下共同工作，不但取决于榫卯方式还有赖于拱券石的砌置方式。

①铰拱的砌筑方式

并列砌筑：将若干独立拱券栉比并列，逐一砌筑合龙的砌筑法。一圈合龙，即能单独受力，并有助于毗邻拱券的施工。

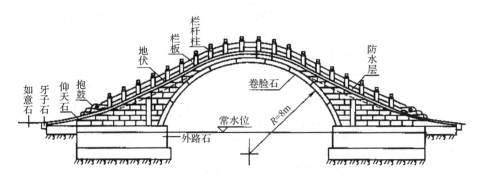

图 8-12 无铰拱

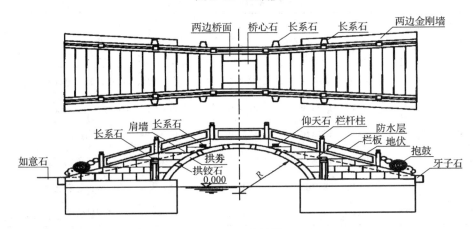

图 8-13 多铰拱

并列砌筑简练安全,省工料,便于维护,只要搭起宽 0.5~0.6m 的脚手架,便能施工;即使拱券一道或几道地损坏倒坍,也不会影响全桥。对桥基的多种沉稳有较大的适应性。

横联砌筑:指拱券在横向交错排列的砌筑,拱券横向联系紧密,从而使全桥拱石整体工作性大大加强。由于景桥建筑立面处理和用料上的需要,横联拱券又发展增加出镶边和框式两种。

北京颐和园的玉带桥,即为镶边横联砌筑,在拱券两外侧各用高级汉白玉石镶箍成拱券,全桥整体性好。

框式横联拱券吸取了镶边横联拱券的优点,又避免了前者边券单独受力与中间诸拱无联系的缺点,使得拱桥内外券材料选用有差异,外券材料可高级些,而内券材料可降低些,也不影响拱桥相连成整体。两者共同的缺点是,施工时需要满堂脚架。

②多铰拱的砌筑方式 有长铰石,每节拱券石的两端接头用可转动的铰来联系。具体做法是将宽 600~700mm、厚 300~400mm、每节长约为 1m 的内弯的拱板石(拱券石)上下两端凿成榫头,上端嵌入长铰石之卯眼(300~400mm)中,下端嵌入台石卯眼中。靠近拱脚处的拱板石较长些,顶部则短些。

无长铰石,即两端直接琢制卯接以代替有长铰石时的榫头。榫头要紧密吻合,连接面必须严紧合缝,外表看不出有榫卯。多铰拱的砌置,不论有无长铰石,实际上都应使拱背以上的拱上建筑与拱券一起成为整体工作。

在多铰拱券砌筑完成之后,在拱背肩两端各筑有间壁一道,即在桥台上垒砌一条长石作为间壁基石，再于基石之上竖立一排长石板，下端插入基石，上端嵌入长条石底面的卯槽中。间壁和拱顶之间另用长条石一对（300~400mm 的长方形或正方形），叠置平放于肩墙之上。长条石两端各露出 250~400mm 于肩墙之外，端部琢花纹，回填三合土（碎石、泥沙、石灰土）。最后，在其上铺砌桥面石板、栏杆柱、栏板石、抱鼓石等。

③毛石（卵石）砌筑 完全用不规则的毛石（花岗石、黄石）或卵砾石干砌的拱桥，是中国石拱桥中大胆杰出之作，江南尤多。跨径多在 6~7m，截面多为变截面的圆弧拱。施工多用满堂脚手架或堆土成胎模，桥建成挖去桥孔径内的胎模土即成。目前，有些地方由于施工质量水平所限，乱石拱底也灌入少量砂浆，以求稳定。

园林工程中无铰拱通常采用拱券石镶边横联砌筑法。即在拱券的两侧最外券各用高级石料（如大理石、汉白玉精琢的花岗石等）镶嵌砌成一独立拱券（又称券脸石），宽度≥400mm，厚度≥300mm，长度≥600mm。内券之拱石采用横联纵列错缝嵌砌，拱石间紧密层重叠砌筑。

（3）现代石拱桥

现代石拱桥一般由 3 段组成，桥面中间一段为平段，两边段可作八字形展开，既美观又可节省跨径部分桥面工程费用。跨径也不宜过大，控制在 4m 以内为佳。若桥设有游人上下的踏步台阶，其宽度≥280mm，高度≤150mm。

①拱圈石可选用上宽下窄的楔形石块，优先选用花岗石料。拱圈石用 1∶2 水泥砂浆砌筑，拱上墙身边墙用的石料要求可稍低于拱桥圈石，但也不能相差悬殊。基础砌石的要求同上。低于水位以下部分的基础则用浆砌块石。栏杆和栏板的榫槽用 1∶2.5 水泥砂浆窝牢。

②变形缝在拱桥边墙的两端各设置一道，缝宽 15~20mm。缝内要填充，并在缝隙上加做防水层，要求完全不透水，以防雨水浸入或异物阻塞。

③防水层在桥面石下方铺设，要求完全不透水，具有弹性，以便桥结构变形时不致破坏防水层。防水层采用沥青和石棉沥青各做一层底，上铺沥青麻布一层，再在上面铺石棉沥青和纯沥青各 1 遍。

④桥台、桥墩的基础必须埋置于冰冻层以下 300mm。基础应放置在清除淤泥和浮土后的老土上，同时必须挖去河泥的最低点以下 500mm 处，以防止河泥影响和使地基承载力得以充分保证。

⑤施工技术要点是：砌筑拱圈的拱架手起拱 1630mm。拱架可用钢筋混凝土预制加砖法圈或木拱架。施工时拱石以两端拱脚开始砌筑，向拱顶中央合拢。当拱桥干砌时，多铰拱要经过压拱，无铰拱要经过尖拱、压拱等步骤。现在多为现场砌，以保证拱石间有良好的结合。合拢后应使拱石间灰缝砂浆有足够的结硬时间以达到规定的强度，然后开始填筑拱背上的建筑物。拱架必须在拱上结构全部完成才可拆卸。

（4）木作景桥

①简式木作景桥 施工时即将木梁直接搁放在两边岸上，下垫枕木（或钢筋混凝土）卧梁。卧梁用螺栓与木梁上钉半圆木作面板（或用园内自然树林也可），两旁再用木构成栏杆（图 8-14）。

②组合式木作景桥 多为游客人行桥。

图 8-14 简式木作景桥

桥台：在较平坦的岸坡用混凝土承梁，在其中预埋螺栓，以便与大梁连接，若在岸坡较陡处应改设木桩桥台，木桩可用 120mm 的杉木，入土深度≥3m，间距为 500~600mm。木桩上要加盖桩木，其直径为 180~200mm，两端应伸出 700mm，以便安装栏杆。同时在排桩背后要设挡土板，板厚 50mm，入土 1m。两边各伸出 1~1.5m 作为翼墙。

桥墩：用排桩，桩之中距为 500~700 mm，桩径为 140mm，入土深 3~4m。排桩在上部用 180mm 的盖桩木，两边用斜撑木，对销螺栓固定。斜撑木一般可用对开的 140mm 圆木或 80mm×150mm 的方木。同时在盖桩木上加铺油毛毡。

桥面：木梁断面尺寸要视载重量和跨度而定。一般游客人行木桥当跨度为 5m 时，木梁中距为 500~600mm，可采用 180mm 的圆木或 150mm×250mm 的方木；当跨度不大于 3.5m 时，则可采用 160mm 的圆木或 80mm×250mm 的方木。人行桥面板，一般板厚为 50mm。木桥在我国沿用已久，风景区位于盛产木材的地区，木桥因其取材方便，又与环境协调，设计施工者乐于采用。但是木材本身易腐损不耐久的特点限制了其使用和发展。

8.2.3 注意问题及成品保护

8.2.3.1 注意问题

①避免桥墩、桥台位置发生偏差，在施工前要进行准确的复核。

②地基一定要结实坚固。

③要合理选材。不同树种的木材强度和弹性系数各不相同，因此必须按设计要求选择树种木材。

④模板安装前，先检查模板的质量，不符合质量标准的不得投入使用。

⑤竹材要选择抗拉强度好的竹种。

⑥天然石材品种多样，即使同一种岩石，在材性上也有很大的差异，在具体应用时，可先做试验，慎重验算。

⑦按先后顺序进行施工。

⑧施工中听从指挥，切实注意安全。

⑨选择材料时，应考虑承载跨度，并结合当时水文和技术等条件。

⑩桥台桥墩要有深入地基的基础，上面应采用耐水流冲刷材料。

⑪拆模程序一般是后支的先拆，先支的后拆；先拆除非承重部分，后拆承重部分；重大复杂模板的拆除，应预先制定拆模方案。

⑫拆模时不要用力过猛过急，拆下来的木料要及时运走、整理。

⑬模板坚持每次使用后清理板面，涂刷脱模剂。

8.2.3.2 成品保护

①冬期施工防止混凝土受冻,当混凝土达到规范规定拆模强度后方可拆模,否则会影响混凝土质量。

②拆除模板时按程序进行,禁止用大锤敲击,防止混凝土出现裂纹。

③施工中不得污染已做完的成品,对已完工程应进行保护,若施工时发生污染应即时清理干净。

④认真贯彻合理施工顺序,少数工种(电、设备安装等)应优先施工,防止损坏桥面。

8.3 花架施工

花架是在园林绿地中,利用藤本植物装饰美化建筑棚架的一种垂直绿化形式,可供游人歇息、游览、赏景,也可以与亭、廊、水榭等结合,组成外形美观的园林建筑群。它是以植物材料为顶的廊,既具有廊的功能,又比廊更接近自然、融合于环境之中。花架布局灵活多样,尽可能由所配植植物的特点来构思。形式有条形、圆形、转角形、多边形、弧形、复柱形等。

图 8-15 夹胶安全玻璃做顶的花架

花架在现代园林中广泛运用,它划分空间的性能与廊相似,尺度上比廊短,是建筑与植物结合的造景物,与自然环境易于协调,故又名绿廊。在南方,为了游客在雨天可以避雨,花架多加了夹胶安全玻璃、厚塑料等做顶(图8-15),体现了以人为本的设计理念。花架造型宜简洁轻巧,它比亭廊更开敞通透,特别是植物(花果)自由地攀缘和悬挂,使其更增添几分生气(图8-16)。

花架常用的建筑材料有防腐木、竹材、钢筋混凝土、石材和金属材料等多种。竹材朴实、自然、价廉、易于加工,但耐久性差,竹材限于强度及断面尺寸,梁柱间距不宜过大。防腐木是非常理想的花架建设材料,质地好,花纹多样,防腐性好,使用时间长。钢筋混凝土可根据设计要求浇灌成各种形状,也可做成预制构件,现场安装,灵活多样,经久耐用,使用最为广泛。石材厚实耐用,但运输不便,常用

图 8-16 木质景观花架

块料做花架柱。金属材料轻巧易制,构件断面及自重均小,采用时要注意使用地区和选择攀缘植物种类,以免炙伤嫩枝叶,并应经常油漆养护,以防脱漆腐蚀。

8.3.1 花架的基本构造

花架的造型丰富,其造型变化多体现在顶架的形式,可采用传统的屋架造型,更可采用各种新结构造型,以体现新结构千姿百态之美。花架大体由柱子和格子条构成。柱子的材料可分为:木柱、铁柱、砖柱、石柱、水泥柱、钢木柱等。柱子一般可用混凝土做基础(图 8-17);柱顶端架着格子条,其材料一般为木条(也可用竹竿、铁条),格子条主要由横梁、椽、横木组成。

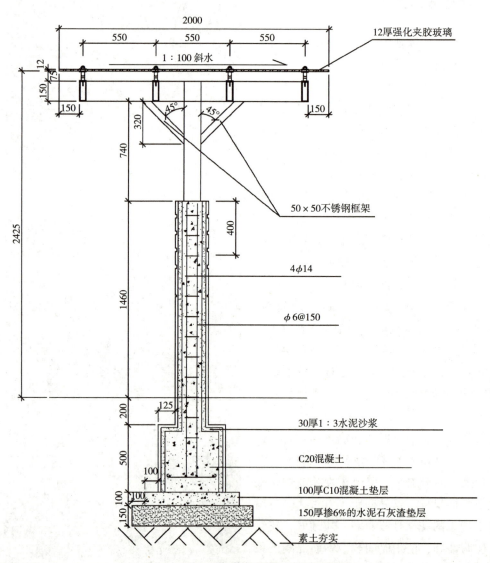

图 8-17 花架混凝土基础剖面图

8.3.2 花架的分类

花架常用的分类方式：一是按结构形式分；二是按平面形式分；三是按施工材料分；四是按上部结构受力分。

(1) 按结构形式分

①单柱花架　即在花架的中央布置柱，在柱的周围或两柱间设置休息椅凳，供游人休息、聊天、赏景。

②双柱花架　又称两面柱花架，即在花架的两边用柱来支撑，并且布置休息椅凳，游人可在花架内漫步游览，也可坐在其间休息。

(2) 按平面形式分

有直线形、曲线形、三边形、四边形、五边形、六边形、七边形、八边形、圆形、扇形以及它们的变形图案。

(3) 按施工材料分

一般有木制(防腐木)花架、竹制花架、仿竹制花架、混凝土花架、砖石花架、钢质花架等。木制、竹制与仿竹制花架整体比较轻，适于屋顶花园选用，也可用于营造自然灵活、生活气息浓的园林小景。钢质花架富有时代感，且空间感强，适于与现代建筑搭配，在某些规划水景平台上采用效果也很好。混凝土花架寿命长，且能有多种色彩，样式丰富，可用于多种设计环境。

(4) 按上部结构受力分

①简支式　多由两根支柱、一根横梁组成悬臂式。又分单挑和双挑。

②拱门刚架式　材料多用钢筋、轻钢、混凝土制成。

③组合单体花架　与其他园林建筑结合的花架。

8.3.3 施工流程及施工方法

8.3.3.1 施工流程

施工准备→放线→柱子地基(基础)施工→柱子施工→格子条安装→修整清洁→装饰种植。

8.3.3.2 施工方法

(1) 竹木花架

对于竹木花架、钢花架可在放线且夯实柱基后，直接将竹、木、钢管等正确安放在定位点上，并用水泥砂浆浇筑。水泥砂浆凝固达到强度后，再沿着柱子排列的方向布置梁，进行格子条施工，修整清洁后，最后进行装修刷色。对于混凝土花架，现浇装配均可。

花格架子条断面选择、间距、两端外挑、内跨径根据设计规格进行施工。花架上部格子条断面选择结果常为50mm×(120~160)mm，间距为500mm，两端外挑700~750mm，内跨径多数为2700mm、3000mm或3300mm。为减少构件的尺寸及节约粉刷，可用高强度等级混凝土浇捣，一次成型后刷色即可。修整清理后，最后按要求进行装修。有时花架上部不搁置小横梁而改用平板或开孔斜板也可，但孔口开洞处应配置洞口附加钢筋。

花架纵梁断面选择一般在 80mm×(160~180)mm，可分别视施工构造情况，按简支梁或连续设计，纵梁手头处外挑尺寸常在 750mm 左右，内跨径则在 3000mm 上下。悬臂挑梁除了满足受力要求外，还有起拱和上翘要求，以求视觉效果。一般起翘高度 60~150mm，视悬臂长度而定，搁置在纵梁上的支点可采用 1~2 个。

混凝土柱现浇、预制均可。截面一般控制在 150mm×150mm 或 150mm×180mm，若用圆柱截面为 160mm 左右。

装修时，格子条可刷白 2 次(用 104 涂料或丙烯酸酯涂料)，纵梁可用水泥本色、斩假石、汰石子(水刷面)饰面均可。柱用斩假石或汰石子饰面均可。

(2) 砖石花架

对于砖石花架，花架柱在夯实地基后以砖块、石板、块石等虚实对比或镂花砌筑，花架纵横梁用混凝土斩假石或条石制成，块石柱截面大于 350mm×350mm，砖柱宽大于 240mm×240mm，石柱勾缝有平、凸、凹之分，也可以做清水砖柱。其他同上。

(3) 施工参考要点

①柱子地基要坚固，定点要准确，柱子间距及高度要准确。

②花架要格调清新，要注意与周围建筑及植物在风格上的统一。

③不论现浇还是预制混凝土及钢筋混凝土构件，在浇筑混凝土前，都必须按照设计图纸规定的构件形状、尺寸等施工。

④涂刷带颜色的涂料时，配料要合适，保证整个花架都用同一批涂料，并宜一次用完，确保颜色一致。

⑤刷色要防止漏刷、流坠、刷纹过于明显等现象发生。

⑥模板安装前，先检查模板的质量，不符合质量标准的不得投入使用。

⑦花架安装时要注意安全，严格按操作规程、标准进行施工。

⑧对采用混凝土基础或现浇混凝土做的花架或花架式长廊，如施工环境多风、地基不良或这些花架要种瓜果类植物，因其承重力加大，容易产生基础破坏。因此，施工时多用"地龙"，以提高抗风抗压力。

"地龙"是基础施工时加固基础的试法。施工时，柱基坑不是单个挖方，而是所有柱基均挖方，成一坑沟，深度一般为 60cm，宽 60~100cm。打夯后，在沟底铺 1 层素混凝土，厚 15cm，稍干后配钢筋(需连续配筋)，然后按柱所在位置，焊接柱配钢筋。在沟内填入大块石，用素混凝土填充空隙，最后在其上再浇 1 遍混凝土。保养 4~5d 后可进行下道工序。

(4) 装饰种植

花架横条施工结束后，可进行柱间、横条间空隙抹灰整平，如果花架采用预制混凝土条建设需要在外侧装(木或竹)的可直接进行包装施工。座椅条凳可同时进行水磨石施工。花架底部一般有附属铺装，铺装施工按材料及流程做即可(如冰纹片、片石、吸水砖、广场砖、生态嵌草砖、卵石套装等)。这些基础性装饰施工完成后，清理现场，按设计在花架两侧(或一侧)种植藤架植物。

(5) 成品保护

①混凝土未达到规范规定拆模强度时,不得提前拆模,否则影响混凝土质量。
②预制的构件在运输、保管和施工过程中,必须采取措施防止损坏。
③拆除架子时注意不要碰坏柱子和格子条。
④花架刷色前首先清理好周围环境,防止尘土飞扬,影响刷色质量。
⑤刷色完成后应派专人负责看管,禁止触摸。
⑥对已完工工程应进行保护,若施工时发生污染应立即清理干净。

8.4 园凳施工

8.4.1 园凳在园林中应用

园凳是各种园林绿地的及城市广场中常用的设施。湖边池畔、花间林下、广场周边、园路两侧、山腰台地等处均可放置,供游人就地休息、眺望远景、促膝谈心和观赏风景。如果在一片天然的树林中设置一组蘑菇形的休息园凳,宛如林间树下长出的蘑菇,可把树林环境衬托得野趣盎然。园凳类型比较多,有木质(竹质)、石质、钢(铁)质、预制材料等,摆放灵活,容易与环境协调。园凳常用尺寸如图 8-18 所示。

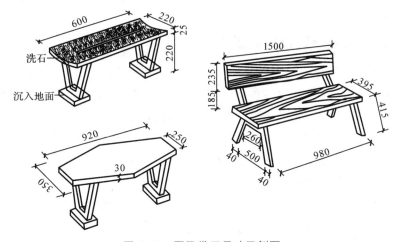

图 8-18 园凳常用尺寸示例图

8.4.2 园凳常用施工材料

常用施工材料一般分为人工材料和自然材料两种。

(1) 人工材料

可采用金属、水泥、砖材、陶瓷品、塑胶品及仿木、竹材等。仿木混凝土材料,造型独特,构思巧妙,是园林环境的点缀。另外,如果将仿天然石材的坐凳与仿木护栏相结合,则可增添浓郁的乡村风情。

(2) 自然材料

采用一段折断的树桩,一个随意的天然石块,一个童话世界中的木桶,给游人带来意

想不到的视觉收获,装点着整个园林环境(图8-19)。材料主要有:

①石 石板、石片、石块等。

②木材 原木、防腐木、木板、竹、藤等材质亲和力强,塑造方便,清爽凉快。

③玛瑙 材质自然,十分美观,但造价昂贵。

根据材料,园凳常用的做法有:钢管为支架,木板为面;铸铁为支架,木条为面;钢筋混凝土现浇;水磨石预制;竹材或木材制作;利用自然山石加工而成。在条件允许的地区,还可采用大理石等名贵材料,或用色彩鲜艳的塑料、玻璃纤维来制作。

 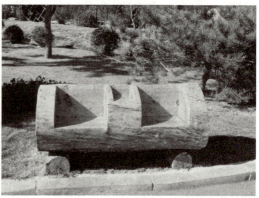

图8-19 自然材料所制作的园凳

8.4.3 园凳施工中一些技术要求

①园凳主要设置要避开大量人流,如在树下、河边等地。

②园凳可单独布置也可组合布置,可以结合园林其他小品设置,如与种植池结合。

③园凳宜简单朴实、舒适美观、制作方便、坚固耐久。

④园凳的尺寸必须要符合人体工程,比如儿童公园中的园椅要适合儿童使用。

⑤园凳的基础一定要坚实可靠,和柱脚的结合一定要坚固。

⑥基础顶部最好不露出铺装地面。

⑦当两条长凳并排设置时,其顶面和边线要注意调整到协调一致。

⑧坐凳的顶面应该采用光洁材料进行抹面处理,不得做成粗糙表面。

⑨采用天然石块或树桩,给游人创造自然的效果,产生一定的情趣。但要注意不能有棱角,以免钩破游人的衣物或弄伤游人的皮肤。

⑩凳面形状要考虑就座时的舒适感,凳面宜光滑不积水。

⑪对于竹材,竹材表面均刮掉竹青,进行砂光,并用桐油或清漆刷2遍。

⑫园凳的色彩需与自然环境协调,色泽柔和,配色合理。

8.4.4 施工流程及施工方法

8.4.4.1 施工流程

准备工作→施工放线→凳基础施工→凳脚施工→凳面施工→配色与装饰→成品保养。

8.4.4.2 施工要点

(1) 施工放线

根据设计图在地面上放出园凳的位置。对于在工厂生产的园凳,运到施工现场后按设计图所定的位置,直接安装即可。

(2) 坐凳基础施工

按照放线情况挖土(注意"宽打窄用"),条凳深度≥30cm,石桌深度≥50cm。现浇混凝土层(一般素混凝土即可),浇筑时要注意留有支撑脚的标志框。在脚标志框内安装支撑石脚(墩),再浇混凝土。在没有进行下道工序施工前必须加护栏保护。

(3) 凳脚施工与凳面施工

根据施工流程做好凳脚支撑施工后,要运用石桌石凳已开好的方形预构坑(通常2.0~3.5cm深),此时注意支撑脚一定保养够时间,并已牢固。在预构坑内抹上纯水泥浆(不得用砂浆),尽快将石面盖上支撑柱,扶稳后不能再动石凳面,将底部多余水泥浆抹去,如果水泥浆不足则加足,必须保证浆满。

(4) 配色与装饰

对于预构件做的凳子,因为比较粗糙需要面上打滑,可制作成水磨石等。如果需要配色,则按配色要求施工即可,目前配色多用广告色、氧化铁红(黄、绿、蓝)或是直接选用彩色水泥。若要在凳面上画线(木纹线),上1~2次色后便可用铁条轻轻在面上刻画,划深控制在3mm以内。

(5) 成品保养

石面板安装施工完成后,绝不能再动石面,同时要在石凳周边围起安全区,标示警示语。为了保证石桌面与支撑脚紧密牢固,可在石面上盖上重物,但一定放在石面中心。在养护的天数内根据天气情况适当淋水保养。石桌安装保养天数不少于7d。

> **知识拓展**

1. 关于园林建筑基础施工(图8-20)

(1) 施工准备

① 混凝土配料 水泥:细沙:粒料=1:2:4,所配的混凝土型号为C20。

② 添加剂 凝土中有时需要加入适量添加剂,常见的有U形混凝土膨胀剂、加气剂、氯化钙促凝剂、缓凝剂、着色剂等。

基础用料必须采用425号以上的水泥,水灰比≤0.55;粒料直径不得大于40mm,吸水率不大于1.5%。注意按施工图准备好钢筋。

(2) 场地放线

根据建筑等施工设计图纸定点放线。为使施工方便,外沿各边加宽2m,用石灰或黄沙放出起挖线,打好边界桩,并标记清楚。方形地基,角度处要矫正;圆形地基,应先定出中心点,再用线绳(足够长)以该点为圆心,建筑投影宽的1/2为半径画圆,石灰标明,即

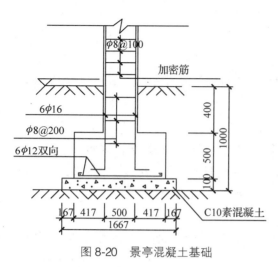

图 8-20 景亭混凝土基础

可放出圆形轮廓。

(3) 地基开挖

根据现场施工条件确定挖方方法,可人工挖方,也可人工结合机械挖方。开挖时一定要注意基础厚度及加宽要求。挖至设计标高后,基底应整平并夯实,再铺上一层碎石为底座。

基底开挖有时会遇到排水问题,一般可采用基坑排水,这种施工方法简单而经济。在土方开挖过程中,沿基坑边挖成临时性的排水沟,相隔一定距离,在底板范围外侧设置集水井,用人工或机械抽水,使地下水位经常处于土表面以下60cm处。如地下水较高,应采用深井抽水以降低地下水位。

(4) 基础施工

①钢筋混凝土底板浇筑前,应当检查土质是否与设计资料相符或被扰动。如有变化,须针对不同情况加以处理。如基土为稍湿而松软,可在其上铺以厚10cm的砾石层,并加以夯实,然后浇灌混凝土垫层。

②混凝土垫层浇完隔1~2d(应视施工时的温度而定),在垫层面测定底板中心,再根据设计尺寸进行放线,定出柱基以及底板的边线,画出钢筋布线,依线绑扎钢筋,接着安装柱基和底板外围的模板。

③在绑扎钢筋时,应详细检查钢筋的直径、间距、位置、搭接长度、上下层钢筋的间距、保护层及埋件的位置和数量,均应符合设计要求。上下层钢筋均用铁撑(铁马凳)加以固定,使之在浇捣过程中不发生变位。

④底板应一次连续浇完,不留施工缝。施工间歇时间不得超过混凝土的初凝时间。如混凝土在运输过程中产生初凝或离析现象,应在现场拌板上进行二次搅拌,方可入模浇捣。

底板厚度在20cm以内,可采用平板振动器。当板的厚度较厚,则采用插入式振动器。混凝土浇捣后,其强度未达 $162N/mm^2$ 时禁止振动,不得在底板上搭设脚手架、安装模板和搬运工具,并做好混凝土的养护工作。

⑤对于景亭基础,柱基预埋的钢筋要焊接牢固,配筋符合设计要求,并注意预留出柱梁、美人靠等下道工序的焊接钢筋接头。

⑥基础保养3~5d后,可进行亭柱施工,亭柱因形状的差异而要采取不同的施工方法。一般采用木模板法,先按设计规格将模板钉好,模板外侧最好加几道铁线捆绑。而后现浇混凝土,要求一次性浇完,不得间隔。浇时要注意将模板内空全部填充。对于圆柱,施工稍难,目前多用双层商用油毛毡施工法。此法是先按柱的设计直径用钢筋预制圆圈(直径与柱一致),一般单柱每20cm放一个,然后将钢筋圆圈与柱配筋绑扎好(或焊好),将已绑扎好的柱筋立起和基础预留的钢筋接口采用焊接法固定,此时最好用木条支撑一下。用单层油毛毡绕柱包被,先用玻璃胶或粘贴胶固定好,再包一层油毛毡,拉紧后,封死,并用

粗铁线捆牢(每20cm一圈)，便可现浇混凝土了。

应注意的是，不论是木模法还是油毛毡法，固定模架前都要在其内侧涂刷脱模剂，最方便的方法就是涂肥皂水。现浇混凝土保养5~7d后可以脱模。

2. 乡村古民居修缮

随着乡村人居环境建设的需要，特别生态乡村创建，许多古村寨需要保护和开发，村落的保护主要是原貌建筑的保护，即古民居的保护。古民居作为景观建筑元素之一，富含深厚的乡村文化，因此应特别重视。

以黄泥砖屋为例，这种黄墙灰瓦的民居在很多地方都有保存，要修缮好要从以下几方面做起：一是黄墙面，保留墙面，重新用黄泥勾画砖缝，填补漏损处。二是墙脚，采用石或青砖加固。三是旧瓦，如果瓦保存良好可继续用，补漏；若瓦片损坏多可重新盖瓦。瓦有两种：原来的灰瓦，或者同色琉璃瓦。四是屋顶边线处理，一般用浅色材料画线，使瓦面与线条成对比，以烘托屋面层次。

一些古民居是用木材料建设的，如苗族、侗族等吊脚楼式建筑，这些民居保护起来难度大些。一般要对吊脚楼下方部分(堆放物品空间)进行改造，改造方法是去掉原木质材料，用砖石重砌筑，以加强支撑及利于防火。上层部分还是用木质材料做，不能用铁钉加固。木质部分要用光油涂抹，一般3~4遍。屋瓦可将原瓦换掉，换成深色琉璃瓦(瓦厚≥1.0cm)。目前乡村民居琉璃瓦改造多是用套式安装的，比较稳定。

实训与思考

1. 观察当地的园林建筑小品，了解其结构特征，掌握其常用施工材料及施工要点。

实训用具：钢卷尺、笔记本、绘图纸和笔。

实训报告：用A4纸完成。

(1)绘出园亭、花架、园桥等的草测图。

(2)对园桥构架进行分析，并结合图示表达。

(3)对花架构架进行分析，并结合图示表达。

2. 绘制一组园林建筑小品的施工图。

3. 园林木桥的施工。可选择一处洼地，在其上做一小溪，其上架一小桥，要求做出施工计划、施工日志、施工方法和施工流程。

4. 在多风或迎风面建设防腐木结构长廊，基础施工中应注意哪些问题？

5. 圆形柱的景亭施工，其技术流程及相应的施工要点有哪些？

6. 如果在一农业生态观光园内建设一幢单层坡顶木质结构景观房子，请起草一份该景观房建设简易说明书。

学习测评

选择题：

1. 景观亭亭柱施工比较理想的施工方法是(　　)。

A. 预制木质模板　　B. 双层油毛毡法　　C. 砖砌模板　　D. PPR、PE管

2. 在风速较大，风向比较集中的环境中建景观长廊，廊基础最好采用( )施工。
A. 混凝土独立坑式基础　　　　　　B. 土质坑独立基础
C. 灰土基础　　　　　　　　　　　D. 地龙式基础

3. 景观花架一般需要设计美人靠，美人靠高度一般为( )。
A. 0.40m　　　B. 0.70m　　　C. 1.20m　　　D. 1.05m

4. 塑凳施工时，如下材料中能上色的是( )。
A. 彩色水泥　　　B. 氧化铁红　　　C. 广告色　　　D. 墨水

5. 《园冶》中说到"花间隐榭，水际安亭"，意思是( )。
A. 建筑选址要考虑环境因素
B. 适合设计建筑的地方实际上不多
C. 只有花丛中、水际边才适合作建筑基址
D. 建筑与其他设计要素协调益彰

6. 屋顶花园施工中需要对屋面做防水处理，以下方法比较可行的是( )。
A. 加厚楼板，加厚种植层
B. 在原屋顶面再用防水砂浆同向五遍抹灰法
C. 在原屋顶面再用防水砂浆反向五遍抹灰法
D. 铺设双层钢丝网，浇注混凝土

7. 景亭或其他建筑台阶(含两侧)用山石做成，其中一侧高大的景石称( )。
A. 配　　　B. 蹲　　　C. 礤　　　D. 舫

8. 在景观建筑中厅与轩的区别主要是( )。
A. 厅大轩小　　　　　　　　　B. 厅临水轩不临水
C. 厅一面留空，轩三面留空　　D. 厅为一层，轩为二层

9. 亭等景观建筑用瓦可选择( )。
A. 琉璃瓦　　　B. 普通青瓦　　　C. 瓷瓦片　　　D. 仿竹瓦

10. 台明特指( )的部分。
A. 建筑基础　　　　　　　　B. 亭的基础与柱连接
C. 台基　　　　　　　　　　D. 宝顶

数字资源

单元 9　园路工程施工

学习目标

【知识目标】
(1) 了解园林工程中常见园路类型与结构特点；
(2) 熟悉园路相关概念和施工技术要求。

【技能目标】
(1) 能根据施工图组织多种园路路面施工；
(2) 能根据园路施工环境提出施工流程、施工方法；
(3) 能根据环境条件解决园路施工中遇到的技术问题。

【素质目标】
(1) 具备不同环境中道路施工组织的基本素养及岗位职责意识；
(2) 具备园路施工所需材料、机械、人员组织与调配的素养。

园路，是指园林中的道路、广场等各种铺装地坪。园林道路是园林的组成部分，起着组织空间、引导游览、交通联系以及提供散步休息场所的作用，它像脉络一样，把园林的各个景区联成整体。园路本身又是园林风景的组成部分，蜿蜒起伏的曲线，丰富的寓意，精美的图案，都给人以美的享受，所以说它是园林不可缺少的构成要素，是园林的骨架、网络(图 9-1)。

图 9-1　精美的园路

9.1　园路概述

园林中的道路工程，包括园路布局、路面层结构和地面铺装等的设计。园路须因地制宜，主次分明，有明确的方向性。园路布局要从园林的使用功能出发，根据地形、地貌、风景点的分布和园务活动的需要综合考虑，统一规划。园路的规划布置，往往反映不同的园林面貌和风格。例如，我国苏州古典园林，讲究峰回路转，曲折迂回；而西欧古典园林凡尔赛宫，讲究平面几何形状。

9.1.1 园路布置一般要求

（1）回环性

园林中的路多为四通八达的环行路，游人从任何一点出发都能遍游全园，不走回头路。

（2）疏密适度

园路的疏密度同园林的规模、性质有关，在公园内道路大体占总面积10%～12%，在动物园、植物园或小游园内，道路网的密度可以稍大，但不宜超过25%。

（3）因景筑路

园路与景相通，所以在园林中是因景得路。

（4）曲折性

园路随地形和景物而曲折起伏，若隐若现，"路因景曲，境因曲深"，造成"山重水复疑无路，柳暗花明又一村"的情趣，以丰富景观，延长游览路线，增加层次景深，活跃空间气氛。

（5）多样性

园林中路的形式是多种多样的。在人流集聚的地方或在庭院内，路可以转化为场地；在林间或草坪中，路可以转化为步石或休息岛；遇到建筑，路可以转化为廊；遇山地，路可以转化为盘山道、磴道、石级、岩洞；遇水，路可以转化为桥、堤、汀步等。路又以它丰富的体态和情趣来装点园林，使园林又因路而引人入胜。

9.1.2 园路的功能

（1）组织空间，引导游览

园路是划分和组织空间的重要方法之一。在园林中常常是利用地形、建筑、植物或道路把全园分隔成各种不同功能的景区，同时又通过道路把各个景区联系成一个整体。利用道路不但可以使整个绿地成为一个整体，更重要的是通过组织和划分空间达成统一的景观效果，为游客展示园林风景画面，引导游客按照设计者的意图路线来游赏景物，从这个意义上来讲园路又是游客的导游。

（2）组织交通

园路的交通，首先是游览交通，即为游客提供一个舒适的既能游遍全园又能根据个人的需要，深入各个景区或景点的交通。近年来随着离休和退休人数的增加，以及人类平均寿命的延长，公园人群年龄结构发生了变化，儿童占5%～10%，老年人占总数60%～70%。因此，园路的设计要考虑到人流的分布、集散和疏导。在园路设计中除重视儿童需要外，更应为老年人、残疾人提供游憩的方便条件，合理地组织路线的变化。

园路广场的占地比例：在儿童公园、专卖公园、居住区公园一般可占7%～10%，在带状绿地、小游园可占8%～10%，其他专卖公园占10%左右，详见表9-1所列。

表 9-1 常用园路占地面积表   %

景区类别	园路广场	活动场地
古典园林	12~15	1.5~2
坛庙园林	10~20	1~2
综合性公园	8~10	1.5~4
带状绿地及游园	10~15	1~1.5
住区公园	10~12	2~5
动物园	7~10	2.5~3
植物园	6~8	2.5~3
儿童公园	10~15	10~15
近郊风景区	7~8	2~2.5
森林公园	6~8	1~2
农业观光园	8~9	3~5
生态果园	7~8	1~1.5
生态乡村(旅游村寨)	10~12	2~3
其他	8~15	2~2.5

此外,在公园中要为广大游客提供必要的便餐、饮料、小卖等方面的服务,要经常地进行维修、养护、防火等方面的管理工作,要安排职工的生活,这一切都必须提供必要的交通条件。在设计时要考虑这些地段路面的宽度和质量,在一般情况下,它可以和游览道路合用,但有时在特大型园林中,由于园务运输交通量大,还要补充必要的园务专用道和出入口,另外还应多增加一些活动场地。

(3)构成园景

园路和多数城市道路不同之处在于除了组织交通、运输,还有景观上要求,组织游览线路,提供休憩地面。园路、广场的铺装、线型、色彩等本身也是园林景观一部分。园路优美的曲线,丰富多彩的路面铺图可与周围山、水、建筑、花草、树林、石景等景物紧密结合,不仅是"因景设路"而且是"因路保景",形成路随景转、景因路活、相得益彰的艺术效果。总之,园路引导游人到景区,沿路组织游人休憩观景,园路本身也成为观赏对象。如杭州西湖花港观鱼牡丹园中牡丹亭畔小径一侧植古梅一株,梅树下,以黑、白两色的鹅卵石仿梅树姿态铺砌成一幅优美的树形图案(图9-2),近代文学家马一浮先生取宋代诗人林和靖的咏梅诗句"疏影横斜水清浅,暗香浮动月黄昏"的意境,题笔称之为"梅影坡",让人浮相联翩,流连忘返。

(4)组织排水

道路可以借助其路边缘成边沟组织排水,一般园林绿地都高于路面,方能实现以地形排水为主的目的。道

图 9-2 杭州花港观鱼牡丹亭的梅影坡

路汇集两侧绿地径流之后，利用纵向坡度即可按预定方向将雨水排除。

9.1.3 园路的类型

9.1.3.1 根据功能分类

根据功能，可分为主要道路、次要道路、林荫道、滨江道和各种广场、小径、休闲小径、健康步道以及园务路等。

(1) 主要道路

主要道路是联系园内各个景区、主要风景点和活动设施的路，通过它对园内外景色进行剪辑，以引导游人欣赏景色，也是园林内大量游人所要行进的路线。主要道路设计时必须考虑通行、生产、救护、消防、游览车辆的需求，一般宽6~8m，道路两旁应充分绿化。

(2) 次要道路

考虑到游人的不同需要，在园路布局中，还应为游人由一个景区到另一个景区开辟捷径。次要道路就是设在各个景区内的路，用于沟通各景点、建筑，是主要园路的辅助道路，宽度一般为3~4m，可通轻型车辆及人力车。

(3) 林荫道、滨江道和各种广场

林荫道是一条漫长、连续的道路，联系各景点，可提供到景点的最短路程，又使行人有在乡间漫步的感觉。滨江道指沿江建设的道路，一般有一定景观功能。广场是城市中心的休闲娱乐场所，有大型广场与普通广场之分。按广场立面还可分为平面广场和下沉式广场两种。

(4) 游步道

游步道也称小路，主要供散步休息，引导游人更深入地到达园林的各个角落，是深入到山间、水际、林中、花丛供人们漫步游赏的路。一般双人走的小路宽1.2~1.5m，单人走的宽0.6~1.0m。

(5) 休闲小径、健康步道

休闲小径主要供散步休息，引导游人更深入地到达园林各个角落，双人行走的宽1.2~1.5m，单人走的宽0.6~1.0m，如山上、水边、疏林中，多曲折自由布置。健康步道是近年来最为流行的足底按摩健身方式，如通过行走卵石路上按摩足底穴位达到健身目的，也可采用海沙结合步石营造健身环境，又不失为园林一景(图9-3)。

(6) 磴道

这是近年来在很多规划设计环境中要求增加的游道类型，一般随山随形布置，路线较长，有一定坡度，并且有相当部分是较陡的坡段，必须与

图9-3 海沙与步石组合的健康步道

台阶相连。磴道坡度粗控制在 20°以内为好。连续台阶不应超过 15 级。

(7) 自行车道

自行车道与磴道一样都有健身功能，是近郊公园、生态观光园、森林公园及城市线状公园常规划的道路类型。其功能除机动车通行外，还可作为自行车娱乐车道。自行车道一般与自驾游营地同步规划，车道宽 3.5~5m，坡面控制在 12°以内比较好，路面要求硬化或小砾石嵌草路面。

(8) 园务路

园务路是为便于园务运输、养护管理等需要而建造的路。这种路往往有专门的入口，直通公园的仓库、餐馆、管理处、杂物院等处，并与主环路相通，以便把物资直接运往各景点。在有古建筑、风景名胜处，园路的设置应考虑消防的要求。

9.1.3.2 根据结构类型分类

园路根据结构分类，可分为路堑型、路堤型、特殊式(包括步石、汀步、磴道、攀梯等)。

(1) 路堑型

其园路的路面低于周围绿地，道牙高于路面，利用道路排水。

(2) 路堤型

道牙位于道路靠近边缘处，路面高于两侧地面，利用明沟排水。

(3) 特殊式

如步石、汀步、磴道、攀梯等。

① 步石　在绿地上放置一块至数块天然石或预制成圆形、树桩形、木纹板形等铺块，一般步石的数量不宜过多，块体不宜太小，两块相邻块体的中心距离应考虑人的跨越能力的不等距变化。步石易与自然环境协调，能取得轻松活泼的景观效果(图 9-4、图 9-5)。

② 汀步　汀步一般是在水中设置的步石，适用于窄而浅的水面。汀步不只用在水面，地面草坪也可应用。过水用汀步为了安全，间距不可过大，高度能出水面即可，不宜过高；表面应平整防滑；基础要稳固，而且要注意到北方冬季冻结时的景观效果，限于行人量不大时使用(图 9-6)。

图 9-4　杭州太子湾公园设置在草坪中的步石园路

③ 磴道　它是局部利用天然山石、露岩等凿出的或用水泥混凝土仿木树桩、假石等塑成的上山的磴道(图 9-7)。

④ 攀梯　在坡度较陡之处，设置台阶状扶梯。特点是陡峭，两侧多设计扶手，较适用于风景区、森林公园等(图 9-8)。

图 9-5 步石

图 9-6 汀步

图 9-7 磴道

图 9-8 攀梯

9.1.3.3 根据铺装材料分类

根据铺装材料的不同，园路可分为整体路面、块料路面、碎料路面、散料路面、限制性路面等类型。

(1) 整体路面

整体路面是用水泥混凝土或沥青混凝土、彩色沥青混凝土铺成的路面。其平整度好，路面耐磨，养护简单，便于清扫，多于主干道使用。

(2) 块料路面

块料路面指以大方砖、块石和制成各种花纹图案的预制水泥混凝土砖等筑成的路面。其路面简朴、大方、防滑、装饰性好。如木纹板路、拉条水泥板路、假卵石路等(图 9-9)。

(3) 碎料路面

由碎石、瓦片、卵石等各种材料拼砌而成，因材料的质感、尺寸、色彩的不同而各具特色。大理石碎料铺地色彩斑斓；瓦片碎料铺地古朴淡雅；卵石碎料铺地圆润细腻。碎料铺地多用于庭院、游憩场所，它们往往与相应的小品、园林植物或相关的设施等相结合，从而营造出亲切、自然、美观的空间景域(图9-10)。

(4)**散料路面**

①**花街铺地** 以规整的砖为骨，与不规则的石板、卵石、小青瓦、碎瓷片、碎瓦片、碎缸片、碎石片等废料相结合，组成色彩丰富、图案精美的各种地纹，如人字纹、席纹、冰裂纹等(图9-11)。

②**卵石路面** 采用卵石铺成的路面耐磨性好、防滑，具有活泼、轻快、开朗等风格特点。多用径3~4cm的卵石，色彩以黑彩卵石最贵，红彩、黄彩卵石用得最多，杂色卵石比较便宜。

③**碎拼大理石** 即大理石冰纹路面。是用大理石切割后剩余废片(花岗岩碎片)铺装的路面(图9-12)。色彩丰富、路面光滑，适于草坪中的铺路。

(5)**限制性路面**

地面若要使用，就应该平整、耐用。但是有一些地段并不大量使用，或只供行人使用，而不允许一般车辆驶入，或限制车辆速度，这类地面可以根据具体情况加以特殊处理。如采用卵石铺面，嵌草的混凝土块，散铺嵌草的块石等。

图9-9 木纹板路块料路面

图9-10 漂亮的瓦片铺地

图9-11 无锡寄畅园花街铺地

图9-12 碎拼冰纹路面

（6）嵌草路面

把天然或各种形式的预制混凝土块铺成冰裂纹或其他花纹（图9-13），铺筑时在块料间留3~5cm的缝隙，填入培养土，然后种草。如冰裂纹嵌草路、花岗岩石板嵌草路、木纹混凝土嵌草路、梅花形混凝土嵌草路。

图9-13 嵌草砖铺地

9.1.3.4 园路的尺度

①园路的铺装宽度和园路的空间尺度，是有联系但又不同的两个概念。旧城区道路狭窄，街道绿地不多，因此路面有多宽，其空间也有多大。而园路是绿地中的一部分，它的空间尺寸既包含有路面的铺装宽度，也受四周地形地貌的影响，不能以铺装宽度代替空间尺度要求。

一般园林绿地通车频率并不高，人流也分散，不必为追求景观的气魄、雄伟而随意扩大路面铺砌范围，减少绿地面积，增加工程投资。但应注意园路两侧空间的变化，要疏密相间，留有透视线，并有适当缓冲草地，以开阔视野，借以解决节假日、集会人流的集散问题。园林中最有气魄、最雄伟的是绿色植物景观，而不应该是人工构筑物。

②园路和广场的尺度、分布密度应该是人流密度客观、合理的反映。上述的路宽，是一般情况下的参考值。"路是走出来的"，从另一方面说明，人多的地方，如游乐场、入口大门等，尺度和密度应该大一些；休闲散步区域，相应要小一些，达不到这个要求，绿地就极易损坏。20世纪60~70年代上海市中心的人民公园草地，被喻为金子铺出来的，就是这个原因。现在很多规划设计，反过来夸大第五立面、铺砌地坪的作用，这样既增加建设投资，也导致终日暴晒，于生态不利，这不能不说是一种弊病。当然，这也和园林绿地的性质、风格、地位有关系。例如，动物园比一般休息公园园路的尺度、密度要大一些；市区公园比郊区公园大一些；中国古典园林由于建筑密集，铺装地往往也大一些。建筑物和设备的铺装地面，是导游路线的一部分，但它不是园路，是园路的延伸和补充。

③在大型新建绿地，如郊区人工森林公园，因为规模宏大，几百公顷至千公顷，要分清轻重缓急，逐步建设园路。建园伊始，只要道路能达到生产、运输的要求，初期建设也以只建园路路基最为合理有利。随着园林面貌的逐步形成，再建设其他园路和小径、设施，以节约投资。

9.1.4 园路的布局手法

9.1.4.1 布局依据

①园林工程的建设规模，决定了园路布局的类型和布局特点 一般较大的公园，要求园路主道、次道、游步道三者齐备，铺装多样化，从而使园路成为园林造景的重要组成部分。而较小的园林绿地或单位小块绿地的设计，往往有次道和游步道的布局设计。

②园林绿地的规划形式决定了园路布局的风格 如园林为规则式园林，则园路应布局直线和有轨可循的曲线，在园路的铺装上也应与园林风格相适应，充分体现规则式园林风格；如园林为自然式园林，则园路可布局成无轨可循的自由曲线和宽窄不同的变形路。

9.1.4.2 布局的原则

(1)因地制宜的原则

园路的布局设计，除了依据园林建设的规划形式外，还必须结合地形地貌设计，一般园路宜曲不宜直，贵在合乎自然，追求自然野趣，依山随势，回环曲折；要自然流畅，犹如流水，随地势就形。园路随地形和景物而曲折起伏，若隐若现，"路因景曲，境因曲深"，形成"山重水复疑无路，柳暗花明又一村"的情趣，以丰富景观，延长游览路线，增加层次景深，活跃空间气氛。

(2)满足实用功能，体现以人为本的原则

在园林中，园路的设计也必须遵循以人行走为先的原则。也就是说设计修筑的园路必须满足导游和组织交通的作用，要考虑到人总喜欢走捷径的习惯，所以园路设计必须首先考虑为人服务、满足人的需求。否则就会导致修筑的园路少人行走，而园路的绿地被踩踏。

(3)回环性原则

园林道路应形成一个环状道路网络，四通八达，道路设计要做到有的放矢，因景设路，因游设路，注意园路的环绕性，不能漫无目的，更不能使游人正在游兴时"此路不通"，这是园路设计最忌讳的。应注意游人从任何一点出发都能遍游全园，不走回头路。

(4)综合园林造景进行布局设计的原则

因路通景，因景筑路，同时也要使路和其他造景要素很好地结合，使整个园林更加和谐，并创造出一定的意境来。园路与景相通，所以在园林中是因景得路。比如，为了迎合青少年好奇的心理，宜在园林中设计羊肠捷径，在水面上可设计汀步；为了适宜中老年游览，坡度超过12°就要设计台阶，且隔一定的距离设计一处平台以利休息；为了达到曲径通幽，可以在曲路的曲处设计假山、置石及树丛，形成和谐的景观。

(5)疏密适度原则

园路的疏密度同园林的规模、性质有关，在公园内道路大体占总面积的8%~12%，在动物园、植物园或小游园内，道路网的密度可以稍大，但不宜超过25%。

(6)多样性原则

园林中路的形式是多种多样的。在人流集聚的地方或在庭院内，路可以转化为场地；

在林间或草坪中,路可以转化为步石或休息岛;遇到建筑,路可以转化为廊;遇山地,路可以转化为盘山道、磴道、石级、岩洞;遇水,路可以转化为桥、堤、汀步等。园路以它丰富的体态和情趣来装点园林,使园林又因路而引人入胜。

9.1.4.3 园路的布局

(1) 园路的布局形式

西方园林多为规则式布局,园路笔直宽大,轴线对称,呈几何形。中国园林多以山水为中心,园林也多采用自然式布局,园路讲究含蓄;但在庭园、寺庙园林或在纪念性园林中,多采用规则式布局。

(2) 园路与建筑

在园路与建筑物的交接处,常常能形成路口。从园路与建筑相互交接的实际情况来看,一般都是在建筑近旁设置一块较小的缓冲场地,园路可通过这块场地与建筑交接,但一些作过道使用的建筑,如游廊等,也常常不设缓冲小场地。根据对园路和建筑相互关系的处理和实际工程设计中的经验,可以采用以下几种方式来处理二者之间的交换关系:

能上能下就是常见的平行交接和正对交接,是指建筑物的长轴与园路中心线平行或垂直。还有一种侧对交接,是指建筑长轴与园路中心线垂直,并从建筑正面的一侧交接;或者园路从建筑物的侧面与其交接。

实际处理园路与建筑物的交接关系时,一般都避免斜路交接,特别是正对建筑某一角的斜角,冲突感很强。对不得不斜交的园路,要在交接处设一短的直路作为过渡,或者将交接处形成的路角改成圆角,应避免建筑与园路斜交。

(3) 园路与种植

最好的绿化效果,应该是林荫夹道。郊区大面积绿化,行道树可与两旁绿化种植相结合,自由进出,不按间距灵活种植,实现路在林中走的意境,即谓夹景。相隔一定距离在局部稍做浓密布置,形成阻隔,即障景。障景使人有"山重水复疑无路,柳暗花明又一村"的意境。

在园路的转弯处,可以利用植物来强化,比如种植大量五颜六色的花卉,既引导游人,又极其美观。园路的交叉路口处,常常可以设置中心绿岛、回车岛、花钵、花树坛等,同样具有美观和疏导游人的作用(图9-14)。

在园路的绿化中还应注意园路和绿地的高低关系,设计好的园路,常是浅埋于绿地之内,隐藏于绿丛之中,尤其山麓边坡外,园路一经暴露便会留下道路痕迹,极不美观,所以要求路比"绿"低。

图 9-14 园路与水生美人蕉

(4) 园路路口规划

园路路口的规划是园路建设的重要组成部分。从规划式园路系统和自然式园路系统的相互比较情况看来，自然式园路系统以三岔路口为主，而在规划式园路系统则以十字路口比较多，但从加强寻游性来考虑，路口设置也应少一些十字路口，多一点三岔路口。

道路相交时，除山地陡坡地形之外，一般尽量用正相交方式。斜相交时交角如呈锐角，其角度也尽量不小于60°，锐角过小，车辆不易转弯，人行要穿绿地。锐角部分还应采用足够的转弯半径，设为圆形的转角。

在三岔路口中央可设计花坛等，要注意各条道路都要以其中心线与花坛的轴心相对，不要与花坛边线相切，路口的平面形状，应与中心花坛的形状相似或相适应，具有中央花坛的路口，都应按照规划式的地形进行设计。

9.1.4.4 园路设计

园路设计包括线形设计和路面设计，后者又分为结构设计和铺装设计。

(1) 线形设计

线形设计是在园路的总体布局的基础上进行，可分为平曲线设计和竖曲线设计。平曲线设计包括确定道路的宽度、平曲线半径和曲线加宽等；竖曲线设计包括道路的纵横坡度、弯道、超高等。园路的线形设计应充分考虑造景的需要，以达到蜿蜒起伏、曲折有致；应尽可能利用原有地形，以保证路基稳定和减少土方工程量。

①园路的线型有自由、曲线的方式，也有规则、直线的方式，形成两种不同的园林风格。例如，我国苏州古典园林，讲究峰回路转，曲折迂回，而西欧古典园林凡尔赛宫，讲究平面几何形状。当然采用一种方式为主的同时，也可以用另一种方式补充。仔细观察，上海杨浦公园整体是自然式的，而入口一段是规则式的；复兴公园则相反，雁荡路、毛毡大花坛是规则式，而后面的山石瀑布是自然式的。这样相互补充也无不当。不管采取什么式样，园路忌讳断头路、回头路。除非有一个明显的终点景观和建筑。

②园路可以是不对称的，并不是要对着中轴，两边平行，一成不变，最典型例子是浦东世纪大道：世纪大道的景观设计出自法国夏氏德方斯公司之手，风格独特，个性鲜明，富有法国式的浪漫情调，又不失东方文化的含蓄和优美。其最大的特点是道路断面的非对称设计。浦东世纪大道的道路中线不在路中央，100m的路幅，中心线向南移了10m，北侧人行道宽44m，种6排行道树；南侧人行道宽24m，种2排行道树；人行道的宽度加起来是车行道的2倍多。绿化带和人行道比车行道宽，使人、交通、建筑三者的关系更加合理（图9-15）。

③园路也可以根据功能需要采用变断面的形式，如转折处不同宽狭；坐凳、椅处外延边界；路旁的过路亭；还有园路和小广场相结合等。这样宽狭不一，曲直相济，反倒使园路多变，生动起来，做到一条路上休闲、停留和人行、运动相结合，各得其所。

④园路的转弯曲折。为了延长游览路线，增加游览趣味，提高绿地的利用率，园路往往设计成蜿蜒起伏状态，因地形地貌而迂回曲折，十分自然。这在天然条件好的园林用地并不成问题，而上海一般就不是这样。因为上海园林用地的变化不大，往往一马平川，这时就必须人为地创造一些条件来配合园路的转折和起伏。例如，在转折处布置一些山石、

树木，或者地势升降，做到曲之有理，路在绿地中；而不是三步一弯、五步一曲，为曲而曲，脱离绿地而存在。陈从周说："园林中曲与直是相对的，要曲中寓直，灵活应用，曲直自如。"即明朝计成所说的"虽由人作，宛自天开"（图 9-16）。

图 9-15　上海浦东世纪大道

图 9-16　园路美丽的转弯设计

（2）结构设计

园路就结构层次一般分为路基、垫层、基层、结合层和面层几部分。

①面层　面层是地面最上的一层，它直接承受人流和车辆的磨损，承受着各种大气因素的影响和破坏。如果面层选择不好，就会给游人带来行走的不便或是反光刺眼等不良影响。地面面层结构的组合形式是多种多样的。在城市景观中无论是园林道路或是庭院、场地，其典型的面层结构要比城市公路要简单。从工程上来讲，面层设计要坚固、平稳、耐磨耗、具有一定的粗糙度、少尘，并便于清扫。

②结合层　在采用块料铺筑路面层时，在路面与基层之间，为了结合和找平面而设置的一层，结合层一般选用 3~5cm 厚的粗沙或 25# 水泥石灰混合灰浆，或 1∶3 石灰砂浆。

③基层　一般在路基之上，起承重作用。一方面支承由面层传下来的荷载，另一方面把荷载传给路基。基层不直接接受车辆和气候因素的作用，对材料的要求比面层低。一般选用坚硬的（砾）石、灰土或各种工业废渣等筑成。

④垫层　在路基排水不良，或有冻胀翻浆的地段上为了排水、隔温、防冻的需要，在基层下用煤渣石、石灰土等筑成。在园林铺地中也可以用加强基层的办法，而不另设此层。

⑤路基　路基是地面面层的基础，它不仅为地面铺装提供一个平整的基面，承受地面传下来的荷载，也是保证地面强度和稳定性的重要条件之一，因此对保证铺地的使用寿命具有重大的意义。经验认为，一般黏土或砂性土，开挖后用蛙式跳夯夯实 3 遍，如无特殊要求，就可以直接作为地基。对于未压实的下层填土，经过雨季被水浸润后，能以其自身沉陷稳定，当其容重为 180g/L 时，可以用于地基。在严寒地区，严重的过湿冻胀土或湿软呈橡皮状土，宜采用 1∶9 或 2∶8 灰土加固，其厚度一般为 15cm。

（3）铺装设计

中国园林在园路面层设计上形成了特有的风格，有下列要求：

①寓意性　中国园林强调"寓情于景"，在面层设计时，有意识地根据不同主题的环

境，采用不同的纹样、材料来加强意境。北京故宫的雕砖卵石嵌花甬路，是用精雕的砖、细磨的瓦和经过严格挑选的各色卵石拼成的，路面上铺有以寓言故事、民间剪纸、文房四宝、吉祥用语、花鸟虫鱼等为题材的图案，以及《古城会》《战长沙》《三顾茅庐》《凤仪亭》等戏剧场面的图案。

②装饰性　园路是园景的一部分，应根据景的需要做出设计，路面或朴素、粗犷，或舒展、自然、古拙、端庄，或明快、活泼、生动。园路以不同的纹样、质感、尺度、色彩，以不同的风格和时代要求来装饰园林。如杭州三潭印月的一段路面，以棕色卵石为底色，以橘黄、黑两色卵石镶边，中间用彩色卵石组成花纹，显得色调古朴，光线柔和。成都人民公园的一条林间小路，在一片苍翠中采用红砖拼花铺路，丰富了林间的色彩。中国自古对园路面层的铺装就很讲究，《园冶》中说："惟厅堂广厦中铺一概磨砖，如路径盘蹊，长砌多般乱石，中庭或宜叠胜，近砌亦可回文。八角嵌方，选鹅卵石铺成蜀锦。""鹅子石，宜铺于不常走处"，"乱青版石，斗冰裂纹，宜于山堂、水坡、台端、亭际"。又说："花环窄路偏宜石，堂回空庭须用砖。"

③园景性　园林铺地，是路面铺装的扩大，包括广场（含休息岛）、庭院等场地的铺装。例如，江南古典园林中的花街铺地，用砖、卵石、石片、瓦片等，组成四方灯锦、海棠芝花、攒六方、八角橄榄景、球门、长八方等多种多样图案精美和色彩丰富的地纹，其形如织锦，颇为美观。又如，苏州拙政园海棠春坞前的铺地选用万字海棠的图案，北京植物园牡丹园葛巾壁前的广场铺地，采用盛开的牡丹花图案。

在中国传统铺地的纹样设计中，还用各种"宝相"纹样铺地。如用荷花象征"出淤泥而不染"的高洁品德；用忍冬草纹象征坚韧的情操；用兰花象征素雅清幽，品格高尚；用菊花的傲雪凌霜象征意志坚定。在中国现代园林的建设中，继承了古代铺地设计中讲究韵律美的传统，并以简洁、明朗、大方的格调，增添了现代园林的时代感。如用光面混凝土砖与深色水刷石或细密条纹砖相间铺地，用圆形水刷石与卵石拼砌铺地，用白水泥勾缝的各种冰裂纹铺地等。此外，还用各种混凝土砖铺地，在阳光的照射下，能产生很好的光影效果，不仅具有很好的装饰性，还减少了路面的反光强度，提高了路面的抗滑性能。彩色路面的应用，已逐渐为人们所重视，它能把情绪赋予风景。一般认为暖色调表现热烈、兴奋的情绪，冷色调较为幽雅、明快。明朗的色调给人清新愉快之感，灰暗的色调则表现为沉稳宁静。因此，在铺地设计中有意识地利用色彩变化，可以丰富和加强空间的气氛。北京紫竹院公园入口用黑、灰两色混凝土砖与彩色卵石拼花铺地，与周围的门厅、围墙、修竹等配合，显得朴素、雅致。

大面积的地面铺装，会带来地表温度的升高，造成土壤排水、通风不良，对花草树木的生长不利。目前除采用嵌草铺地外，还可采用各种彩色路面。

使用功能有特殊要求的园路，如老年漫步径、健身道、无障碍通道等，应按功能要求使用相应的路面材料。

9.1.4.5　园路施工设计中应注意的问题

①两条自然式园路相交于一点，所形成的对角不宜相等，道路需要转换方向时，离原交叉点要有一定长度作为方向转变的过渡。如果两条直线道路相交时，可以正交，也可以

斜交。为了美观实用，要求交叉在一点上，对角相等，这样就显得自然和谐。

②两路相交的所成的角度一般不宜小于60°。若由于实际情况限制，角度太小，可以在交叉处设立一个三角绿地以缓和。很多园林绿地规划中园路所占面积、比例不适应，造成交通不便，行人挤占绿地现象。相反，某些规划设计中，又过多规划园路，形如蜘蛛网，不仅影响景观效果，同时给增加工程投资，还与生态不利。

③若三条园路相交在一起，三条路的中心线应交汇于一点上，否则显得杂乱。某些园路交叉口设计不合理，夹角太小，未考虑转弯半径。人们为了方便，往往踩踏草坪。有些交叉口相交路数量太多(如四五条)，导致行人在路口交叉处无所适从。

④由主干道上分出来的次干道分叉的位置，宜在主干道凸出的位置发出次干道，这样就显得流畅自如。某些园路在与环境的处理上，不是很适宜。如与圆形花坛相切，建筑物入口集散广场处，相交路口偏重量一侧，道路与水体驳岸紧贴布置等。

⑤在较短的距离内道路的一侧不宜出现两个或两个以上的交叉口，尽量避免多条道路交接在一起。如果避免不了，则需在交接处形成一个广场。

⑥自然式道路在通向建筑正面时，应逐渐与建筑物对齐并趋垂直；在顺向建筑时，应与建筑趋于平行。

9.2 园路施工方法

9.2.1 施工流程

园路施工流程为：准备工作→场地平整→地面施工→基础施工→结构层施工→面层施工。

9.2.1.1 施工准备

(1)材料准备

园路铺装工程中，铺装材料准备工作量较大，为此在确定方案时应根据铺装广场的实际尺寸进行图上放样，确定方案中边角的方案调节问题及广场与园路交接处的过渡方案，然后再确定各种花岗石的数量及边角料规格、数量。

(2)场地放样

按照设计图所绘的施工坐标方格网，将所有坐标点测设到场地上并打桩定点。然后以坐标桩点为准，根据设计图，在场地上放出场地的边线、主要地面设施的范围线和挖方区、填方区之间的零点线。

(3)地形复核

对照园路、广场竖向设计平面图，复核场地地形。各坐标点、控制点的自然地坪标高数据，有缺漏的要在现场测量补上。

9.2.1.2 场地平整与找坡

(1)挖方与填方施工

填方区的堆填顺序应当先深后浅，先分层填实深处，后填浅处，每填一层就夯实一层,直到设计的标高处。挖方过程中挖出的适宜栽植的肥沃土壤,要临时堆放在现场边,然后再填入花坛、种植地中。

(2)场地平整与找坡

挖填方工程基本完成后,对挖填出的新地面进行整理。要铲平地面,变地面平整度变化限制在0.05m内。根据各坐标桩标明的该点填挖高度数据和设计的坡度数据,对场地进行找坡,保证场地内各处地面都基本达到设计的坡度。

(3)调整连接点的地面标高

根据场地旁存在建筑、园路、管线等因素,确定边缘地带的竖向连接方式,调整连接点的地面标高。还要确认地面排水口的位置,调整排水沟管底部标高,使广场地面与周边地面的连接更自然,将排水、通道等方面的矛盾降至最低。

9.2.1.3 地面施工

(1)基层分类及施工

①基层分类

干结碎石:干结碎石路面,不使用黏结材料,主要依靠碎石的嵌挤作用达到稳定,石料不低于三级,最大粒径不大于路面厚度的0.7倍。一般厚度为8~16cm,多用作路面基层,适用于园路中的主路等。施工时先将碎石压1~2遍,再少量洒水,压至稳定,然后撒嵌缝料,压至表面无明显轨迹为止。

天然级配砂砾:这是用天然的低塑性砂料,经摊铺整性并适当洒水碾压后形成的具有一定密实度和强度的基层结构。它的一般厚度为10~20cm,若厚度超过20cm应分层铺筑。适用于园林中各级路面,尤其是有荷载要求的嵌草路面,如草坪停车场等。

石灰土:在粉碎的土中,掺入适量的石灰,按着一定的技术要求,把土、灰、水三者拌和均匀,在最佳含量的条件下压实成型的结构称为石灰土基层。石灰土力学强度高,有较好的整体性、水稳性和抗冻性。它的后期强度也高,适用于各种路面的基层、底基层和垫层。为达到要求的压实度,石灰土基一般应用不小于12t的压路机或其他压实工具进行碾压。每层的压实厚度应不小于8cm,不大于20cm。如超过20cm,应分层铺筑。

煤渣石灰土:也称二渣土,是以煤渣、石灰(或电石渣、石灰下脚)和土3种材料,在一定的配比下,经拌和压实而形成的强度较高的一种基层。

煤渣石灰土具石灰土的全部优点,同时还因为其有粗粒料做骨架,所以强度、稳定性和耐磨性均比石灰土好。另外,其早期强度高还有利于雨季施工。煤渣石灰土对材料要求不太严格,允许范围较大。一般最小压实厚度应不小于10cm,但也不宜超过20cm,大于20cm时应分层铺筑。

二灰土:二灰土是以石灰、粉煤灰与土按一定的配比混合,加水拌匀碾压而成的一种基层结构。它具有比石灰土还高的强度,有一定的板结性和较好的水稳性。二灰土对材料要求不高,一般石灰下脚料和就地土都可利用,在产粉煤灰的地区均有推广的价值。这种结构施工简便,既可以机械化施工,又可以人工施工。

②基层施工 基层施工流程:摊铺碎石→稳压→铺填充料→压实→铺摊嵌缝料→碾压。

摊铺碎石：可用几块 10cm 左右的方木或砖块放在夯实后的素土基础上，用人工摊铺碎石(碎石强度不低于 8 级，软硬不同的石料不能掺用)。以标定的摊铺厚度，木块或砖块随铺随挪动。摊铺碎石一次上齐，上料应使用铁叉，要求大小颗粒均匀分布，纵横断面符合要求，厚度一致，料底尘土要清理出去。

稳压：先用 10~12t 压路机碾压，碾速宜慢，每分钟约为 25~30m，后轮重叠宽 1/2，先沿整修过的路肩一起碾压，往返压 2 遍，即开始自路面边缘压至中心。碾压 1 遍后，用路拱桥板及小线绳检验路拱及平整度。局部不平处，要去高垫低。去高是将多余的碎石均匀捡出，不得用铁锹集中铲除。垫低是将低洼部分挖松，均匀地铺撒碎石，至符合标高后，洒少量水花，再继续碾压，至碎石初步稳定无明显位移为止。这个阶段一般需压 3~4 遍。

撒填充料：将粗沙或灰土(石灰剂量 8%~12%)均匀撒在碎石上，用扫帚扫入碎石缝里，然后用洒水车或喷壶均匀洒一次水。水流冲出的空隙再以砂或灰土补充，至不再有空隙并露出碎石尖为止。

压实：用 10~12t 压路机继续碾压，碾速稍快，每分钟 60~70m，一般碾 4~6 遍(视碎石软硬而定)，切忌碾压过多，以免石料过于破碎。

铺撒嵌缝料：大块碎石压实后，立即用 10~12t 压路机进行碾压，一般碾压 2~3 遍，碾压至表面平整稳定后无明显轨迹为止。

碾压：嵌缝料扫匀后，立即用 10~12t 压路机进行碾压，一般需压 2~3 遍，碾压至表面平整稳定无明显轨迹为止。然后进行质量鉴定、签证。

(2)稳定层施工

①在完成的基层上定点放线，每 10cm 为一点，根据设计标高，边线放中间桩和边桩。并在广场整体边线处放置挡板。挡板的高度为 10cm 以上，但不要太高，并在挡板上划好标高线。

②复核、检查和确认广场边线和各设计标高点正确无误后，可进入下道工序。

③在浇筑混凝土稳定前，在干燥的基层上洒一层水或 1:3 砂浆。

④按设计的材料比例配制、浇筑、捣实混凝土，并用长 1m 以上的直尺将顶面刮平，顶面稍干一点，再用抹灰板压光至设计标高。施工中要注意做出路面的横坡和纵坡。

⑤混凝土面层施工完成后，应及时开始养护，养护期为 7d 以上，冬季施工后养护期还应更长一点。可用湿的稻草、湿沙及塑料膜覆盖在路面上进行养护。

(3)结合层施工

一般用 M7.5 水泥、白灰、砂混合砂浆或 1:3 白灰砂浆。砂浆摊铺宽度应大于铺装面 5~10cm 的粗砂均匀摊铺而成。特殊的石材铺地，如整齐石块和条石块，结合层用 M10 号水泥砂浆。

(4)面层施工与装饰

①常用地面面层材料、特点及使用场合(表 9-2)。

表 9-2 常用地面面层材料、特点及使用场合

类别	名称	规格要求	特点及使用场合
天然材料	石板	规格大小不一，但平面尺寸不宜小于 200~300mm，厚度不宜小于 50mm	破碎或呈一定形状的砌板，粗犷、自然，可拼成各种图案，适于自然式小路或重要的活动场所，不宜通行重车
	乱石	石块大小不一，面层应尽量平整，以利于行走，有突出路面的棱角必须凿除，边石要大些方能牢固	自然、富野趣、粗犷，多用于山间林地，风景区僻静乡野小路，长时间在此路面行走易疲劳
	块条石	大石块平面尺寸大于 200mm，厚 100~150mm，小石块平面尺寸 80~100mm，厚 200mm	坚固、古朴、整齐的块石铺地肃穆、庄重，适于古建筑的纪念性建筑物附近，造价较高
	碎大理石片	规格不一	质地富丽、华贵、装饰性强，适于露天、室内园林铺地，由于表面光滑，坡地不宜使用
	卵石	根据需要规格	细腻圆润、耐磨、色彩丰富、装饰性强，排水性好，适于各种通道、庭院铺装，但易松动脱落，施工时要注意长扁拼配，表面平整，以便清扫
人工材料	混凝土砖	机砖 400×400×75、400×400×100，标号 200~250 号；小方砖 250×250×250，标号 250 号	坚固、耐用、平整、反光率大，路面要保持适当的粗糙度。可做成各种彩色路面，适应于广场、庭院、公园干道，各种形状的花砖适用于各种环境
	水磨石	根据需要规格不一	装饰性好，粗糙度小，可与其他材料混合使用
	斩假石		粗犷、仿花岗岩、质感强，要求面层逼真
	沥青混凝土		拼块铺地可塑性强，操作方便，耐磨。平整、面光，养护管理简便，但当气温高时，沥青有软化现象，彩色沥青混凝土铺地具有强烈的反差
	青砖大方砖	机砖 240×115×53，标号 150 号以上，500×500×100	端庄雅朴、耐磨性差，在冰冻不严重和排水良好之处使用较宜。但不宜用于坡度较陡和阴湿地段，易生青苔，导致游人滑倒

②园林铺地的结构层的最小厚度(表 9-3)。

表 9-3 园林铺地的结构层的最小厚度

序号	结构层材料	层 位	层位最小厚度(cm)	备 注
1	水泥混凝土	面层	6	
2	水泥砂浆表面处理	面层	1	1:2 水泥砂浆用粗沙
3	石片、釉面砖铺贴	面层	1.5	水泥砂浆作结合层
4	沥青混凝土	细粒式面层 中粒式面层 粗粒式面层	3 3 5	双层式结构的上层为细粒式时，其最小厚度为 2cm
5	沥青(渣油)表面处理	面层	1.5	
6	石板、预制混凝土板	面层	6	预制板 φ6~8 钢筋
7	整齐石板预制砌块	面层	10~12	
8	半整齐、不整齐石块	面层	10~12	包括拳石、圆石

(续)

序号	结构层材料	层位	层位最小厚度 (cm)	备注
9	砖铺地	面层	6	用1：2.5水泥砂浆或4：6石灰砂浆作结合层
10	砖石镶嵌拼花	面层	5	
11	泥结(碎)石	基层	6	
12	级配砾(碎)石	基层	6	
13	石灰土	基层或垫层	8与15	老路为8cm，新路为15cm
14	石灰土	基层或垫层	8与15	
15	手摆大块石	基层	12~15	
16	砂、沙砾或煤渣	垫层	15	仅作平整用，不限厚度

③地面面层材料施工工艺 在完成的路面基层上，重新定点、放线，每10m为一施工段落，根据设计标高、路面宽度定放边桩，打好边线、中线。设置整体现浇路面边线处的施工挡板，确定砌块路面的砌块列数及拼装方式。面层材料运入现场开始施工。

第一，施工准备。

施工材料准备：面层材料的品种、规格、图案、颜色按设计图验收，并应分类存放。

作业条件：

● 地面预埋件及水电设备管线等施工完毕并经检查合格。

● 各种立管孔洞等缝隙应先用细石混凝土灌实堵严(细小缝隙可用水泥砂浆灌堵)。

● 弹好水平墨线、中心线(十字线)及花样品种分隔线。

第二，操作工艺。

● 先将面层材料面刷干净，铺贴时保持湿润。

● 根据水平线、中心线(十字线)，按预排编号铺好，再进行拉线铺贴。

● 铺贴前应先将基层浇水湿润，再刷素水泥浆(水泥比为0.5左右)，水泥浆应随刷随铺砂浆，并不得有风干现象。

● 铺干硬性水泥砂浆(一般配合比为1：3，以湿润松散、手握成团不泌水为准)找平层，虚铺厚度以25~30cm为宜，放上面层材料时高出预定完成面3~4cm为宜。用铁抹子(灰匙)拍实抹平，然后进行面层材料块预铺，并应对准纵横缝，用木锤着力敲击板中部，振实砂浆至铺设高度后，将面层材料掀起，检查砂浆表面与石板底相吻合后(如有空虚处，应用砂浆填补)，在砂浆表面先用喷壶适量洒水，再均匀撒一层水泥粉，把面层材料对准铺贴。铺贴时四角要同时着落，再用木锤着力敲击至平正。

● 铺贴顺序应从里向外逐行挂线铺贴。缝隙宽度如设计没有要求时，对于花岗岩、大理石不应大于1mm，对于水磨石块不应大于2mm。

● 铺贴完成24h后，经检查石板块表面无断裂、空鼓后，用稀水泥(颜色与石板块调和)刷缝填饱满，并随即用干布擦净至无残灰、污迹为止。铺好面层材料2d内禁止行人和堆放物品。

● 贴踢脚板。镶贴前先将石板块刷水湿润，阳角接口板要割成45°角。将基层浇水湿透均匀涂擦素水泥浆,边刷边贴。在墙两端先各镶贴一块踢脚板,其踢脚板上楞高度应在同一水平线内,突出墙面厚度应一致。然后沿两块踢脚板上楞拉通线,用1:2水泥砂浆逐块依顺序镶贴踢脚板。镶贴时应检查踢脚板的平顺和垂直。板间接缝应与地面缝贯通,擦缝做法同地面。

第三,质量标准。

保证项目:要求面层所用板块的品种、质量必须符合设计要求;面层与基层的结合必须牢固,无空鼓。

基本项目:

- 板块面层的表面质量应符合以下规定:

合格——色泽均匀,板块无裂缝、掉角和缺楞等缺陷。

优良——表面洁净,图案清晰,色泽一致,接缝均匀,周边顺直,板块无裂纹、掉角和缺楞等缺陷。

检验方法——观察检查。

- 泛水应符合以下规定:

合格——坡度满足排水要求,不倒泛水,无渗漏。

优良——坡向符合设计要求,不倒泛水,无积水,与地漏结合处严密牢固,无渗漏。

检验方法——观察和泼水检查。

- 踢脚线的铺设应符合以下规定:

合格——接缝平整,结合基本牢固。出墙厚度适宜。

优良——表面洁净,接缝平整均匀,高度一致;结合牢固,出墙厚度适宜。

检验方法——用小锤轻击和观察检查。

- 踏步、台阶的铺贴应符合以下规定:

合格——缝隙宽度基本一致,相邻两步高差不超过15mm,防滑条顺直。

优良——缝隙宽度一致,相邻两步高差不超过10mm,防滑条顺直。

检验方法——观察和尺量检查。

- 镶边应符合以下规定:

合格——面层邻接出镶边用料及尺寸符合设计要求和施工规范规定。

优良——在合格的基础上,边角整齐、光滑。

检验方法——观察和尺量检查。

④施工注意事项

第一,石板块与基层空鼓。主要由于基层清理不干净;没有足够水分湿润;结合层砂浆过薄(砂浆虚铺一般不宜少于25~30mm,块料座实后不宜少于20mm厚);结合层砂浆不饱满以及水灰比过大等。

第二,相邻两板高低不平。由于板块本身不平,铺贴时操作不当,铺贴后过早上人将板块踩踏等(有时还出现板块松动现象),一般铺贴后2d内严禁上人踩踏。

第三,重视安全技术措施。装卸石板块时,要轻拿轻放,防止挤手或砸脚。使用手提电动车时,要经试运转合格,并装漏电保护开关及可靠接地装置,操作者必须佩戴防护眼镜及绝缘胶手套。夜班和在黑暗处操作,应使用36V低压灯照明。地下室照明用电不超过12V。

9.2.2 常见园路施工

9.2.2.1 混凝土路面施工

园林施工的原则就是从实践中来,到实践中去,设计依靠施工,施工依靠实践。园路铺装在园林工程中非常重要,在现代园林中有很多的铺装材料,相应采用的施工方法和施工工艺也是不尽相同的。

(1)施工流程

准备工作→制模板→打垫层→浇筑→刮平→面层修整→后期处理→成品养护。

(2)施工方法

①制模板　在浇筑区外围打上模板,用钉子钉牢。注意模板的上表面平整,而且要保证他们之间没有缝隙,以免混凝土泄出(图9-17)。

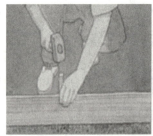

图9-17　制模板

②打垫层　在浇筑区域内铺一层碎砖石,并且夯实,形成坚实的基础。这样做的目的主要是使混凝土与碎砖层紧密结合,不会在砖缝之间流失(图9-18)。

③浇筑　在场地的一端开始浇筑混凝土,一层层地加厚,将其表面大致抹平即可,如果感觉混凝土过干,铺起来特别费事。可以在其中加些水,这样会容易些(图9-19)。

图9-18　打垫层　　　　图9-19　浇筑

④刮平　其目的是驱除气泡及最终找平。对于面积较大的区域,最好的方法是两名工作人员手拿刮平用的厚板条,轻轻地拉锯式地来回拖动(图9-20)。

⑤面层修整　在刮平的过程中,铺装表面经常会出现坑坑洼洼,这时需要用少量的混凝土填补,再使用刮平用的厚板条抹平(图9-21)。

⑥后期处理　为提高装饰效果,防止铺面过滑,在混凝土凝固之前,用硬毛刷刷扫地

图 9-20　刮　平

图 9-21　面层修整(抹平、机械找平)

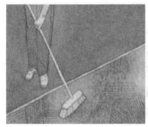

图 9-22　后期处理(伸缩缝处理、后期养护)

面,产生粗糙的纹理(图 9-22)。

9.2.2.2　水泥混凝土路面装饰施工

(1)普通抹灰与纹样处理

用普通灰色水泥配制成 1∶2 或 1∶2.5 水泥砂浆,在混凝土面层浇注后尚未硬化时进行抹灰处理,抹面厚度为 1~1.5cm。当抹面初步收水,表面稍干时,再用下面的方法进行路面纹样处理。

①滚动　用钢丝网做成的滚筒,或者用模纹橡胶囊在 30cm 直径铁管外做成滚筒,在经过抹面处理的混凝土面板上滚压出各种细密纹理,滚筒长度在 1cm 以上较好。

②压纹　利用一块边缘有许多整齐凸点或凹槽的木板或木条,在混凝土抹面层上挨着压下去,一面压一面移动,就可以将路面压出纹样,起到装饰的作用。用这种方法时要求抹面层的水泥砂浆含砂量较高,水泥与砂的配合比可为 1∶3。

③锯纹　在新浇注的混凝土表面,用一根木条如同锯割一般来回动作,一面锯一面前移,即能够在路面锯出平行的直纹,有利于路面防滑,又有一定的路面装饰作用。

④刷纹　最好使用弹性钢丝做成刷纹工具。刷子宽 45cm，刷毛钢丝长 10cm 左右，木把长 1.2~1.5cm。用这种钢丝刷在未硬的混凝土面层上可以刷出直纹、波浪或其他形状的纹理。

（2）彩色水泥抹面装饰

水泥路面的抹面层所用水泥砂浆，可通过添加颜料而调制成彩色水泥砂浆，用这种材料可做出彩色水泥路面。彩色水泥调制中使用的颜料，需选用耐光、耐碱、不溶于水的无机矿物颜料，如红色的氧化铁红、黄色柠檬铬黄、绿色的氧化铬绿、蓝色的钴蓝和黑色的炭黑等。不同颜色的彩色水泥及其所用颜料见表 9-4 所列。

表 9-4　常见彩色水泥的配置

调制水泥色	水泥极其用量(g)	原料极其用量(g)
红色、紫砂色水泥	普通水泥 500	铁红 20~40
咖啡色水泥	普通水泥 500	铁红 15、铬红 20
橙黄色水泥	白色水泥 500	铁红 25、铬黄 10
黄色水泥	白色水泥 500	铁红 10、铬黄 25
苹果绿色水泥	普通水泥 500	铬绿 150、铬蓝 50
青色水泥	普通水泥 500 白色水泥 500	铬绿 0.25 铬蓝 0.1
灰黑色水泥	普通水泥 500	炭黑适量

彩色水泥路面可采用以下施工方法：

①素土夯实。

②150 厚级配砂石垫层，加以夯实。

③铺筑 100 厚 C25 基础混凝土，混凝土应密实平整，及时收光抹平（图 9-23 至图 9-25）。

④撒彩色水泥粉，收光抹平（图 9-26）。在夏季可在混凝土初凝后 10m 分两次进行，第一次彩色水泥抛撒量在总用量（3kg/m²）的 2/3，收光后再撒总用量的 1/3，再行收光。

⑤撒脱模粉，撒布量为 1kg/m²（图 9-27）。

⑥专业模具压模，进行路面纹理处理（图 9-28）。

⑦在养护 2~3d 后，进行伸缩缝切割，沥青灌缝，进行路面修补，面层冲洗（图 9-29）。

⑧面层上保护剂，用量为 0.2kg/m²（图 9-30）。

⑨自然养护，48h 内禁止踩压。

图 9-23　铺筑混凝土

图 9-24　抹平混凝土层

图 9-25　抛光混凝土层

图 9-26　抛撒彩色水泥粉

图 9-27　撒脱模剂

图 9-28　路面纹理处理

图 9-29　切割伸缩缝

图 9-30　上保护剂

9.2.2.3　彩色水磨石地面铺装

这是用彩色水泥石子浆罩面，再经过磨光处理而成的装饰性路面。按照设计，在平整粗糙、已基本硬化的混凝土路面面层上，弹线分格，用玻璃条、铝合金(或铜条)作为格条。然后在路面上刷上一道素水泥浆，再以 1∶1.25～1∶1.50 彩色水泥细石子浆铺面，厚 0.8～1.5cm。铺好后拍平，表面滚筒压实，待出浆后再用抹子抹平。如果用各种颜色的大理石碎屑，再与不同颜色的彩色水泥配制一起，就可做成不同颜色的彩色水磨石地面。水磨石的开磨时间应以石子不松动为准，磨后将水泥冲洗干净。待稍干时，用同色水泥浆涂擦 1 遍，将砂眼和脱落的石子补好。第二遍用 100～150 号金刚石打磨，第三遍用 180～200 号金刚石打磨，方法同前。打磨完成后洗掉泥浆，再用 1∶29 的草酸水溶液洗清，最后用清水冲洗干净。

面层采用水磨石应注意：

①水磨石面层所用的石粒，应用坚硬可磨的岩石做成。

②采用的水泥标号不低于425号，品种应采用硅酸盐水泥、普通硅酸盐水泥或矿渣硅酸盐水泥。水泥中掺入的颜料宜用耐光、耐碱的矿物颜料，掺入量不宜大于水泥重量的12%。

③控制好水泥石子浆的配合比，一般为1∶1.5。

④水磨石拌和料应拌和均匀，平整地铺设在结合层上，并用滚筒滚压密实。

⑤控制好水磨石的面层厚度，根据采用的石子粒径确定，一般分3级：小粒(小八厘)为10~12mm，中粒(中八厘)为12~15mm，大粒(大八厘)为15~18mm。

⑥滚压工艺是关键。采用干撒滚压工艺，其表面与分格条上表面控制在一个水平面上，在表面均匀撒一层石子，拍平后滚压。通过滚压，水泥浆填满石子缝隙。

⑦掌握好开磨时间，根据天气情况考虑，一般2~4d。

⑧中磨：边磨边找平，找平可配3m长靠尺，以利于找出表面高低差，便于磨平。细磨：用300号以上磨石，去除表面水泥浆，磨去中磨时产生的磨痕，提高表面光洁度。

⑨清洗与打蜡。常用方法是先用清水冲洗，用锯末蹭一遍，再用拖布擦。普通水磨石可用稀草酸去除污迹。打蜡应在其他所有工序均完成以后，操作者应穿干净的拖鞋。

9.2.2.4 露骨料饰面施工

采用这种饰面方式的混凝土路面和混凝土铺砌板，其混凝土应用粒径较小的卵石配制。混凝土骨料主要是采用刷洗的方法，在混凝土浇好后2~6h内就应进行处理，最迟不得超过浇好后的16~18h。刷洗工具一般采用硬毛刷子和钢丝刷子。刷洗应当从混凝土板块的周边开始，要同时用充足的水把刷掉的泥浆洗去，把每一粒暴露出来的骨料表面都洗干净。刷洗后3~7d内，再用10%的盐酸水洗1遍，使暴露在外的石子表面色泽更明净，最后要用清水把残留盐酸完全冲洗掉。

9.2.2.5 片块状材料的地面铺装

片块状材料作路面面层，在面层与道路基层之间需做结合层，其做法有两种：一种是用湿性的水泥砂浆、石灰砂浆或是混合砂浆作为材料，称为湿法铺筑(也称刚性铺地)；另一种是用干性的细砂、石灰粉、灰土(石灰和细土)、水泥粉砂等作为结合材料或垫层材料，称为干法铺筑(也称作柔性铺地)。

(1)湿法铺筑

用厚度为1.5~2.5cm的湿性结合材料，如用1∶2.5或1∶3水泥砂浆、1∶3石灰砂浆、M2.5混合砂浆或1∶2灰泥浆等，垫在路面面层混凝土板上面或路面基层上面作为结合层，然后在其上砌筑片状或块状切面层。切块之间的结合以及表面磨缝，亦用这些结合材料，以花岗岩、釉面砖、陶瓷广场砖、碎拼石片、马赛克等片状材料贴面铺地，都要采用湿法铺砌。用预制混凝土方砖、砌块或黏土砖铺地，也可以用这种铺筑方法。

(2)干法铺筑

以干性粉砂状材料做路面面层砌块的垫层和结合层。这类材料常见的有：干砂、细砂土、1:3水泥干砂、1:3石灰干砂、3:7细灰土等。铺砌时,先将粉砂材料在路面基层上平铺1层,厚度为:用干砂、细土做垫层厚3~5cm,用水泥砂、石灰砂、灰土做结合层厚2.5~3.5cm,铺好后抹平。然后按照设计的砌块、砖块拼装图案,在垫层上拼砌成路面面层。路面每拼装好一小段,就用平直的木板垫在顶面,以铁锤在多处震击,使所有砌块的顶面都保持在一个平面上,这样可使路面铺装得十分平整。路面铺好后,再用干燥的细沙、水泥粉、细石灰等撒在路面上并扫入砌块缝隙中,使缝隙填满,最后将多余的灰砂清扫干净。以后,砌块下面的垫层紧密地结合在一起。适宜采用这种干法铺砌的路面材料主要有:石板、整形石块、混凝土路板、预制混凝土方块和砌块等。传统古建筑庭院中的青砖铺地、金砖铺地等地面工程,也常采用干法铺筑。

9.2.2.6 预制砖路面施工

(1)青砖路面施工

①施工流程　基层清理→贴灰饼→标筋→铺结合层砂浆→弹线→铺砖→压平拨缝→嵌缝→养护。

②基层处理　对基层充分清理,清水冲洗,防止找平层起壳、空鼓。找平层施工前做好标高控制塌陷,找平层采用1:2水泥砂浆,表面抹光,平整度控制在5以内。块体地面施工前先要弹线分块,按弹线粘贴。粘贴材料应按设计要求,建议采用专用粘贴剂(如JCTA黏结剂)。

③铺砖　用将选配好的砖清洗干净后,放入清水中浸泡2~3h后取出晾干备用。结合层做完弹线后,接着按顺序铺砖。铺砖时应抹垫水泥湿浆,按线先铺纵横定位带,定位带各相隔15~20块砖,然后从里往外退着铺定位带内地砖,将地面砖铺贴平整密实。

铺砖形式一般有"直形""人字形"和"对角线"等。按施工大样图要求弹控制线,弹线时在纵横或对角两个方向排好砖,其接缝宽度不大于2mm,当排至两端边缘不合整砖时(或特殊部位),量出尺寸将整砖切割或镶边砖。排砖确定后,用方尺找。每隔3~5块砖在结合层上弹纵横或对角控制线。

④压平、拨缝　每铺完一个段落,用喷壶略洒水,15min左右用木锤和硬木拍板按铺砖顺序锤拍1遍,不得遗漏,边压实边用水平尺找平,压实后拉通线抚纵缝,后横缝进行拨缝调直,使缝口平直、贯通,调缝后再用木锤拍板砸平,即将缝内余浆或砖面上的灰浆擦去。上述工序必须连续作业。

⑤嵌缝,养护　铺完地面砖2d后,将缝口清理干净,洒水润湿,用水泥浆抹缝、嵌实、压光,用棉纱将地面擦拭干净,勾缝砂浆终凝后,宜铺锯末洒水养护不得少于7d。

⑥材料要求　水泥标号不低于42.5级,砂浆强度不低于M15,稠度2.5~3.5cm,块材符合现行国家产品标准及规范规定的允许偏差。

⑦路面养护　做好保护、养护工作。根据天气情况注意洒水保养。

(2)广场砖路面施工

①施工准备

第一,材料及主要机具。

水泥:硅酸盐水泥、普通硅酸盐水泥;其标号不应低于425号,并严禁混用不同品种、不同标号的水泥。

沙：中沙或粗沙，过8mm孔径筛子，其含泥量不应大于3%。

瓷砖：有出厂合格证，抗压、抗折及规格品种均符合设计要求，外观颜色一致、表面平整（水泥花砖要求表面平整、光滑、图案花纹正确）、边角整齐、无翘曲及窜角。

草酸、火碱、107胶等：均有出厂合格证。

主要机具：水桶、平锹、铁抹子、木杠、筛子、窗纱筛子、锤子、橡皮锤子、方尺、云石机等。

第二，作业条件。

地面垫层以及预埋在地面内各种管线已做完。

提前做好选砖工作，预先用木条钉方框（按砖的规格尺寸）模子，拆包后块块进行套选、长、宽、厚不得超过±1mm，平整度由标尺检查，不得超过±0.5mm。外观有裂缝、掉角和表面上有缺陷的板剔出，并按花型、颜色挑选后分别堆放。

②操作工艺　施工流程：基层处理→找标高、弹线→抹找平层砂浆→弹铺砖控制线→铺砖→勾缝、擦缝→养护→踢脚板安装。

第一，基层处理。将混凝土基层上的杂物清理掉，并用錾子剔掉砂浆落地灰，用钢丝刷刷净浮浆层。如基层有油污时，应用10%火碱水刷净，并用清水及时将其上的碱液冲净。

第二，抹找平层砂浆。

洒水湿润：在清理好的基层上，用喷壶将地面基层均匀洒水1遍。

找平层上洒水湿润，均匀涂刷素水泥浆（水灰比为0.4~0.5），涂刷面积不要过大，铺多少刷多少。

结合层的厚度：采用水泥砂浆铺设时应为10~15mm。

使用水泥砂浆结合层时，配合比宜为1∶2.5（水泥∶沙）干硬性砂浆。亦应随拌随用，初凝前用完，防止影响黏结质量。

第三，弹线铺砖。铺砖时，先拉线，再按线逐一铺砖找正、找直、找方后，砖上面垫木板，用橡皮锤拍实，顺序从路端退着往后铺，做到面砖砂浆饱满、相接紧密。

第四，拨缝、修整。铺完2~3行，应随时拉线检查缝格的平直度，如超出规定应立即修整，将缝拨直，并用橡皮锤拍实。此项工作应在结合层凝结之前完成。

第五，勾缝、擦缝。面层铺贴应在24h内进行擦缝、勾缝工作，并应采用同品种、同标号、同颜色的水泥。

勾缝：用1∶1水泥细砂浆勾缝，缝内深度宜为砖厚的1/3，要求缝内砂浆密实、平整、光滑。随勾随将剩余水泥砂浆清走、擦净。

擦缝：勾缝后要用纱线布擦缝，清洁保养。

第六，洒水保养。

9.2.2.7　卵石路面施工

卵石面层施工，在基础层上浇筑后3~4d方可铺设面层。卵石要求质地好、色泽均匀、颗粒大小均匀，粒径3~5cm为宜。基础层上的黏结层以厚度为5cm的1∶2砂浆为宜，卵石在水泥砂浆层嵌入应大于2/3，并应竖向排列不得平铺。要求排列美观，面层均匀高低一致，面层卵石无水泥浆等污染物。

(1) 材料准备

①外观检查。卵石面色泽光滑，有无脱皮、裂缝等现象。

②定出卵石地面的曲线边缘。

(2) 操作工艺

①在填充素土夯实后，上面铺 150 厚碎石夯实，这一层中需要灌 M5 混合砂浆，然后在此基础上铺 30 厚粗砂垫层。

②在 30 厚粗砂垫层上，铺上 60 厚细石混凝土，然后嵌卵石，嵌时注意均匀用力，卵石摆布错落有致。

③检查发现卵石有位移、不稳等现象，应立即修正，同时要保持卵石面清洁。

④养护期间禁止上荷载。

(3) 质量标准

①铺砌必须平整、稳定，灌缝应饱满，不得有翘动现象。

②人行道面层与其他构筑应接顺，不得有积水现象。

(4) 注意事项

①石材应质地坚实、均匀、无风化、裂纹，色泽均匀、一致，所用石材原则上应来源于同一产石矿。

②石料加工应仔细检查、观察石质，并对石材敲击鉴定，不得使用有隐残的石料和石料纹理走向与构件受力方向不符的石料。

③石料加工后表面应清洁，无缺棱、掉角。表面剁斧的石料斧印应顺直、均匀、深浅一致、无錾点，刮边宽度一致。

④石构件安装与衬里必须联结牢固。

⑤平面石构件接缝交叉应在构件长度的 1/4~1/2 之间。细石料表面平整度不得大于 2mm。两石相接，接缝缝隙不得大于 2mm。

9.2.2.8 嵌草透气砖路面施工

嵌草路面有两种类型：一种是在块料铺装时，在块料之间留出空隙，其间种草（图 9-31）。如冰裂纹嵌草路面，空心砖纹嵌草路面，人字纹嵌草路面等；另一种是制作成可以嵌草的各种纹样的混凝土铺地砖。

施工时，先在整平压实的路基上铺垫一层栽培壤土作垫层。壤土要求比较肥沃，不含粗粒物，铺垫厚度为 10~15cm。然后在垫层上铺砌混凝土空心砌块或实心砌块，砌块缝中半填壤土，并播种草籽或贴上草块踩实。

实心砌块的尺寸较大，草皮嵌种在砌块之间的预留缝中，草缝设计宽度可在 2~5cm 之间，缝中填土达砌块的 2/3 高。砌块下面如上所用壤土作垫层并起找平作用，砌块要铺得尽量平整。空心块的尺寸较小，草皮嵌种在砌块中心预留的孔中。砌块与砌块之间不留草缝，常用水泥砂浆黏结。砌块中心孔填土为砌块的 2/3 高，砌块下面仍用壤土作垫层找平。嵌草路面保持平整。要注意的是，空心砌块的设计制作，一定要保证砌块的结实坚固和不易损坏，因此，预留孔径不能太大，孔径最好不超过砌块直径的 1/3（图 9-32）。

图9-31 实心砌块嵌草路面　　　　图9-32 空心砌块嵌草路面

采用砌块嵌草铺装的路面，砌块和嵌草层道路的结构面层，其下面只能有一个壤土垫层，在结构上没有基层，只有这样的路面结构才能有利于草皮地存活与生长。

9.2.2.9 标准切割石材路面施工

(1) 施工准备

①材料及主要机具

第一，天然大理石、花岗石的品种、规格应符合设计要求，技术等级、光泽度、外观质量要求，应符合国家标准《天然大理石建筑板材》《花岗石建筑板块》的规定。

第二，花岗岩板块可按设计加工所需尺寸。要求规格尺寸方正，表面平整光滑，无缺棱掉角、污染、裂纹等缺陷，颜色应与样板相符。

第三，硅酸盐水泥、普通硅酸盐水泥或矿渣硅酸水泥，其标号不宜小于42.5级。白色硅酸盐水泥，其标号不小于42.5号。

第四，中沙或粗沙，其含泥量不应大于3%。

第五，矿物颜料(擦缝用)、蜡、草酸。

第六，主要机具：水平尺、直角尺、橡皮锤或木锤、石材切割机、铁锹、靠尺、水桶、抹子、墨斗、钢卷尺、尼龙线、磨石机及常用地面施工工具。

②作业条件

第一，大理石、花岗石板块进场后，应平整堆放好，光面相对、背面垫松木条，并在板下加垫木方。详细核对品种、规格、数量等是否符合设计要求，有裂纹、缺棱、掉角、翘曲和表面有缺陷时，应予剔除。

第二，施工操作前应画出铺设大理石地面的施工大样图。

第三，冬季施工时操作温度不得低于5℃。

(2) 操作程序

大理石、花岗石、预制水磨石地面工艺流程为：基层清理→拉弹线→试排→试拼→扫浆铺水泥砂浆结合层→铺板→灌缝→擦缝→养护。

(3) 施工要点

①基层清理　检查基层平整情况，偏差较大的应事先修补凿平。

②定标高、弹线　根据地面水平基准线，弹出面层标高线和水泥砂浆结合层线。在地

上弹出十字中心线，按板块的尺寸加预留放样分块。大理石板地面缝宽0.8~1.0mm，花岗岩石板地面缝宽0.8~1.0mm，同时按照板材大小尺寸、纹理、图案、缝隙在干净的找平层上拉控制线。

③试排、试拼　大理石、花岗岩地面铺设前，应对板块进行试拼，先对色，拼花编号，以便对号入座，使铺设出来的地面色泽一致，美观。根据施工大样图拉线较正并排列好。核对板块的相对位置，在摆砖的时候注意对缝。检查接缝宽度。对于较复杂部位(如弯角)的整块面板，应确定相应尺寸，以便于切割。

④安放标准块、挂线　在十字线交点处对角安放2块标准块，并用水平尺和角尺校正。铺板时依标准块和分块位置，每行依次挂线，此挂线起到面层标筋的作用。

⑤铺贴　大理石、花岗岩、预制水磨石板块铺贴前先洒水润湿，阴干后待用。

大理石、花岗岩板块以30厚1:4干硬性水泥砂浆找平、结合层。铺贴前应试摆一下确认板块间隙、标高等都符合要求后，端起板块，在干硬砂浆找平层上洒素水泥面，随即洒适量清水，拉通线将板块跟线平稳铺下，用木锤或橡皮锤垫木块轻击，使砂浆振实，缝隙平整满足要求后，揭开板块，进行找平，再浇一层水灰比为0.45的水泥素浆正式铺贴，轻轻锤击，找直找平。铺好一条及时用靠尺或拉线检查各项实测数据。如不符合要求，应揭开重铺。

⑥灌缝、擦缝　板块铺完养护2d后，在缝隙内灌水泥砂浆擦缝，有颜色要求的应用白水泥加颜料调制，灌浆1~2h后，用棉纱蘸色浆擦缝，黏附在板面上的浆液随手用湿纱头擦拭干净。铺上干净湿润的锯末养护。喷水养护不少于7d。

⑦养护　在拭净的石材路面上覆盖锯末保护，24h后洒水养护，3d内不得踩踏。

(4)质量标准

①保证项目　面层所用板块的品种，质量必须符合设计要求。

面层与基层的结合必须牢固，无空鼓。检查办法：用小锤轻击和观察。

②基本项目

• 板块面层的表面质量应符合以下规定：

合格——色泽均匀，板块无裂缝、掉角和缺棱等缺陷。

优良——表面洁净，图案清晰，色泽一致，接缝均匀，周边顺直，板块无裂缝、掉角和缺棱等缺陷。

检查方法——观察。

• 泛水符合以下规定：

合格——坡度满足排水要求，不倒泛水渗漏。

优良——坡向符合设计要求，不倒泛水，无积水。

检查方法——观察与泼水试验。

• 台阶铺设应符合下列规定：

合格——接缝平正，结合基本牢固，出墙厚度适宜。

优良——表面洁净，接缝平整均匀，高度一致；结合牢固，出墙厚度适宜。

检查方法——用小锤轻击与观察检查。

• 踏步、台阶的铺贴应符合以下规定：

合格——缝隙宽度应基本一致,相邻两步高度不超过15mm。

优良——缝隙宽度应基本一致,相邻两步高度不超过10mm,防滑条顺直。

检查方法——观察与尺量检查。

- 镶边应符合以下规定:

合格——面层邻接处镶边用料及尺寸符合设计要求和施工规范规定。

优良——在合格的基础上边角整齐、光滑。

检查方法——观察和尺寸检查。

(5)施工注意事项

①大理石、花岗岩常见质量通病——板块空鼓,这主要由于基层清理不干净,没有足够的水分湿润,结合层砂浆过薄,结合层砂浆不饱满以及水灰比过大等原因造成的。防治措施:基层应彻底清除灰渣和杂物,用水冲洗干净、晾干,铺结合层砂浆前,先润湿基层,水泥素浆刷匀,随即铺结合层砂浆,并拍实。铺贴前,板块应湿润、晾干,板背应清洁,铺贴时用水灰比为0.45的水泥素浆为黏结剂,若干洒水泥素灰要撒匀,并洒适量的水,定位后,将板块均匀轻击压实。

②铺贴边缘出现大小头。由于放线时尺寸不方正,铺贴时没有掌握板缝,以及先料尺寸控制不够严格导致。

③相邻两板高低不平。由于板块本身不平,铺贴石操作不当,铺贴后过早上人将板块踩踏等造成,一般铺贴后2d内禁止上人踩踏。

④试铺、调校及擦缝的操作人员,要穿软底鞋,并只能轻踏板中操作。完成后的地面,2d内禁止上人及堆放物件,其表面要覆盖保护,当水泥砂浆结合层强度达到60%~70%后,才允许进行局部研磨。

(6)主要安全技术措施

装卸石板材时,要轻拿轻放,防止挤手或砸脚。

使用手提电动机时,要经过试运转合格,安装漏电掉闸开关及可靠接地装置,操作者必须要佩戴防护眼睛及绝缘胶手套。

夜班和在黑暗处操作,应使用36V低压灯照明。

产品保护十分重要,石板块存放,不得长期日晒,一般采用立放,光面相对,板底应用木枋垫托;运输时应轻拿轻放。

9.2.2.10 碎拼大理石施工

(1)操作程序

基层清理→抹找平层灰→铺贴→浇石渣浆→磨光→上蜡。

(2)施工要点

①碎拼大理石地面应在基层上抹30mm厚1:3水泥砂浆找平层,用木抹子搓平。

②在找平层刷素水泥浆1遍,用1:2水泥砂浆镶贴碎拼大理石标筋(或贴灰饼),间距1.5m,然后铺碎大理石块,并用橡皮锤轻轻敲击,使其平整、牢固。随时用靠尺检查表面平整度。注意石块与石块间留足间隙,挤出的砂浆应从间隙中剔除,缝底成方形。

③灌缝。将缝中积水，杂物清除干净，刷素水泥浆 1 遍，然后嵌入彩色水泥渣浆，嵌抹应凸出大理石表面 2mm，再在其上撒一层石渣，用铺抹子拍平压实，次日养护。也可用同色水泥砂浆嵌抹间隙做成平缝。

④磨光。面层分 4 遍磨光，第一遍用 80~100 号金刚石；第二遍用 100~160 号金刚石；第三遍用 240~280 号金刚石；第四遍用 750 号或更细的金刚石进行打磨。

⑤铺板。铺镶时，板块应预先用水浸湿，晾干无明水方可铺设。

9.2.2.11 拼花装饰路面施工

地面石子镶嵌与拼花，这是中国传统地面铺装中常用的一种方法。施工前，要根据设计的图样，准备镶嵌地面用的砖石材料。设计有精细图形的，先要在细密质地青砖上放好大样，再精心雕琢，做好雕刻花砖，施工中可嵌入铺地图案中。要精心挑选铺地用石子，挑选出的石子应按照不同颜色、不同大小、不同长扁形状分类堆放，以利于铺地及拼花时方便使用。

施工时，先要在已做好的道路基层上，铺垫一层结合材料，厚度一般可分为 1~7cm。垫层结合材料主要用 1:3 石灰砂、3:7 细灰土、1:3 水泥砂浆等，用干法铺筑或湿法铺筑均可，但干法施工较为方便。在铺平的松软垫层上，按照预定的图样开始镶嵌拼花。一般用立砖、小青瓦瓦片来拉出线条、纹样和图形图案，再用各色卵石、砾石镶嵌做花，或者拼成不同颜色的色块，以填充图形大面。然后经过进一步修饰和完善图案纹样，并尽量整平铺地后，即可定形。定形后的铺地地面，仍要用水泥干砂、石灰干砂撒布其上，并扫入砖石缝隙中填实。最后用大水冲击或使路面有水流淌。完成后，养护 7~10d。

(1) 拼花设计与加工

①设计　要想设计出既美观实用、艺术性强，又受消费者喜爱的石材艺术品，必须深入生活、观察了解人们的喜爱与需求，从生活中捕捉创作灵感。绘画构图要源于生活，高于生活，标新立异。

②选料　拼花的原材料极为丰富，边角余料比比皆是，均可利用。只要精心细选色彩鲜艳，石纹石色比较一致的优质余料，加以艺术加工，就可制作出色彩缤纷的艺术珍品。

③制作　加工制作分 5 个步骤：

第一，绘制模具。按设计要求，在画纸上描绘拼花图案，用复写纸复印在三夹板上，标明各图案用何种颜色的石种。根据图案之间的连接走向，写上编号，以防乱套。然后用锋利的剪刀，沿着图案的线条一小块一小块地割出图形模具。割出的线要垂直，不能斜，弧角不能走位。

第二，准确选料，开料预宽。拼花图案中有红、白、黑等多种颜色的石料，有的同一种颜色也有深浅之分。选料时要按图纸要求准确选择纹理清晰、晶粒细密、颜色纯和一致、无裂痕的石板。按模具的形状、规格准确地刻画在选好的石块上，一件件把取舍部分割切开来。割切时外围要留有加工余量，预宽 1~2mm，以备走位补救。

第三，精心磨合，分组粘拼。把割切好的图案石块预留部分慢慢磨至连接线位相吻合，用少量黏料衔接初步定位，再用大力胶一件件粘拼为整体图案。在粘接时，视各小图案的连接情况分成若干小组,先从中心磨合粘拼,后分别磨合粘拼,再组与组磨合粘拼,最后与边框磨合粘拼,这样有条不紊地拼接,工效快,质量好,不易走位。

第四,调色渗缝,淋网加固。整体图案粘拼后,用环氧树脂、石粉、色料拌合调色,使调色与石色绝对相似时,加入少量催干剂混合,迅速渗入各连接部位的缝隙里,稍后刮表面色料。铺上纤维纱网,撒上石粉淋树脂,均匀抹平,使纱网与石板黏合。

第五,打磨抛光。把粘好的拼花石板平稳放在磨台上,加磨平滑,不现砂路,过蜡抛光。

(2) 拼花质量标准

①同一石种颜色一致,无明显色差、色斑、色线的缺陷,不能有阴阳色。
②纹路基本相同,板面无裂痕。
③外围尺寸、缝隙、图案拼接位误差小于1mm。
④平面度误差小于1mm,没有砂路。
⑤表面光泽度不低于80度。
⑥黏结缝隙的色料或补石用的黏料颜色要与石料颜色相同。
⑦对角线、平行线要直,要平行,弧度弯角不能走位,尖角不能钝。
⑧包装时光面对光面,并标明安装走向指示编号,贴上合格标签。

9.2.3 不良路基园路施工方法

主要指橡皮土与膨胀土两类。

(1) 填方出现橡皮土的现象

填土受夯打(碾压)后,基土发生颤动,受夯击(碾压)处下陷,四周鼓起,形成软塑状态,而体积并没有压缩,人踩上去有一种颤动感觉。在人工填土地基内,成片出现这种橡皮土(又称弹簧土),将使地基的承载力降低,变形加大,地基长时间不能得到稳定。

(2) 原因分析

在含水量很大的黏土或粉质黏土、淤泥质土、腐殖土等原状土地基土进行回填,或采用这种土作土料进行回填时,由于原状土被扰动,颗粒之间的毛细孔遭到破坏,水分不易渗透和散发。当施工时气温较高,对其进行夯击或碾压,表面易形成一层硬壳,更加阻止了水分的渗透和散发,因而使土形成软塑状态的橡皮土。这种土埋藏越深,水分散发越慢,长时间内得不到消失。

(3) 预防措施

①夯(压)实填土时,应适当控制填土的含水量,土的最优含水量可通过击试试验定。工地简单检验,一般以手握成团,落地开花为宜。
②避免在含水量过大的黏土、粉质黏土、淤泥质土、腐殖土等原状土上进行回填。
③填方区如有地表水,应设排水沟排走;有地下水应降低至基底0.5m以下。
④回填暂停一段时间,使橡皮土含水量逐渐降低。

(4) 治理方法

①用干土、石灰粉、碎砖等吸水材料均匀掺入橡皮土中,吸收土中水分,降低土的含水量。

②将橡皮土翻松、晾晒、风干至最优含水量范围，再夯(压)实。
③将橡皮土挖除，采取换土回填夯(压)实，或填以 3∶7 灰土、级配砂石夯(压)实。

9.2.4 路缘及道牙石铺设

道牙基础宜与路床同时填挖碾压，以保证密度均匀，具有整体性。弯道处的道牙最好事先预制成弧形，道牙的结合层常用 M5 水泥砂浆 2cm 厚，应安装平稳牢固。道牙间缝隙为 1cm，用 M10 水泥砂浆勾缝。道牙背后路肩用白灰土夯实，其为宽度 50cm、厚度 15cm。亦可用自然土夯实代替。

9.2.5 台阶与坡道铺装

(1) 台阶的作用

在景观营建中，对于倾斜度大的地方，以及庭园局部间发生高低差的地方，都要设置阶梯。阶梯为园林道路的一部分，故阶梯的设计，应与园路风格成为一体。当阶梯设置于庭园中，其美学价值远超过使用价值，其重要性表现为：

①阶梯是房屋与庭园间的主要联系。
②阶梯可使景观两点间的距离缩短，避免迂回。
③阶梯可令人有步步高升之感。
④阶梯可使庭园地面产生立体感，而减少起伏不平的地面，可利于庭园布置美化，并能使庭园有宽广的感觉。
⑤由于阶梯产生动的意味及阴影的效果，而呈现出音乐与色彩的韵律。

(2) 台阶的种类

阶梯的种类依外形可分为规则式阶梯及不规则式阶梯，见表 9-5。

表 9-5 园林阶梯种类

类 别		构 造
规则式	水泥阶梯	用模板按水泥路面方式灌注，其高度宽度预先测定
	石板阶梯	整齐石板铺砌而成
	砖砌阶梯	以红砖按所需阶梯高度，宽度整齐砌成
不规则式	块石阶梯	坚硬石块，较平一面为阶面，高度、宽度在同一阶上力求相等
	横木阶梯	阶梯边缘，用横木固定，材料以桧木、栗木为佳；阶面以土石铺设
	纵木阶梯	阶梯边缘用纵木桩固定，其形式与横木阶梯同

(3) 阶梯的构造与设计

①阶梯构造

- 基础可用石块或混凝土。
- 踏面即脚踩的平面。表面要防滑，向前有一定倾斜度以利排水。宽一般为 28~45cm。
- 踢面台阶的垂直面。一般以 10~15cm 为宜，最高不超过 17.6cm。
- 踏面突边指踏面的前方边缘，既可建在下层踢面之上，也可进行装饰，从下往上看时台阶更显突出。

- 坡度指台阶上升的角度。本着安全和舒适的原则,庭园中台阶的坡度不应超过40°。
- 顶部平台和底部平台,可有效防止草地或土壤的磨损或开裂。
- 按一定的间距设置休息平台,供人休息。休息平台的深度(从前到后)应该是踏面的倍数。
- 台阶的高度(R)与宽度(T),在特殊情况下需要变动时可依下式计算:

$$2R+T=67cm$$

- 楼梯标准尺寸(屋外)计算公式如下:

$$踢面高+3+踏面宽=70cm$$

但以踏台高15cm,踏面宽30cm为最大。宽度系假定园路宽度增加2%~3%。根据西欧各国的资料,庭园中台阶的最佳尺寸应不低于10cm,不高于20cm。要想获得良好的步伐节奏感,踢面与踏面间的合理比例至关重要。踢面越低,踏面则必须越深。

②阶梯的设计要点

第一,台阶既可以与坡地平行,也可以与坡地以适当的角度相交,或二者兼而有之;既可与坡地融为一体,也可自成一体。坡顶或坡底可利用的空间常常决定了台阶的位置。如果坡顶的空间有限,就应该将台阶的重心放在坡底;反之,若坡底的空间很小,那么可将台阶建在坡道内,而不超出坡道本身。顶部平台则可嵌入到坡顶的空间中。

第二,台阶的级数取决于高差以及可利用的水平宽度。一般而言,庭园中台阶的坡度没有室内的大,因为后者空间有限,并有扶手或栏杆作为补充。

第三,踏面在高度和纵宽上必须保持一致,在上下台阶时应有一种节奏感,才会使行人觉得舒适和安全。而这种节奏感是通过踢面的高度与踏面的宽度之间的紧密结合而获得的。如果某段台阶特别长,最好每隔10~12个踏面就设一个休息平台,以便登梯者不论在体力上还是精神上都能获得休息。

第四,踏面的横宽也是随环境的不同而异,但凭经验,台阶踏面不应小于35cm,并且它们不应小于所在道路的宽度。若踏面过窄,会给人一种局促、匆忙的不适之感。踏面越宽,越让人觉得从容不迫,身心放松。

第五,每一个踏步的踏面都应该有5mm的高差,这样做是为了确保不使踏面积水,因为踏面上的积水很容易引起危险,尤其在寒冷的气候下,所以最好能选用防滑材料。踏面板应该垂直于踢面板铺设,并高出15mm,这些高差会影响一长段梯段的整体高度。

第六,如果设计施工的台阶主要是为老年人服务的,或者如果台阶踏步一侧的垂直距离超过60cm,应设计扶手,具体的施工做法应该参照相应的建筑设计规范。

9.3 路面倾斜要求与常见施工结构

9.3.1 路面倾斜要求

一般园路应有0.3%~8%的纵坡和1.5%~3.5%的横坡,以保证地面水的排除。各种类型路面对坡度的要求不同(表9-6)。

表 9-6　各种类型路面的纵、横坡度表　　　　　　　　　　　　　　%

路面类型	纵坡			横坡		
	最小	最大		特殊	最小	最大
		游览大道	园路			
水泥混凝土路面	3	60	70	100	1.5	2.5
沥青混凝土路面	3	50	60	100	1.5	2.5
块石、碎石路面	4	60	80	110	2	3
拳石、卵石路面	5	70	80	70	3	4
粒料路面	5	60	80	80	2.5	3.5
改善土路路面	5	60	60	80	2.5	4
游步小道	3		80		1.5	3
自行车道		30			1.5	3
广场、停车场	3	60	70	100	1.5	2.5
特别停车场	3	60	70	100	0.5	1

注：①路肩横坡应比路面横坡大 1%~2%；②注意路面的排水处理：路面两旁宜有排水装置(除特别狭窄的园路外)，路面的排水坡度为 1%~3%，以利雨水的排放，普通排水可分明沟及暗沟排水 2 种。

9.3.2　园路施工结构图示例

如图 9-33 至图 9-42。

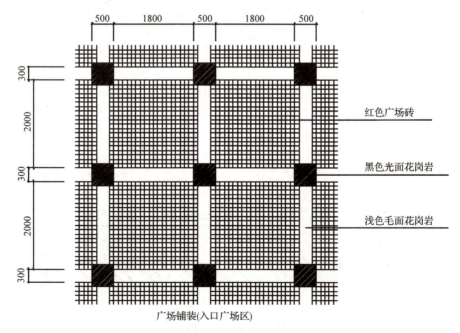

图 9-33　广场铺装示例图

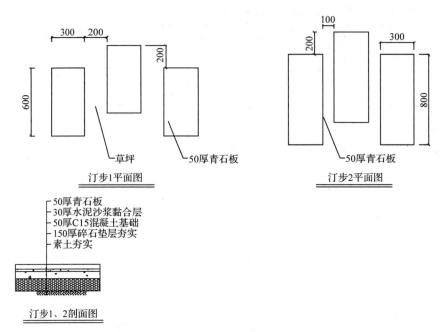

图 9-34　草汀施工结构示例图

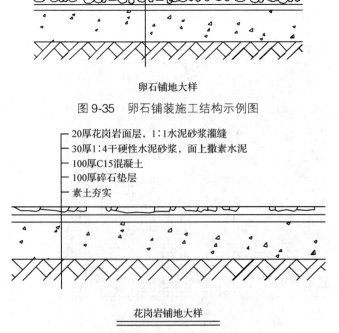

图 9-35　卵石铺装施工结构示例图

图 9-36　切割标准石材铺装施工结构示例图

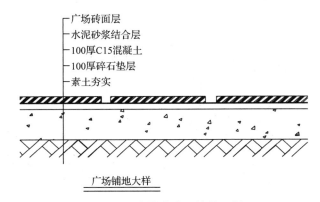

图 9-37 生态铺装施工结构示例图

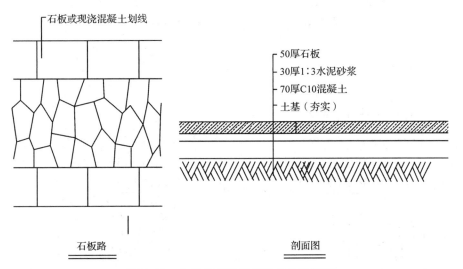

图 9-38 自然片石铺装施工结构示例图

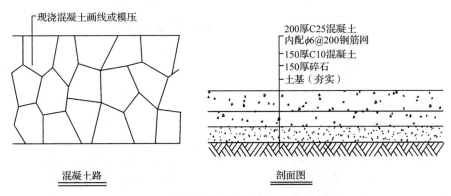

图 9-39 混凝土路面铺装施工结构示例图

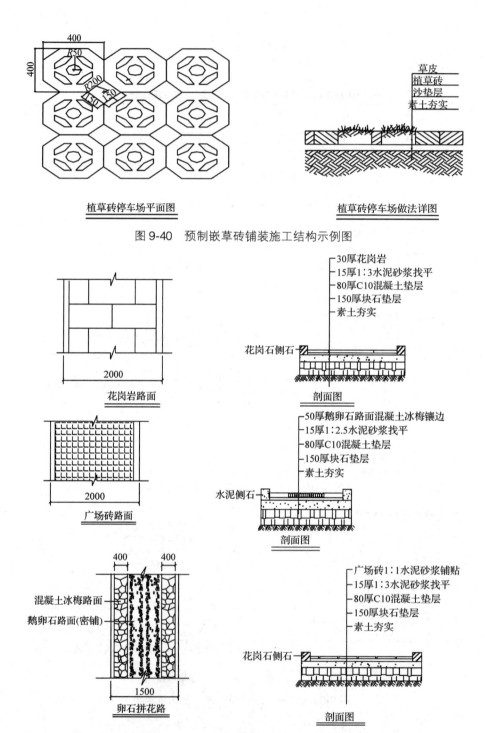

图 9-40 预制嵌草砖铺装施工结构示例图

图 9-41 各类路牙材料施工结构示例图

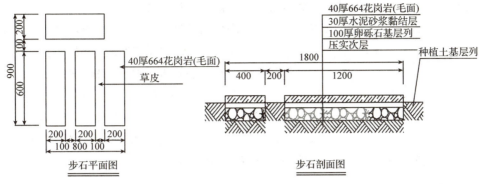

图 9-42 常见步石安装施工结构示例图

知识拓展

1. 园路铺装常用量

园路施工中,一些特别数据是很有用的,这些数据不只是应用于现实施工之中,在技能考核时也是很常见的。冰纹片(花岗岩)容重约 2.4g/cm³,每吨可铺 7~9m²;片石约 2.4g/cm³,每吨可铺 7~8m²;卵石 2.5g/cm³,每吨可铺 8~10m²;切割标准石材 2.6g/cm³,一般用量 4 块/m²;标准切割路牙石 2.5g/cm³,用量 2 块/m²;青石片 2.2g/cm³,每吨可铺 8~11m²;广场砖(10×10)用量 1 箱/m²。

2. 园路照明线路施工

(1) 灯高及灯距

路灯一般为 4~5m;广场灯则在 8~10m;庭园灯杆高度一般不超过 4m;草坪灯则不超过 2m,通常为 0.4~0.7m;在路边、台阶处、小溪边也可布置地灯。园灯间距一般为 20~25m,杆式路灯间距可大一些,草坪灯间距可小一些。

①杆式道路灯 简称路灯。一般采用镀锌钢管,底部管径 160~180mm,高 H 为 5~8m,伸臂长度 B 为 1~2m,灯具仰角 α 为 0°、5°、10°、15°。

②柱式道路灯 简称庭园灯,根据不同的园林风格采用与之协调统一的灯具。主要用于园林广场、游览步道、绿化带或装饰性照明等。多用白炽灯和金属卤化物灯等。

③短柱式草坪灯 简称草坪灯。主要用于园林广场、绿化草地等作为装饰照明。灯具应选用质地坚硬的,以防受到破坏,一般采用白炽灯或紧凑型节能日光灯。

(2) 线路施工

①施工过程 准备工作→选线放线→线槽开挖→线路埋设→灯柱安装→调试。

②施工要点

第一,先根据设计总平面图结合现场选定灯柱安装线路及灯柱安装点,设计灯柱间距 25m,定出安装点后用石灰标示。

第二,由有经验的施工人员进行线路开挖,挖深 30cm,安装灯柱处适当加宽。挖方时,注意沿线施工条件及所穿过的硬质铺装地,如需穿过,安排平行施工或交叉作业,在面层施工前预留穿线孔。所有挖方均放置于沟一侧，以利回填。

第三，线槽开挖完毕后，及时进行下道工序。拉线时先将电缆穿于 PVC 管内，再连同 PVC 管埋于沟槽中。放置好后回填土。适当人工踩实。灯柱安装处预留出线孔及接头。

第四，灯柱安装。于出线口处根据灯柱样式与安装要求，浇筑混凝土块墩，墩上预留螺孔，以便与灯柱相接。指派有经验的人员安装灯柱，安装时扶稳上螺栓，检查是否稳固。待所有灯柱安装完毕，再检查 1 遍。安装控制箱，控制箱安装高度≥1.6m。

第五，将线头与灯柱接线端连接好，保证不漏电。检查后调试 1 次，看是否每根灯柱均通电，同时查检控制箱。一切正常后再安装上灯泡。最后开闸试灯。

实训与思考

1. 园路整体设计。根据一定的设计环境让学生按园路的要求进行园路路面设计与结构设计。要求用 A2 图纸绘出路面设计样式（不少于 6 种），并从中选取 3 种施工结构设计断面图（或施工剖面图），标注施工材料及配比。

2. 临时园路施工放样。根据上述所作设计图，在实地进行施工放线，学习放线方法。最好分小组实施。实训前，先列表将施工程序写好，准备好施工放线材料。放线时，要严格按照要求进行。

3. 临时园路施工实训。根据所准备的施工材料，从放样开始，按施工程序进行全面实训。宜选择冰纹、片石、卵石、预制砖、透水砖等材料施工。

4. 请根据材料市场的情况，列出当地用于园路的施工材料，市场价位，用于何种工程，有何特点，施工中注意的问题，如何保养等。

5. 用园路进行主题设计，表现一定的景观意境，你认为应如何做。

学习测评

选择题：

1. 园路施工中发现地下水位高，土质较黏结，比较理想的施工方法是（　　）。
   A. 客土改造　　　　B. 抛填块石　　　　C. 增加垫层　　　　D. 补增灰土层

2. 铺片石与卵石嵌花路，原则是（　　）。
   A. 先铺卵石后铺片石　　　　　　　　B. 卵石、片石同时铺
   C. 先铺片石后铺卵石　　　　　　　　D. 不分先后随意铺

3. 广场砖路面铺装需要扫缝，做法是（　　）。
   A. 先用细沙渗入适量水泥加水混合，铺好的路面稍干后用棕扫完整扫缝
   B. 先用细沙渗入适量水泥加水混合，铺好的路面稍干后用纱线每块砖扫缝
   C. 先用细沙渗入适量水泥加水混合，铺好的路面稍干后用纱线分段扫缝
   D. 先用细沙渗入适量水泥加水混合，铺好的路面稍干后用棕扫分段扫缝

4. 园路施工在放线环节，应记住（　　）。
   A. 先放园路外侧设计边界线，再放道路中间线
   B. 先放园路外侧挖方线，再放道路设计边界线
   C. 先放起点桩，再放转弯桩

D. 先放园路中间线,再放道路边界线

5. 在采用园路排水时,所设计的雨水口(井)可以(　　)。

A. 结合明沟,通过水平式铁栅雨水口排进沟中

B. 结合暗沟,通过垂直侧式铁栅雨水口排进沟中

C. 结合给水井,通过水平式铁栅雨水口排进井中

D. 结合给水井,通过垂直侧式铁栅雨水口排进井中

6. 步石和汀步在园林道路设计中很常用,两者的区别在于(　　)。

A. 步石和汀步都是安置于草坪上的行人道,大小不一样

B. 步石安置于水体之中,汀步安置于草坪之中

C. 步石安置于草坪中,而汀步安置于水体之中

D. 步石是用石品安装铺设,汀步则是用竹木安装铺设

7. 作为园路结合层材料主要是(　　)。

A. 水泥　　　　　B. 碎石　　　　　C. 灰土　　　　　D. 素混凝土

8. 生态停车场在很多场合应用,其施工材料中结合层及种植土用(　　)。

A. 碎石/塘泥　　　　　　　　　B. 块石/菜园土

C. 粒石+石灰/黄心土+塘泥　　　D. 黄心土/表土

9. 选择园路铺装材料可按路面类型进行,如下属于碎料路面的是(　　)。

A. 卵石(雨花石)健身路　　　　B. 青云片路

C. 标准切割阳溯石石材路　　　　D. 吸水砖路

10. 园路设计中,如下因子必须要加以考虑的是(　　)。

A. 转弯半径　　　B. 安全视距　　　C. 纵向排水坡度　　D. 弯道加宽

数字资源

单元 10　大树移植工程

学习目标

【知识目标】
(1) 了解园林工程中大树移植类型、特点及应用环境；
(2) 掌握大树移植中涉及的技术名词与概念；
(3) 熟悉大树移植季节、流程和方法。

【技能目标】
(1) 能根据施工环境从事常规大树移植施工组织；
(2) 能根据大树特性制定施工流程、施工方法；
(3) 能根据环境条件解决大树移植施工中遇到的技术问题。

【素质目标】
(1) 培养不同环境中大树移植施工组织所必需的技术素养；
(2) 培养大树移植工程中不怕晒、不怕累、讲安全、讲节奏的作业态度；
(3) 培养工程项目施工所需的团队协作精神。

大树在城市绿化中起着举足轻重的作用，直接关系到城市绿地的景观效果，是城市绿化的骨架。随着社会经济的发展以及城市建设水平的提高，大树越来越多地应用于各类园林工程建设中。在城市绿化中，为了加快园林绿化的速度，及时发挥园林树木的生态功能和景观效果，常常要引进、种植些较大的树木，大树移植已成为城市绿化建设中的一种重要技术手段。

10.1　大树移植概述

大树移植，是指移植胸径在 10cm 以上，且维持树木冠形完整或基本完整的大型树木。根据移植树木来源，可分为人工培育大树移植和天然生长大树移植两类。人工培育的移植树木是经过各种技术措施培育的树木，移植后能适应各种生态环境，成活率较高。天然生长的移植树木大部分生长在森林生态环境中，移植后不适应小气候生态环境，成活率较低。

大树移植需要投入较多人力、机械设备和资金，同时，大树的再生能力较幼青年树明显减弱，难以成活。因此，大树移植一般难度较大，技术要求较高。但因它能在最短的时间内改变一个小区甚至一座城市的自然面貌，较快地发挥绿色景观效果，而被较多采用。特别是像 1999 昆明世界园艺博览会这样的重点工程，大树移植显得尤为有效和重要。而在环境条件恶劣、人为影响强度大的城市中，采用大树移植也不失为一种提高绿化保存率和缩短绿化景观形成周期的有效途径。

10.1.1 大树移植基本特点

10.1.1.1 大树移植基本原理

大树移植的基本原理包括近似生境原理和树势平衡原理。

(1)近似生境原理

移植后的生境优于原生生境，移植成功率较高。树木的生态环境是一个比较综合的整体，主要指光、气、热等小气候条件和土壤条件。如果把生长在高山上的大树移入平地，把生长在酸性土壤中的大树移入碱性土壤，其生态差异太大，移植成功率会比较低。因此，定植地生境最好与原植地类似。移植前，需要对大树原植地和定植地的土壤条件进行测定，根据测定结果改善定植地的土壤条件，以提高大树移植的成活率。

(2)树势平衡原理

树势平衡是指乔木的地上部分和地下部分须保持平衡。移植大树时，如对根系造成伤害，就必须根据其根系分布的情况，对地上部分进行修剪，使地上部分和地下部分的生长情况基本保持平衡。因为，供给根发育的营养物质来自地上部分，对枝叶修剪过多不但会影响树木的景观，也会影响根系的生长发育。如果地上部分所留比例超过地下部分所留比例，可通过人工养护弥补这种不平衡性，如遮阴减少水分蒸发，叶面施肥，对树干进行包扎阻止树体水分散发等。

10.1.1.2 大树移植难成活的原因

①大树年龄大，细胞的再生能力较弱，挖掘和栽植过程中损伤的根系恢复慢，新根发生能力差弱，造成成活困难。

②由于幼、壮龄树的离心生长的原因，树木的根系扩展范围很大(一般超过树冠水平投影范围)，使吸收根处于深层和树冠投影附近，造成挖掘大树时土球所带吸收根很少，且很多根木栓化严重，凯氏带阻止了水分的吸收，根系的吸收功能明显下降。另外，在挖掘大树时，要带树木胸径的7~10倍的根幅，而此范围内的根较粗大，细小的吸收根少，故根系的吸收能力很差，极易造成树木移植后失水死亡。

③大树形体高大，枝条、叶面的蒸腾面积远远超过根的吸收面积，在形成有效的吸收面积前，树木常因脱水死亡。加之根系距树冠距离长，给水分的运输带来不良影响，难以尽快建立地上与地下的水分平衡关系。

④树木大，土球重。起挖、搬运和栽植过程中易造成树皮受损、土球破裂、树枝折断，从而危及大树成活。

10.1.2 移植前准备工作

(1)精心策划，制定完善的移栽方案

大树移植需要投入较多人力、机械设备和资金，同时，大树的再生能力较幼青年树明显减弱，难以成活，因此，大树移植一般难度较大，技术要求较高。因此，在移植前，必须精心策划，根据移栽树种、年龄、季节、距离、地点等制定完善的移栽方案。

①现场调查大树的生长情况,包括树种、规格、生长势、发枝能力、病虫害情况,测量树高、树冠、胸径有关数据,了解树龄及栽植历史。

②现场调查、核实、了解移植地点的地上地下管线分布、邻近建筑物、共生树木、周围环境及交通状况,并清理大树移植现场。

③在选定树木土台边界50cm外挖观测沟,了解地下土质情况、地下水位和根部生长情况。

④根据树种及胸径大小确定移植方式和移植机械。

⑤编制移植方案,一般包括以下内容:

大树的概况:树种名称、树年龄、胸径、冠幅、生长情况等。

现场情况:大树平面覆盖度、运输路线情况、现场有否高压电线、有否围墙及其他障碍物。

移植程序:包括前期准备工作、移植时间、树冠和根系的修剪方法及修剪量、起苗运输、装卸、定植。如果是比较大的树木,树龄也大,则需要提前断根,断根时间最少半年以上。

质量保证:主要是成活保证,包括根系保护、促根技术、运输保护、支撑与固定、后期养护管理。一些难成活的树种,如榔榆、含笑、大花紫薇、扁桃、罗汉松等更需要注意,这些树种移植要观察两年才能确定是否成活。大径级树木,如木棉、桂花、蝴蝶果、大王椰子、杧果等移植时需要营养保护,加吊营养树液。

机具设备:准备好大树移植需用的机械设备,特别是起重机械,必须根据树体重量及冠幅性选择吊装机械,两个指标最重要:起重额(能吊起多少吨)、臂长(吊臂最大伸长)。

施工场地管理:移植施工中各工序要协调,注意吊装安全,做到文明施工,加强现场维护,采取必要的现场控制措施。

(2)大树移栽技术及相关人员培训

根据大树移栽要求,制定好相关移栽技术规程并进行人员培训,明确分工和责任,协调联动,确保移栽工作准确有序地进行。培训的内容要有针对性,突出这几个方面:要移植的大树生长特点,尤其是其生物特性;施工场地的基本情况分析,分析场地施工条件;场地种植施工安全技术规范与要求;大树移植提高成活的常用技术措施;大树移植施工机械及设备情况介绍;在大树移植中常见的成活营养液特点及使用方法等。

(3)树种及规格选择

移植树木的选择应符合设计对树木的规格、质量的要求。根据园林绿化施工的要求,坚持适地适树原则,确定好树种、品种规格。规格包括胸径、树高、冠幅、树形、树相、树势等。要移植的树木应无严重的病虫害、无严重的损伤、植株健壮、生长量正常。起重及运输能达到移植树木的现场。树种不同移栽难易不同。从理论上讲,只要时间掌握好,措施合理,任何树种都能进行移植。比较容易成活的树种有银杏、柳树、杨、梧桐、臭椿、槐树、李、榆树、梅、桃、海棠、雪松、合欢、榕树、枫树、五针松、木槿、忍冬等。较难成活的树种有柏类、油松、华山松、云杉、冷杉、落叶松、紫杉、泡桐、核桃、白桦、含笑、扁桃、大花紫薇等。

从生长习性来说,一般选用乡土树种,经过移栽和人工培育比异地树种、野生树种容易成活,树龄越大成活越难,选择时不要盲目追新追大。根据确定好的树种、品种和规格，通过多渠道联系和实地考察及成本分析确定好树种的来源，并落实到具体树木。同时做好移栽前各项准备工作，如大树处理，修路，设备工具，人员，办好准运证和检疫证等。

（4）施工区域的树种规划及种植穴

根据绿化工程要求做出详细的树种规划图，确定好定植点，起树前根据移栽大树的规格挖好定植穴，定植用土要求通气、透水性好，有保水保肥能力，土壤内水、肥、气、热状况好。经多年实践，用泥沙拌土作为移栽后的定植用土比较好。同时必须在树木移栽半个月前对定植穴土进行杀菌、除虫处理。准备好栽植时必需的设备、工具及材料，如吊车、铁锹、支撑柱、肥料、水源及浇水设备、地膜等。

（5）运输线路勘测及设备准备

根据运输要求，提早考察运输线路，如路面宽度、质量、横空线路、桥梁及负荷、人流量等，做好应对计划，准备好运输相关的设备，如汽车、吊车、绑缚及包装材料等。

10.2　大树移植技术

10.2.1　大树移植季节

大树移栽一般选择在树液流动缓慢时期，这时可减轻树体水分蒸发，有利提高成活率。大树移植在冬、秋、春季均可，但从移植大树的成活率来看，最佳移栽时期是早春和落叶后至土壤封冻前的深秋，此时树体地上部处于休眠状态，蒸腾作用弱，气温相对较低，土壤湿度大，有利于损伤的根系愈合和再生。带土球移栽，加重修剪，有利于提高成活率。

为了确保树木成活，必须根据各地区的自然条件和各树种的生态习性，选择最适当的季节进行栽植。北方地区最佳移栽时期是早春，此时气温逐渐回升，土层开始解冻，土壤逐步转向松软，水分较充足，有利于树木的发根。随着气温的升高，根部吸收作用可以维持枝叶需要的水分养分。大树带土球移栽及较易成活的落叶乔木裸根栽，加重修剪，均可成活。需带大土球移栽较难成活的大树可在冬季土壤封冻时带冻土移栽，但要避开严寒期并做好土面保护和防风防寒。春季以后尤其是盛夏季节，由于树木蒸腾量大，移栽大树不易成活，如果移栽必须加大土球，加强修剪、遮阴、保湿也可成活，但费用加大。雨季可带土移栽一些针叶树种，由于空气湿度大也可成活。落叶后至土壤封冻前的深秋，树体地上部处于休眠状态，也可进行大树移栽。南方地区尤其是冬季气温较高的地区，一年四季均可移栽，落叶树还可裸根移栽。

10.2.2　大树移植方法

目前大树移植有两种主要方法：软包装法和硬包装法。前者是采用草绳等软包装材料来包扎树根及上部干茎的施工方法，此法适用于南方。硬包装法是利用硬质包装材料如木板（箱板）、铁皮等保护根系进行大树移植的方法，比较适用于北方。下面以软包装法作为重点介绍。

（1）移栽前处理

移栽大树前必须做好树体的处理，对落叶乔木应根据树形的要求对树冠进行重修剪，一般剪掉全部枝叶的1/3~1/2；树冠越大，伤根越多，移栽季节越不适宜，越应加重修剪，尽量减少树冠的蒸腾面积。对生长快、树冠恢复容易的槐树、枫树、榆树、柳树等可进行去冠重剪。需带土球移栽的不用进行根部修剪，裸根移栽的应尽量多保留根系，并对根系进行整理，剪掉断根、枯根、烂根，短截无细根的主根，并加大树冠的修剪量。

对常绿乔木树冠应尽量保持完整，只对一些枯死枝、过密枝和树干上的丛生枝进行适当处理，根部大多带土球移栽不用修剪。若截干的大树，通常在主干2~3m处选择3~5个主枝，在距主干55~60cm处锯断，并立即用塑料薄膜扎好锯口，以减少水分蒸发和防止雨水侵染伤口，其余的侧枝、小枝一律在齐萌芽处锯掉。为了保证大树成活，促进树木的须根生长，常采用多次移栽法、预先断根法、根部环剥法，提早对根部进行处理。起树前还应把树干周围2~3m以内的碎石、瓦砾、灌木丛等清除干净，对大树要用3根支柱进行支撑以防倒伏，引起工伤事故及损坏树木。成批移栽大树时，还要对树木进行编号和定向，在树干标定南北方向，使其移栽后仍能保持原方位，以满足对庇荫及阳光的需求。

(2) 大树挖掘和包装

目前普遍采用的人工挖掘软材包装移栽法(图10-1)，大树移栽时，要尽量加大土球，一般按树木胸径的6~8倍挖掘土球或方形土台进行包装，多保留根系。在挖掘过程中要有选择地保留一部分根际原土，以利于树木萌根。大树挖掘应以树干胸径的6~8倍来确定土球直径，以树兜为中心，在四周由外向内开挖。挖掘圆形土球，适用于树木胸径为10~15cm或稍大

图10-1 大树软材包装移栽法

的常绿乔木，起树时要保持好土球完整性，用蒲包、草片或塑编材料加草绳包装；挖掘方形土台，适用于树木的胸径为15~25cm的常绿乔木。一般采用木箱包装移栽法，北方寒冷地区可用冻土移栽法。落叶乔木一般采用休眠期树冠重剪，尽量保留较大较多根系的裸根移栽法，挖掘包装相对容易。具体操作如下：

①大树挖掘　如果是裸根移植，仅限于落叶乔木，按规定根系大小，应视根系分布而定，一般为1.3m处干径的8~10倍。挖掘时应沿所留根幅外垂直下挖操作沟，沟宽60~80cm，沟深视根系的分布而定，挖至不见主根为准，一般为80~120cm。挖掘过程所有预留根系外的根系应全部切断，遇到粗根应用手锯锯断。剪口要平滑不得劈裂。从所留根系深度1/2处以下，可逐渐向内部掏挖，切断所有主侧根后，即可打碎土台，保留护心土，清除余土，推倒树木，如有特殊要求包扎根部。裸根的成活关键是尽量缩短根部暴露时间。移植后应保持根部湿润，方法是根系掘出后喷保湿剂或沾泥浆，用湿草包裹。

②土球挖掘　应保证土球完好，尤其雨季更应该注意。土球规格一般为1.3m干径处的7~10倍，土球的高度一般为土球直径的2/3左右(胸径15~30cm，土球直径1~1.2m，厚度为80~100cm；胸径40cm以上，土球的直径1.5m左右，厚度为1~1.2m)。

为了减轻土球重量，挖掘前应先铲除树干周围的浮土，以树干为中心，比规定土球大3~5cm画一圆圈，并顺着此圆圈往外挖，沟宽60~80cm，深度以到土球所要求的高度为

止。挖时先去表土，再行下挖。修整土球要用锋利的铁锹，遇到较粗的树根时，用锯或剪将根切断，切忌用铁锹硬砸，以免造成散坨。修坨是用锹将所留土坨修成上大下小呈截头圆锥形的土球。当土球修整到1/2深度时，可逐步向里收底，直到缩小到土球直径的1/3为止，然后将土球表面修整平滑，下部修一小平底，收底时遇粗大根系应锯断。

③土球捆扎　在大树基部捆草绳至树干60~80cm高，并在捆好的草绳上钉护板以保护树干。"打腰箍"，用浸好水的草绳，将土球腰部缠绕紧，随绕随拍打勒紧，腰绳宽度视土球而定，一般扎8~10圈草绳，草绳捆扎要求松紧适度、均匀。一般为土球的1/5。开底沟，围好腰绳后，在土球底部向内挖一圈5~6cm的底沟，以利打包时兜绕底沿，草绳不易松脱。用包装物(麻袋片等)将土球包严，用草绳围接固定。

打包时将绳收紧，随绕随敲打，用双股或四股草绳以树干为起点，稍倾斜，从上往下绕到土球底沿沟内再由另一面返回到土球上面，再绕树干顺时针方向缠绕，应先成双层或四股草绳，第二层与第四层交叉压花。草绳间隔一般8~10cm。注意绕草绳时双股绳应排好理顺。围外绕绳子，打好包后在土球腰部用草绳横绕宽为20~30cm的腰绳。草绳应缠紧，随绕随用木槌敲打，围好后将腰绳上下用草绳斜拉绑紧，避免脱落。完成打包后，将树木按预定方向推倒，遇有直根应锯断，不得硬推，随后用麻袋片将底部包严，用草绳与土球上的草绳串联(图10-2)。

图10-2　捆扎土球

(3) 大树吊运

大树吊运（图 10-3）是大树移植中的重要环节之一，直接关系到树的成活、施工质量及树形的美观等，一般采用起重机吊装或滑车吊装，汽车运输的办法完成。

起 吊　　　　　　　　　　　　吊装上车

图 10-3　大树吊运

大树运输前，应先计算土球和大树的重量，以便安排相应的起吊工具和运输车辆。吊装、运输中，关键是保护土球，不使其破碎、散开。吊装前应事先准备好粗麻绳和木板等。吊装时，先将双股麻绳的一头留出长 1m 以上打结固定，再将双股绳分开，捆在土球由上至下的 3/5 位置上，将其捆紧，然后将大绳的两头扣在吊钩上。在绳与土球接触的地方用木板垫起，以免麻绳勒入土球。将树木轻轻吊起之后，再将脖绳套在树干基部，另一头也扣在吊钩上，即可起吊、装车。

树木装进汽车时，为放稳土球，要将树冠向着汽车尾部，根部土块近司机室放在车辆上。土块下垫木板，然后用木板将土块夹住或用绳子将土块缚紧在车厢两侧。树干包上柔软材料放在木架上，用软绳扎紧，树冠也要用软绳适当缠拢。根部盖草包等物进行保护，树身与车板接触之处，必须垫软物，并用绳索紧紧固定，以防擦伤树皮、碰坏树枝。树冠不可与地面接触，以免运输途中树冠、树枝受损伤。

吊装好后，一般应用草席或高密度遮阳网覆盖树体特别是树冠，以减少水分蒸发；运输途中，车速不宜过快，否则树木水分蒸发快，容易引起树木叶片和嫩枝脱水；运距较远时必须采用有篷汽车，还应定时停车给树木洒水，以补充水分。

一般一辆汽车只吊运 1 株树，需要装多株时要尽量减少互相影响。无论是装、运、卸时都要保证不损伤树干和树冠以及根部土块。非适宜季节吊运时还应注意遮阴、补水保湿，减少树体水分蒸发。

(4) 大树定植

采用堆土种植法，即在圃地（或种植地）事先挖种植穴，穴的直径比土球直径大 30~40cm，深度为 30~40cm，在挖好的种植穴底部先施基肥，并用土堆成 10cm 左右高的小土堆。大树运到后必须尽快定植。

定植起吊前同样应在树干上捆绑两根长绳索，以便卸装和定植时用人力控制方向；同时应进行种植坑的回土和施肥，回土高度应保证树木下坑后土球上表面略高于地面 5~

10cm(因为灌水后树木会出现一定的下沉)。定植起吊时在不影响吊车起吊臂的前提下应尽可能使树体直立,以便直接进坑;距坑 20~30cm 时,应由人配合吊车,掌握好定植方位,尽量符合原来的朝向,并保证定植深度适宜。

当树木栽植方向确定后,即可将树木轻落坑中,然后采用人力稳住树体,解开吊绳和包装材料(禁止将软包装材料未解包连同土球一同植于坑中,因为包装材料隔绝了根系与种植土的直接接触,极不利于树木生长和成活)。解开包装材料后应观察树木根系,把受伤的根系剪除,创面一定要修平滑,然后用草木灰涂抹或用 0.1%的高锰酸钾溶液喷洒,实践证明,草木灰和高锰酸钾溶液都具有消毒和促进生根的作用,有利于创面愈合,防止烂根(图 10-4)。

图 10-4 大树定植

处理完以上工序后,就可以填土了。树木定位后,拆除草绳等包装材料,然后均匀填入细红壤或黄红壤土,分层夯实。当填至 1/3 时,通过人力用树干上的绳索校正树体以使其垂直于地面后将种植穴回填压实至满,并于树干基部围一土埂,便于保水;填土至 2/3 时浇水,如发现空洞,及时填入捣实,待水渗下后,再加土,然后堆土成丘状。这种堆土种植的大树根系透气性好,有利于伤口愈合和萌芽生根,更便于今后大树出圃。树木定植好后应立即灌水,灌水时在水管端口套接一 1m 有余的钢管,打开水阀,将水管上下抽动顺着种植坑壁插入坑底,直至水往外冒,并多方位插灌,直到灌透为止。

树木定植后应解开树干绳索和树冠包扎物,于树干 2.5~3m 处包裹草席,捆扎 3~4 根木桩，结实地支撑在地面上，以免风吹摇动树体影响树木生长。树木基部地面也应覆盖草席或稻草保暖保湿。

由于移植时大树根系会受到不同程度损伤，定植时，为促其增生新根，恢复生长，可根据具体情况适当使用生长素。对于土球破裂或裸根树木还应采用种植穴内打泥浆法种植。

10.2.3 大树移植后的养护管理

大树的再生能力较幼树明显减弱，移植后一段时间内树体生理功能大大降低，树体常常因供水不足，水分代谢失去平衡而枯萎，甚至死亡。因此，大树移栽后，一定要加强后期的养护管理。俗话说得好："三分种，七分管"。从各地提供的大树死亡的主要原因来看，其中很重要一条就是后期管理不当，尤以第一年最为关键。因此，应把大树移栽后的精心养护看成是确保移栽成活和林木健壮生长不可或缺的重要环节，切不可小视。大树移植后应具体做好以下几方面的工作：

(1) 地上部分保湿

①包干　用稻草绳、麻包、苔藓等材料严密包裹树干和比较粗壮的分枝(图10-5)。上述包扎物具有一定的保湿性和保温性，经包干处理后，一是可避免强阳光直射和热风吹袭，减少树干、树枝的水分蒸发；二是可贮存一定量的水分，使枝干经常保持湿润；三是可调节枝干温度，减少高温和低温对枝干的伤害，效果较好。

②喷水　树体地上部分特别是叶面因蒸腾作用而易失水，必须及时喷水保湿。喷水要求细而均匀，喷及地上各个部位和周围空间，为树体提供湿润的小气候环境。可采用高压水枪喷雾，或将供水管安装在树冠上方，根据树冠大小安装一个或数个喷头进行喷雾，效果较好，但较费工费料。有人采取"吊盐水"的方法，即在树枝上挂上若干个装满清水的盐水瓶，运用吊盐水的原理，让瓶内的水慢慢滴在树体上，并定期加水，省工又节省材料，但喷水不够均匀，水量较难控制，一般用于去冠移植的树体，在抽枝发叶后，仍需喷水保湿。

对于截干式大树，为了保证萌芽长叶，除树干包扎草绳外，可采用PPR、PE管将水引向树干顶部(图10-6)，PPR、PE主管连接水泵或加水水压，每天喷水1~2次。南方还可在树顶挂塑料水桶，在水桶中加水及少量生长剂，由桶底用软胶管将水引到树干，效果也很好。

图10-5　包干技法

③遮阴　大树移植初期或高温干燥季节，要搭制荫棚遮阴，以降低棚内温度减少树体的水分蒸发。在成行、成片种植，密度较大的区域，宜搭制大棚，省材又方便管理；孤植树宜按株搭制。要求全冠遮阴，荫棚上方及四周与树冠保持50cm左右距离，以保证棚内有一定的空气流动空间，防止树冠日灼危害；遮阴度为70%左右，让树体接受一定的散射光，以保证树体光合作用。以后视树木生长情况和季节变化，逐步去掉遮阳网(图10-7)。

(2)促发新根

①控水　新移植的大树，其根系吸水功能减弱，对土壤水分需求量较小(图10-8)。因此，只要保持土壤适当湿润即可。土壤含水量过大，反而会影响土壤的透气性能，抑制根系的呼吸，对发根不利，严重的会导致烂根死亡。

图10-6　PPR、PE管引水至树干顶部

图10-7　树体加盖遮阴

为此，一方面要严格控制浇水量，移植时第一次浇透水，以后视天气情况与土壤质地，谨慎浇水，同时要慎防对地上部分喷水过多使水滴进入根系区域；另一方面，要防止树穴内积水，种植时留下浇水穴，在第一次浇透水后即应填平或略高于周围地面，以防下雨或浇水时积水。同时，在地势低洼易积水处，要开排水沟，保证雨天及时排水，做到雨止水干。此外要保持适宜的地下水位高度(一般要求1.5m以下)。在地下水位较高时，要做到网沟排水；汛期水位上涨时，可在根系外围挖深井，用水泵将地下水排至场外，严防淹根。

图10-8　控　水

②保护新芽　新芽萌发是新植大树进行生理活动的标志，是大树成活的希望。更重要的是，树体地上部分的萌发，对根系具有自然而有效的刺激作用，能促进根系的萌发。因此，在移植初期，特别是移植时进行重修剪的树体所萌发的芽要加以保护，让其抽枝发叶，待树体成活后再行修剪整形。同时，在树体萌芽后，要特别加强喷水、遮阴、防病防虫等养护工作，保证嫩芽、嫩梢的正常生长。

③土壤通气性　保持土壤良好的透气性能有利于根系萌发。为此，一方面，要做好中耕松土工作，慎防土壤板结；另一方面，要经常检查土壤通气设施(通气管或竹笼)，一旦

发现堵塞或积水,要及时清除,以经常保持良好的透气性能。

(3)其他防护措施

新移植大树,抗性减弱,易受自然灾害、病虫害,人为和禽畜危害,必须加强防范,具体要做好以下几项防护工作。

①支撑固定 树大招风,大树种植后即应支撑固定,以防地面土层湿软,大树遭风袭导致歪斜、倾倒,同时有利于根系生长。一般采用三柱支架三角形支撑固定法和拉细钢绳的方法,确保大树稳固,正三角桩最利于树体稳定,支撑点以树体高 2/3 处为好。支架与树皮交接处可用旧鞋底或草包等隔垫,以免磨伤树皮。细钢绳拉树应为品字形三方拉树,并注意系安全标识物(图 10-9、图 10-10)。

图 10-9 三柱支架三角形支撑固定

②防病防虫 坚持以防为主,根据树种特性和病虫害发生发展规律,勤检查,一旦发生病情、虫害,要对症下药,及时防治。

③施肥 施肥有利于恢复长生势,大树移植初期,根系吸肥能力低,宜采用根外追肥,一般半个月左右 1 次。用尿素、硫酸铵、磷酸二氢钾等速效肥料制成浓度为 0.5%~1% 的肥液,选早晚或阴天进行叶面喷施,遇雨天应重喷 1 次。根系萌发后,可进行土壤施肥,要求薄肥勤施,谨防伤根。

图 10-10 细钢绳拉树

④剥芽除萌除梢 大树移栽后,对萌芽能力较强的树木,应定期、分次进行剥芽除萌、除嫩梢(切忌一次完成),以减少养分消耗,及时除去基部及中下部的萌芽,控制新梢在顶端 30cm 范围内发展呈树冠(注意:有些大树移栽后发芽是在消耗自身的养分,是一种成活的假象,应及时判断是否为假成活并采取相应措施)(图 10-11)。

⑤防冻 新移植大树易受低温危害,应做好防冻保温工作,特别是对热带、亚热带树种北移。因此,一方面,在入秋后要控制氮肥,增施磷、钾肥,并逐步延长光照时间,提高光照强度,以提高树体及根系的木质化程度,提高自身的抗寒能

图 10-11 剥芽除萌除梢

力;另一方面,在入冬寒潮来临前,可采取覆土、地面覆盖,设立风障、搭制塑料大棚等方法加以保护。在冬季霜冻时,可用防冻垫(无纺麻布、塑料膜、草绳)包裹树干及主枝,以减弱霜冻对大树的影响,防止大树受冻。

值得注意的是塑料膜包扎只能在寒冷的冬季使用,待气温回升平稳在5℃以上时应立即去除包裹物。更有效的防冻措施是树干及主枝涂刷冻必施,并结合全株喷施(重点喷幼嫩组织),防冻抗霜,减弱冻害、冷害、寒害对大树的影响,促进康复。

10.2.4 大树移植注意事项

(1)掌握科学的大树移栽技术,提高成活率

因移栽不成功而枯死的大树会使城市景观受到影响,同时还浪费大量资源。因此,必须掌握科学的大树移栽技术,提高大树的移栽成活率。

①选择在恰当的季节移栽大树可有效提高移栽成活率。最好选择在生长季节移栽,因为此时根系再生速度快,树木易成活。南方以早春最佳,深秋次之,深冬最差;北方以大地解冻后的仲春为最佳。

②选择好移栽树苗,树龄短的树木根系再生能力强,树体恢复快,易成活;经过人工培育与移栽过的大树,根系发达,须根多,适应能力强,易成活。

③选择"服务寿命长"的树种进行移栽。寿命短的树种移栽成活后,很快就会衰老,长势弱,达不到预期的绿化效果。

④移栽前要准备充分。在挖掘前1d,用稻草绳一圈紧挨一圈自基部包扎树干至第一分枝处,以起保湿作用,防止树干过度散发水分。同时,稻草绳可保护大树在挖掘、运输、栽植过程中免受机械损伤。

疏枝除叶。为减少蒸腾量,人们常用截干法代替疏枝,实践证明这不利于移栽大树的成活。因为没有叶片无法进行光合作用,大树的根系得不到养分而无法生长。同时,没有叶片就无法进行蒸腾作用,根系缺乏从土壤中汲取养分的动力,造成新叶片无法生长。有些大树的隐芽寿命短,截干后无法抽枝会自然枯死;隐芽寿命长的苗木截干后树形失去美感。所以,对隐芽寿命长的苗木,疏枝除叶量应控制在70%~75%;对隐芽寿命短的苗木,疏枝除叶量应控制在20%~30%之间。因疏枝造成的直径在4cm以上的伤口,应用熔化的石蜡封口后包扎黑色的薄膜。

注意树木的原有生长方向。挖掘时做好南北向标记,保证栽植时的阴阳面与原有立地条件一致。

⑤大树要随挖随运随栽,尽可能缩短根系在空气中暴露的时间,减少根系水分的损失,这也是提高大树移栽成活率的必要途径之一。

⑥挖掘时,土球直径应为大树近地端直径的5倍,如果经济允许,土球直径可增大到6~7倍,可有效提高大树移栽的成活率。用锐刀或枝剪把受伤的根修剪平整并涂上生根粉,使受伤根容易愈合。挖掘的土球要多带吸收根。挖掘前2d灌足水,使大树的根系、树干贮存足够水分,以弥补移栽造成的根系吸水不足。而且,根系周围的土壤吸收充足的水分后容易挖掘,土球在运输过程中不易裂开。

⑦做好修剪、施肥、保温保湿等工作。通过移栽后的精心养护管理,维持植物体内上

下水分的平衡代谢等。

⑧养护管理对于大树移植是一个非常重要的环节，大树定植后需要进行经常性的养护工作，并采取以下措施：

支撑树干：刚栽上的大树容易倒伏或倾斜，需要设立支架，把树木牢固地支撑起来。

浇水洒水：养护期间注意浇水，夏天多对地面和树冠喷水，增加湿度，降低蒸腾作用。

适时施肥：移植后的第一个秋天应施一次追肥，第二年早春和秋季，至少施肥2~3次。

生长素处理：为促进根系生长，可在浇灌水中加入浓度为0.02%的生长素。

包裹树干：为保持树干的湿度，减少树皮水分的蒸腾，需要对树干进行包裹。在高温季节，可在树冠周围搭建荫棚或挂上草帘。裹干时用浸湿的草绳从树基向上密密缠绕，一直裹到主干顶部，再将调制的黏土泥浆厚厚地涂在草绳上。

根系保护：带冻土球移植的树木，定植穴内需进行土壤保温。先在穴面铺20cm厚的泥炭土，再在上面铺50cm的雪或15cm的腐殖土或20cm的树叶。早春，当土壤开始化冻时，应及时把保温材料扒开，以免被覆盖的土层不易解冻，影响根系生长。

使用营养树液：目前市场上能提供的树体营养液品种多样，各厂家都生产不同类型的树体营养液，多为袋式包装，包装袋上有使用说明，使用者按照说明操作即可。营养液在难成活的树种移植及名贵珍稀树种保护、大树康复、古树复苏等应用广泛，是近年来比较理想的促使大树成活的工程技术。实践中要注意的是，打水分保养吊针应打至木质部（导管分布），而吊营养液则将针打到韧皮部（筛管分布）。

(2) 选择合理的移栽时间，为植物生长创造适宜的条件

掌握以上移栽技术，只是保证大树移栽成活的一个方面。在实践中，选择合理的移栽时间，为植物生长创造适宜的条件，是影响大树移栽成活的一个重要方面，甚至是决定移栽成败的关键。这里所指的栽植时间要从多个方面理解。

①要有充足时间做好移栽前的准备工作 根据树木成活原理，大树所带吸收根越多，栽植后越易成活。吸收根一般分布在树冠投影的外围，理论上讲，土球至少应有树冠大小。实际操作因运输难度不可能挖掘较大土球，为此，必须采取断根缩坨法促进大树的须根生长。主要做法是：在栽植前2年，以树干胸径的5倍为直径围绕树干的外围挖条沟，宽30~40cm，深50~70cm，然后将疏松土回填入沟内。第一年春季沿沟间隔挖几段，向沟内回填新土；第二年挖剩下的另外几段，向沟内回填新土；待到第三年长出许多须根后，再移栽。

②把握一年中适宜移栽的时间 要保证树木栽植能成活，关键要做到树体上下水分等代谢平衡。根据这一原理，一般以秋季落叶后至春季萌芽前栽植为宜。在实践中，根据不同地区、不同环境条件，可分为春季栽植、雨季栽植、秋季栽植、冬季栽植。

春季栽植：春季是树木开始生长的大好时期，且多数地区土壤水分充足，是我国大部分地区的主要栽植季节。在冬季严寒地区或在当地不甚耐寒的边缘树种以春栽为妥，可免防寒越冬之劳。

雨季栽植：春旱，特别是秋冬也干旱的地区，以雨季栽植为好。

秋栽：秋季气温逐渐下降，蒸腾量较低，土壤水分状况较稳定，树木贮藏的营养较丰富，多数树木的根系生长有一次高峰，树木能充分吸收地下的水分。因此适宜秋栽的地区较广泛，且以一落叶即栽植为好。

冬季栽植：在冬季土壤基本不结冰的华南、华中、华东等长江流域可进行冬栽。在冬季严寒的东北部、华北大部，由于土壤冻结较深，对当地乡土树种，可用冻土球移栽，优点是利用冬闲，节省包装和运输机械。

（3）影响苗木栽植成活的常见因素

①苗木原因　有些新引进的异地苗木不适合本地土质或气候条件，会渐渐死亡。有些苗木对工厂排放的某种有害气体或水质敏感而死亡。

②栽植原因　栽植深度不适宜，栽植过浅易旱死，栽植过深则可能导致根部水浇不透或根部缺氧，从而引起树木死亡。

③土球问题　树木未带土球移植，土球过小，根系受损严重，成活较难。还有土球未泡透，如水已充满整个种植穴，但因浇水次数少或水流失太快，长时间运输而内部又硬又干的土球并未吃足水，苗木也会慢慢死去。

④浇水不透　表面上看着树穴内水已灌满，如果没有用铁锹捣，很可能为未浇透。尤其是当年新植的树木，土壤封冻前应浇防冻水，来年初春土壤化冻后应浇返青水，否则易死亡。

⑤土壤积水　树木栽在低洼之地，若长期受涝，不耐涝的品种很可能死亡。

⑥树木受旱　有时干旱后恰有小雨频繁滋润，地表看似雨水充足，实则内部近乎干透。

⑦树曾倒伏　带土球移植的苗木，浇水之后若倒伏，后又被强行扶起，则土球必破，苗木死亡。

10.2.5　大树移植其他技术问题

（1）大树移植对树皮的保护

树皮破损不仅影响美观，更重要的会影响成活率（图10-12）。往往与对大树移植中起吊、运输、种植与植后管理有较大的关系。

①起吊对大树移植成活及对树皮的保护起到至关重要的作用　一旦土球挖掘好后，起吊对树皮损伤非常关键，不同大树根据实际情况（如土壤干湿度、土壤质地）及树干本身特性都不尽相同，故在起吊方式上也就不尽相同，吊土球、吊树干或是吊树杈等都不相同，其中吊土球在起吊中最普遍，同时也是对树皮保护最好的方式。

图10-12　主分叉枝上树皮破损影响美观

吊土球：首先，土球外围除用草绳包好，有时需用草帘、麻袋、铁丝网片、木制框等材料来加强对土球的保护；其次，起吊用材尽量用宽吊带，这样可以减少吊带与土球之间的受力；再次，在吊土球的同时需用另一支点与土球同时起吊。

吊树干或吊分叉：当土球干湿度与土质不适合吊土球时，或起吊的是特大树，可采用吊分叉方式。如分叉受力弱则采用吊树干。树干自身由于品种的不同、栽植季节的差异，树皮与木质部结合度的不一样，故起吊时大树往往在起吊位置除用草绳包裹外还要用旧毛毯或多层麻片包裹，有时特大树还需用竹片把树干围住固定，再用旧毛毯或多层麻片包裹起吊。起吊时吊带要用宽带，起吊位置多用几点起吊，这样可以减少吊带与树干之间的受力。

②装车、运输过程中应避免车身与树干，树干与树干之间碰撞　大树装车后，由于树体自身大，为避免树干与车身接触，应在树干与车身之间用软垫垫住。大树树干包上柔软材料放在木架上，用软绳扎紧，树冠也要用软绳适当缠拢。土球下垫木板，然后用木板将土球夹住或用绳子将土球缚紧在车厢两侧。如遇到所装大树不是一棵的情况，除采取以上措施外，还需要在树与树之间的树干加软垫并用麻绳固紧，以防止滑动而损坏树皮。

③卸吊、种植时对大树树皮进行保护　在卸吊、种植过程中，所采取的方式基本上与挖掘、起吊相同。但往往还会碰到装车时可采用吊土球方式，而在卸车时不能采用吊土球方式的情况，这就需要采用以上吊树干及分叉方式进行。大树植后需对其立支架，而支架与树身固定处需用软垫和绳固定。

图 10-13　经养护树皮恢复生长的树

(2) 树皮的损伤和修复

大树在移植过程中，往往树皮会受伤。可采取以下方式对伤口进行处理，使受伤部位尽快形成愈伤组织，恢复养分的输送。

①把好伤口处理关　及时对伤口进行清理、修平，然后涂刷保护剂 (图 10-13)。

②把好栽后管理关

注意防治病虫害：虫灾或树木染病后，会造成树皮开裂，树皮养分供应不上而造成树木死亡。所以要加强预防，可用多菌灵或托布津、敌杀死等农药混合喷施。分4月、7月、9月3个阶段，每个阶段喷1次药，每周1次，正常情况下可达到防治的目的。

细心养护：对于起吊不当造成起吊位置树皮外径破损的树木，可把它移植到偏僻处。经过对伤口处理及包裹后，经过2年细心管护，令受伤部位的愈伤组织修复，条状树皮经养护恢复良好长势。

(3) 其他常见问题

①叶失绿、无光泽，芽不萌动，新枝出现萎缩。这些表现说明植株失水，可通过向叶面、树干喷水保持空气湿度；对留枝较多的树可适当进行疏剪。

②叶黄，手摇动树干落叶，说明根部水分过多，应及时排水。

③大量落叶。多是由于留枝过多，植物水分供给不上，应及时修剪或剥芽。

④树叶干枯却不落。此种情况下，应对植物进行特殊抢救处理。对土地含水量、pH值、理化性状等进行分析。如果是土质污染，需要更换新土。根据大树濒危程度进行强修剪。用0.5%~1%尿素或磷酸二氢钾等进行根外追肥。

知识拓展

1. 关于大树栽植规范的说明

（1）树种选择

应尽量选择符合当地生态及气候条件的种类。

（2）植物材料规格术语说明

①树高、冠宽、冠厚、尺寸均不包括徒长枝，以徒长枝剪除后，所测量的尺寸为准。

②树高（自然高、稍高、高、苗高）指修剪后梢顶至地面的高度。

③冠宽（树冠宽、树宽）指树冠水平方向尺寸的平均值。

④树干直径（1.2m高直径、干径）指树干离地面1.2m处的直径平均值（特殊情形，另定者不在此限），双干、多干或分枝树，则以断面积推算。

⑤冠厚（树冠厚），指树冠厚度的尺寸。

⑥护根土球（宿土球、土柱）指移植前后植株根部周围的土球的直径平均值。

（3）植物材料检验标准

植物材料使用前，无论新植、补植、换植均应经甲方检验认可，不合格者应随时运离，不得留置现场，若有下列情形者，不得使用：

①不符合规格尺寸者。

②有显著病虫害、折枝折干、裂干、肥害、药害、老衰、老化、树皮破伤者。

③树形不端正、干过于弯曲、树冠过于稀疏、偏斜及畸形者。

④挖取后搁置过久，根部干涸、叶芽枯萎或掉落者。

⑤修剪类植物材料，其形状不显著或损坏原形者。

⑥护根土球不够大、破裂、松散不完整，或偏斜者。

⑦高压苗、插条苗，未经苗圃培养2年以上者。

⑧灌木、草花等分枝过少，枝叶不茂盛者。

⑨树干上附有有害寄生植物者。

⑩针叶树类失去原有端正形态、断枝断梢者。

（4）土球挖掘标准

①挖掘树木，应以树木胸径的8~10倍为土球的直径，其深度视其树种根盘深浅而定。

②土球挖妥后，应先用草包包裹土球，再用草绳捆扎，先横扎，再斜扎，交叉密扎，按三角或四角捆扎法完成土球包装，最后以绳子绑住树干固定之后，方可挖倒树木取出，取出后进行土球底部包装，应以不露土为准。

③树木下面的直根或较粗的根应以钢锯锯之，切口整齐，不可撕裂，尤不可以用圆锹乱铲。

④树木倒地后，阔叶树应剪除部分叶片及幼枝，针叶树则不需修剪。

⑤修剪枝条应以保持树姿优美为要，保留粗枝，剪除不良枝条，侧枝以外小枝。应使树冠易通风透光并防止病虫害发生。

(5) 植物材料运输标准

①大乔木类运输时应预先包扎树干和树冠，以免影响成活率及树姿变形。

②大树应以吊车吊运，搬运时应注意枝条不可折断，土球尤不可破裂。

③运输时应由车身偏后往前顺序装载，树枝不可逆风而装。

④若 24h 内不能运达定植现场，应在途中及时检查并采取保湿措施。

⑤若树冠超出车辆，即过长、过宽、过高者，应用显著标记标示。

(6) 现场整地标准

①整地的地形必须配合种植图面所示。

②整地应根据现场实际情况分为粗整地和细整地。粗整地所回填的土应用不含任何垃圾的纯净土，完成浇水夯实后，方可再进行细整；细整地的回填土应加入植物所需的有机质，有机质含量应不少于 $3m^3/100m^2$。

③整地之地形应考虑泄水坡度及土壤安息角，如为坡地其坡度应平顺完整，除图面特别标示外不可颠簸，凹凸不平。

④整地时，应在地形谷地处设置导水沟，以便导引排水，避免地面径流直接冲刷。

(7) 种植穴开挖标准

①种植穴位置必须配合种植图面及地下、地上土木建筑物、电杆等平衡配置图，可酌情调整株距，若考虑到将来树冠、根系的发展，可以稍做移位。

②种植穴深度宽度，应按土球四周及底部平均预留 10~20cm 宽度的标准开挖，以便回填客土，余土除土质优良者不可回填。若废土量多而影响排水、整地时，应运离工地。

③种植穴客土应为含有机质的砂质壤土，其他类型均不得使用。

④客土和按规定回填种植穴内的砂质壤土，应捡除石砾、水泥块、砖块及其他有害杂质才可以使用，加入的有机质应不少于总土量的 1/4。

⑤大乔木的种植穴深度最好为 1~1.2m；种植穴最底层需有 10~15cm 厚的土层。

⑥灌木的种植穴深度最好为 35~45cm；种植穴最底层需有 10~15cm 厚的土层。

⑦地被草坪的客土厚度至少 10cm。

(8) 植物栽植标准

①应配合种植图面所示，先栽植较大型主体树木，而后配置小乔木及灌木类。

②植物材料应垂直埋入土中，种植深度以低于种植穴上线 5~10cm 为原则，不得过深或过浅，更应考虑新填土壤日久下陷的幅度。

③种植时种植穴底部应先置松土 10~20cm 厚，回填最宜用有机肥土，四周土壤应分次埋下，同时灌水充分夯实，夯实时应注意避免伤及根系及护根土球，然后表面再置一层松土，以利吸收水分空气。

(9) 支柱规格标准

①支柱宜于定植时同时设立，植妥后再加打桩，以期固定。

②坡地栽植，应注意雨水排除方向，以避免冲失根部土壤。

③杉木桩长至少应为 2m，水平撑材长应在 60cm 以上，小头直径应在 5cm 以上，并应剥皮清洁后刷桐油防腐。

④粗头削尖打入土中，以期牢固，打入土中深度应在 50cm 以上，并应在挖掘 30cm 后以木锤锤入。

⑤支柱应为新品，有腐蛀折痕弯曲及过分裂劈者不得使用。

⑥支柱与水平撑材间应用铁钉固定，后用铁丝捆牢。

⑦支柱贴树干部位加衬垫后用细麻绳或细棕绳紧固并打结，以免动摇。

(10) 后期管理、保护、抚育标准

①树木花草保养保护期，自全部种植工程完工检验合格起算 12 个月，而补植部分自复检合格日起算 12 个月。

②管理。施工方应负责保护保养管理一切工作，包括日常浇水、排水、预防人畜危害、风害、病虫害防治、修剪中耕除草等，浇水次数视树种及天气而定，除非下雨，否则应在栽植后第 1 周内每天浇水 1 次，第 2 周约 2d 1 次，第 3 周 1~2 次，最重要者为视土壤湿度而定。追肥须在栽植成活后 60d 方可施行，化学肥料则须在栽植成活 3 个月后方可施用，承包商并应按植物习性决定肥料种类及用量。如发现树木动摇或倾斜时，随时扶正踏实，重新固定支柱，捆扎用麻绳松脱时应随时重新捆紧，腐烂部分则应更新。

③定期查验。树木每月、草花每旬查验一次，并应作查验记录。

④施工方应在种植工程完工后半年内按原设计植物及其所定规格，无偿补植换植。

⑤完工检验时发现不符规定者，应立即换植。查验时发现梢端枯萎，有严重病虫害、折断等无复原希望者应立即换掉，发现枯死、半枯无成活希望者，应立即补植。草本花卉因带土或管理不良呈半枯萎状态影响开花时必须按照业主/顾问机构指示随时换植。

(11) 其他

在图面及施工说明书或细则上未指定之工作，但在一般园艺技术上必须做之工作，则应随时听从业主、顾问机构指示办理。

2. 名木古树康复技术

(1) 古树支撑保护

主要方法有两种：原植物生长器官支撑法和人工预制构件支撑法。前者对一些大树特别有用，如小叶榕、黄葛榕等具有气根的树种。具体操作：首先选择气根（选择生长良好的），然后选用竹子（毛竹或大头竹），也可选用 PVC 管，将竹或管按 180°破开成两片，将竹节内隔片去掉，将预先准备好的培养土放置于竹筒内，竖起同时将气根引入筒内，合上竹片，每隔 20cm 用铁线捆绑好，从上端适当浇水即可。应注意竹筒下端要接入地下土壤内。

采用预制构件保护古树是常用的方法。预先按需保护的古树枝条测量好高度，预制水泥支柱，大小以支撑枝大小来定，一般直径 14~16cm，但碰到大枝条需加大支撑柱直径。现场选址后于地上打支撑孔，将水泥支撑柱安放好，上部支撑端顶住枝条，最好捆绑，一切就绪后下端用素混凝土封严。如果一根支撑柱不够，则采用双支撑或三支撑，保证支撑

图 10-14　树木支撑器

稳固。目前还有一种树木支撑器,可反复利用,美化环境的同时也达到环保效果(图 10-14)。

(2) 大树复壮

大树复壮多是古树,特别是古树老化或生长衰弱,病态显现,整个树木生长态不正常,因此需要对其进行复壮。技术方法有多种,除日常采用的肥水管理、修枝截干、病虫害防治等措施外,还需采取特别的技术。目前比较先进的方法是滴营养液。市面上有多种树体营养液品牌,其包装内已经配有全套吊针设备,无须再另外购买。吊针时选择树体比较平整一侧,将树液袋挂好(一般在打针点 1m 以上),然后将吊针打进树体,记住要打到韧皮部(外树皮内奶白色带)。正常情况下每吊完一袋需 5~7d,或更长些。

至于每棵树要吊多少袋,这要看树体生长情况,越是衰微,吊的袋数或次数越多,有时一棵树上同时吊几十袋(瓶)(图 10-15)。

古树复壮中还经常碰到白蚁危害,除根系外还危害到茎部。这种危害比较难治,使用的方法多是环地开沟埋药及树干下端环剥(不能剥 360°)施药的方法。

图 10-15　树体复壮中输营养液

📝 实训与思考

1. 根据课程教学进度,视实际情况组织学生参观某绿化工程现场种植施工,体验现场施工组织及相关技术要点。

2. 结合绿化工工种考证,选择适当树种进行大树起苗实训。

3. 根据老师所提供的经验或资料,分析大树移植中先进技术的应用,列出常用的技术措施。

4. 进行市场调研,列出市场上目前常用的大树复壮的营养树液,并写出其中 1~2 种的使用方法。

5. 以某种大树移植发现的问题为范例,分析大树移植的施工流程及大树移植技术难点。

学习测评

选择题：

1. 南方进行大树移植多采用( )移植法。
   A. 硬包装　　　B. 软包装　　　C. 裸根　　　D. 扦插

2. 在植苗时种植坑开挖直径应比苗木土球直径大( )。
   A. 1.0~1.5m　　B. 1.5~2.0m　　C. 0.3~0.5m　　D. 0.1~0.2m

3. 为提高大树成活率,以下措施中比较理想的是( )。
   A. 提前半年断根　B. 避免二次搬运　C. 保证土球质量　D. 适当修剪

4. 从移植大树的成活率来看,最佳移栽时期是( )。
   A. 早春
   C. 冬季
   B. 夏季
   D. 落叶后至土壤封冻前的深秋

5. 大树移植后不久出现倾斜现象的原因是( )。
   A. 大树定植时,未捣实土壤　　B. 种植深度不符合要求
   C. 树冠未经合理修剪　　　　　D. 未进行大树的支撑

6. 大树包干后的作用体现在( )。
   A. 可避免强阳光直射和热风吹袭,减少树干、树枝的水分蒸发
   B. 可贮存一定量的水分,使枝干经常保持湿润
   C. 可调节枝干温度,减少高温和低温对枝干的伤害
   D. 病虫害防治

7. 对大树移植季节,特别适用于桂花、水葡萄的季节是( )。
   A. 春季　　　B. 夏季　　　C. 秋季　　　D. 冬季

8. 以下方法能提高大树移植成活率的是( )。
   A. 用PPR、PE管将水引到树顶　　B. 用吊针形式给树体打营养液
   C. 植树坑做成围堰式　　　　　　D. 定植后根据需要给树冠加盖黑网

9. 为保证大树遮阴时棚内有一定的空气流动空间,防止树冠日灼危害,荫棚上方及四周与树冠一般保持( )左右距离。
   A. 25cm　　　B. 50cm　　　C. 75cm　　　D. 95cm

10. 如果苗木运到施工现场后不能立即定植,可以先( )。
    A. 假植　　　B. 散苗　　　C. 移苗　　　D. 存苗

数字资源

单元 11　园林工程现场施工资料整理

学习目标

【知识目标】
(1) 熟悉工程现场施工及验收的概念、依据、标准及程序;
(2) 了解工程现场施工资料的类型、内容及特点。

【技能目标】
(1) 能进行工程现场施工验收;
(2) 能编制工程现场施工资料管理方法;
(3) 能进行工程施工资料的整理、归档、移交。

【素质目标】
(1) 培养资料整理必需的认真工作态度和资料归档意识;
(2) 具备良好工作心态和管理职责意识。

园林工程施工中涉及许多资料需要签收、整理、归档。这些资料是工程施工组织管理内容之一,做好施工资料的原始工作,将有利于工程竣工验收及工程的成品保养,也能给园林作品后期改造提供基础材料,因此,认真做好此项工作具有重要意义。

11.1　现场施工资料的种类

11.1.1　现场施工资料收集的意义

(1) 现场施工资料的收集整理是工程施工的必需工作

园林工程施工过程是有序的计划过程,通过施工方案按施工进度进行施工,其依据主要是该工程的技术设计文件及相关技术标准。由于工程施工中,现场的施工情况可能会随时发生变化,原设计图纸也可能需要根据实际条件进行修订与完善,原来所制定的施工方法也有可能改变,因此,施工中这些不可预见性的变化都需要进行现场记录、签收。即使顺利施工,各种施工环节中所涉及的表格、施工单等原始记录表也要签字归档。由此可见,保护好、归档好施工资料具有特别重要的意义。

(2) 现场施工资料的收集是工程验收的需要

竣工验收资料是工程项目重要技术档案文件,要求施工单位在工程施工时就要注意积累,派专人负责,并按施工进度整理造册,妥善保管,以便在竣工验收时能提供完整的资料。只有管理制度严格,工作态度认真,才能做好此项工作。工程竣工验收(含中间验收)需要各种原始施工记录,而且不单是施工方需要准备,监理方、建设方都要做好。各种原始资料应从施工准备开始记录,不漏掉任何一个施工要素,这是工程施工的基本要求。

(3)规范的资料收集是施工单位建立良好信誉的需要

施工经验需要积累,这对施工单位更为重要。施工单位在承担某个工程后,必定从中学到许多施工经验,这些经验为下个工程项目施工提供技术保障,一个懂得积累的公司,才会成为一个成功的公司。有了积累,就有了展示的元素,单位也就有了承揽工程的资本。从建设方角度分析,选择一个有施工经验、管理规范的施工单位无疑是优先考虑的。因此,施工单位为了自身的信誉与形象,为了企业的发展,对施工中原始资料记录工作必须做好。

(4)做好资料收集整理是园林作品后期发挥艺术特色的需要

园林作品是需要时间提升的艺术,某些设计要素必须经过一定的时间过程才能展示其艺术魅力,如果施工中一些原始材料没做好,那么作品在今后需要进一步改造时,也就缺少可参考的依据,很难进行必要的改进。由此,应建立好施工资料归档制度,保证资料的完整性,利于今后的参考和选用。

11.1.2 现场施工常见资料种类

(1)设计技术资料类

①初步设计图、施工图、合同等文件 包括全套施工图和有关设计文件;批准的计划任务书;工程合同与施工执照;图纸会审记录、设计说明书、设计变更单、工程洽谈记录等。

②工程竣工图和工程一览表。

(2)标准规范类

本行业或上级制定的相关技术规定,验收技术规范或标准等。

(3)材料类

①材料、设备的质量合格证,各种检测记录。

②各种施工材料,如植物材料计划、进场、验收记录。

(4)现场施工类

①开竣工报告,土建施工记录,各类结构说明,基础处理记录,重点湖岸施工登记,及其他所记录的原始材料等。

②隐蔽工程及中间交工验收签证,说明书,会签记录等。

③全工地测量成果资料及相关说明。

④管网安装及初测结果记录。

⑤种植成活检查结果。

⑥新材料、新工艺、新方法的使用记录。

⑦试水、检测记录情况。

(5)人员考核资料

①施工人员安排记录。

②任务完成考核验收记录。

③临时聘用人员情况登记及其施工任务清单。

④人员施工违规记录。

(6) **机械类**

①施工机械设备需要记录表，台班使用情况，使用效果。

②机械设备进场时间、停放点相关情况材料。

③机械保养、操作过程记录。

④施工中机械设备运行情况及出现问题材料。

(7) **特色类**

①施工中应用过哪些特别施工方法。

②加快施工进度时采用过哪些技术措施。

③某施工要素施工中用了什么技巧点，有何效果。

④现场施工中出现的问题，是怎样解决的。

⑤对不同的施工材料施工技法有何差异。

11.1.3 现场施工资料收集、整理的要求

为了保证园林工程施工各种材料的完整性，施工单位务必做好如下几方面工作。

①各种原始材料记录一定要齐全完整，整理建档要规范，利于日后查阅。

②资料的整理要有条理，必须针对工程竣工验收进行收集。

③资料管理要由专人负责，材料单需要签收，需加盖单位章的建档前要完善手续。

④所有施工原始资料都要按单项工程建档，注意施工时间，不应让多个工程交叉。如果同时进行多个工程施工，要分清工程单，保证不混乱。

⑤各种原始资料凡在现场签收的，不得再涂改，要保证其真实性。如果是打印材料，必须签字认可。建议现场签收为好。

⑥对于特殊施工的工序或技术方法，要特别加以重视并单独建档，以便日后参考。

⑦对于在施工中发生过的施工技术问题或责任事故，要注意记录，查清原因，已解决的要将方法记录下来，作为施工经验积累。

⑧所有变更的施工技术文件或施工材料，要按验收要求整理完善。

11.2 现场施工资料整理的方法

11.2.1 施工现场签单程序与要求

工程施工中对资料的签单程序因不同的施工元素而有所差异，有些工序需签收多次，有些工序相应少些，为此，现场施工签单要结合具体施工项目或工序进行。本节只是根据一般性园林工程施工签单程序和要求做简要介绍。

(1) **技术设计资料类**

此类资料主要有初步设计图、施工图、效果图、说明书等，多是在施工准备期要做的技术性交底工作，这些资料的签收关系到设计单位、建设单位、施工单位、监理单位，因此，资料的签收必须注意资料的传递流程，资料送交哪个单位，哪个单位就要按程序签

收，办理好交接手续。

(2) **竣工资料类**

竣工资料很多，又涉及预验收和正式竣工验收。根据一般园林工程预验收程序需准备的材料，基本上包括以下内容：

- 工程项目的开、竣工报告；
- 图纸会审与技术交底的各种材料；
- 施工中设计变更记录及材料变更记录；
- 施工质量检查资料及处理情况；
- 各种施工材料、设备、构件及机械的质量合格证件；
- 所有检验、测试材料；
- 中间检查记录，施工任务单与施工日记；
- 施工质量评检报告；
- 竣工图、竣工报告；
- 施工方案或施工组织设计、施工承包合同；
- 特殊条件下施工记录及相关材料。

竣工验收的资料准备除预验收材料外，还必须提供参与该工程项目的各单位应提交的资料，特别是监理单位准备的材料。

预验收的程序一般为：监理方提出验收方案→将方案告之建设方、设计方与施工方→各方分析熟悉验收方案→组织验收前培训→进行预验收。

园林工程正式竣工验收多是由项目所在地政府、建设单位及主管部门领导和专家参加的全面性验收。验收时，建设单位、勘测单位、设计单位、施工单位与监理单位均应到场，验收由验收小组组长主持，具体工作由总监理师负责。过程为：施工方提出工程验收申请→确定竣工验收的方法→绘制竣工图→填报竣工验收意见书→编写竣工报告→资料备案。

详细做法为：准备工作(编写竣工验收工作日程；书面通知相关人员及单位；准备好有关验收技术文件；召开验收前技术会议，布置有关工作)→正式验收(正式召开竣工验收会议，介绍验收工作程序，宣布验收工作时间、做法、要求等；设计单位发言；施工单位发言；监理单位发言；分组对资料认真审查及对实地检查；办理竣工验收证书和工程项目验收签订书；组长签署验收意见；建设单位致辞，验收结束)。

(3) **备查材料类**

备查材料主要指与验收相关的各种检验调试、核查复检等原始性、测试性资料，如施工材料检测资料、苗木验收资料、混凝土测定资料、水景试水资料、基础检测数据等。这些资料很能说明工程质量，因此要保证数据的真实可靠，绝不能涂改修正。检测时要请权威机构测定认可。

此类原始资料的收集整理应从申请机构时开始记录，每个环节都不要疏漏，指派专人负责完成。最后的成果资料要按项目列好，造表建册，归档保存。

11.2.2 现场施工资料整理、建档的方法

根据不同的施工元素可选用不同的方法。主要有：

(1)按施工要素整理建档

园林工程施工要素实际上就是构成该作品的造景元素，如地形土方、驳岸护坡、水景山石、道路铺装、植物建筑、小品饰物等。此类现场施工资料只要按施工进度计划预先制作好表格，到时依项目逐一记录即可。此种方法很适于施工要素划分细致明确的工程项目，具有资料划分清楚、记录方便、易查阅等优点。但由于项目划分过细，需要的表格材料比较多，建档比较复杂。

(2)按施工进度整理建档

工程项目施工进度实际上也是按施工要素编制的，只是所编制的进度以重要施工因子进行，即所选的工序或要素均是关键工序或要素。按进度进行资料收集整理其优点是时间性好，施工程序能反映时间序列，方便按时间查找。不足之处是在整理资料时要对施工元素加以注释，否则日后查看时不好参考。

按进度计划整理要依据项目施工进度计划表，将施工项目一一列出，然后每施工一单元(或工序)均做施工记录，在收集整理时按工程进度分门别类建档。

(3)按工程验收要求整理建档

工程验收是规范性的技术过程，涉及多个与该工程相关的单位，且所有单位都要提供相关文件资料。按工程验收整理施工资料特别利于工程的竣工验收，准备得越好，验收越方便，验收结束后可按材料性质建档备案，这种方法目前应用较广。

采用本法，一般的工程公司都备有相关表格，相关单位的管理人员(施工技术人员)按表格填写，完善好签章，然后按验收程序及资料提供(备查)建档，并派专人负责管理。

11.2.3 工程施工资料移交

施工中一切与本工程相关的资料都要收集整理，由施工单位、设计单位与监理单位协同完成。施工原始材料一般由施工方完成，查对后装订成册交监理单位校对后交施工单位存档，较重要的材料应备份，交建设方一份。一般要移交的工程技术资料见表11-1。

表11-1 工程移交主要技术资料表

工程阶段	工程移交技术资料
施工准备	1. 工程申请报告，相关审批文件； 2. 可行性研究报告材料； 3. 相关项目的批示及会议记录； 4. 土地征用、拆迁审批文件； 5. 工程项目调查报告； 6. 项目设计说明，工程概预算； 7. 工程招投标文件与工程合同； 8. 各类资质证件复印材料，其他相关部门的审批文件

(续)

工程阶段	工程移交技术资料
现场施工	1. 开工报告； 2. 工程测量资料； 3. 图纸会审、技术交底记录； 4. 施工方案或施工组织设计； 5. 基础处理、基础施工资料，中间验收记录； 6. 工程变更记录，施工材料出入库记录； 7. 建筑材料、各种构件、设备质量保证单； 8. 植物清单，植物养护措施和方法； 9. 各种管线安装施工说明与方法，测试记录； 10. 景石、假山等专业工程施工技术资料； 11. 工程质量事故的调查报告、过程及处理意见； 12. 施工各工序施工质量检测记录； 13. 各种施工任务单、施工现场原始记录资料； 14. 不良施工条件下施工情况记录； 15. 施工日志； 16. 竣工验收申请报告
竣工验收	1. 竣工项目的验收报告，竣工验收会议记录； 2. 竣工质量评价，竣工结算单； 3. 工程竣工总结报告； 4. 所有施工的照片、录像及领导、名人的题词等； 5. 竣工图； 6. 其他相关材料

11.2.4 现场施工资料常用表格(表 11-2 至表 11-15)

表 11-2 报验申请表

致： 监理有限责任公司(监理单位)
　　我单位已完成了工作，现报上该工程报验申请表，请予以审查和验收。
　　附件：
　　　　绿化工程种植地整理检查记录

总包单位：　　　　　　　　　　　　　　分包单位：
项目负责人：　　　　　　　　　　　　　项目负责人：
日期：　　年　月　日　　　　　　　　　日期：　　年　月　日

审查意见：

　　　　　　　　　　　　　　　　　　　签名：
　　　　　　　　　　　　　　　　　　　日期：　　年　月　日

表 11-3　绿化工程种植地整理检查记录

建设单位：
监理单位：　　　　　　　　　　施工单位：

工程名称			施工日期						
			施工地点						
记录情况									
序号	检查项目	基本要求	检测日期	检查结果					
				1	2	3	4	5	6	7
1	种植地清理	石块、建筑垃圾、有害物清除出现场								
2	种植土厚度	填土（清土）后，土面成龟背形，边土低于路缘石顶 5cm，中间土比边土高 15cm								
3	施放基肥	施农家肥，平均厚度约 5cm								
4	整地	土壤翻耕 25～35cm，整细整平后，土面按地形处理								

外观检查：

施工单位监测：　　　　　　　　记录：　　　　　　　　　　复核：

监理单位代表意见：

　　　　签名：　　　　　　　　　　　　　　　　　　　　年　月　日

表 11-4　绿化工程种植穴检查记录

建设单位：
监理单位：　　　　　　　　　　施工单位：

工程名称			施工日期	年　月　日～　年　月　日						
			施工地点							
记录情况										
序号	检查项目	基本要求	检测日期	检查结果						
				1	2	3	4	5	6	7
1	挖坑	坑长：100cm 坑宽：100cm 坑深：80cm								
2	施放基肥	在坑底施入有机肥，占树坑体积 1/10～1/5，并与土拌匀								
3	填土	回填种植土至人行道板面以下 6cm，并平整								
4	清理场地	把树坑石块、建筑垃圾有害物清出现场								

外观检查：

施工单位监测：　　　　　　　　记录：　　　　　　　　　　复核：

监理单位代表意见：

　　　　签名：　　　　　　　　　　　　　　　　　　　　年　月　日

表 11-5 苗木验收单

苗木品种	胸(地)径（cm）	土球（cm）	供苗数量（株）	合格苗数（株）	备注

施工单位意见：

　　　　　　　　　　　　　　签字：　　　　　　日期：

监理单位意见：

　　　　　　　　　　　　　　签字：　　　　　　日期：

建设单位意见：

　　　　　　　　　　　　　　签字：　　　　　　日期：

表 11-6 绿化工程灌木质量检验汇总表

工程名称：　　　　　　　　　　　　　　　　　　　施工单位：
建设单位：
监理单位：

分项工程名称	检验项目	实测点数	合格点数	合格率	平均合格率
植物名称	种植密度				
	苗高				
	冠幅				
	成活率				
分项工程平均合格率		质量等级			
监理意见					

检测负责人：　　　　　检测：　　　　　复核：　　　　　　　年　月　日

表 11-7 测量复核记录

建设单位		施工单位	
复核部位		测量日期	
测量复核情况表			
测量复核人			

表 11-8　施工测量报验单

工程名称：

致项目监理机构：
　　根据设计文件及规范要求，我单位已完成_____施工测量检查工作，种植土深度都已达到_____cm 的标准，请予查验。

总包单位：　　　　　　　　　　　　　分包单位：

项目负责人：　　　　　　　　　　　　项目负责人：

日期：　　年　　月　　日　　　　　　日期：　　年　　月　　日

审核意见：

　　　　　　　　　　　　　　　　　　项目监理机构：
　　　　　　　　　　　　　　　　　　总/专业监理工程师：
　　　　　　　　　　　　　　　　　　日期：　　年　　月　　日

表 11-9　分包单位资格报审表

工程名称：

致：监理有限责任公司
　　____年__月__日对柳州市龙屯路绿化工程进行比选，经考察，我方认为拟选择的具有承担下列工程的施工资质和施工能力，可以保证本工程项目按合同的规定进行施工。分包后我方仍承担总包单位的全部责任。请予以审查和批准。
附：1. 分包单位资质材料
　　2. 工程量清单

分包工程名称(部分)	拟分包工程合同金额	分包工程占全部工程

　　　　　　　　　　　　　　　　　　承包单位(章)
　　　　　　　　　　　　　　　　　　项目经理：
　　　　　　　　　　　　　　　　　　日期：

监理工程师意见：

　　　　　　　　　　　　　　　　　　项目监理机构：
　　　　　　　　　　　　　　　　　　监理工程师：
　　　　　　　　　　　　　　　　　　日期：

业主审核意见：

　　　　　　　　　　　　　　　　　　签字：
　　　　　　　　　　　　　　　　　　日期：

表 11-10　技术交底记录样表　　　　　　　　　年　月　日

工程名称		分部工程	
分项工程名称			

| 技术负责人 | | 工长 | | 班组长 | |

表 11-11　施工组织设计(方案)报审表

致：_____(监理单位)
　　我方已根据施工合同的有关规定完成了_____施工组织设计的编制，并经我单位上级技术负责人审查批准，请予以审查。
　　附：施工组织设计(施工方案)

总包单位：　　　　　　　　　　　　　　　分包单位：
项目负责人：　　　　　　　　　　　　　　项目负责人：
日期：　　年　月　日　　　　　　　　　　日期：　　年　月　日

专业监理工程师审查意见：

　　　　　　　　　　　　　　　　　　　　专业监理工程师：
　　　　　　　　　　　　　　　　　　　　日期：　　年　月　日

建设单位审核意见：

　　　　　　　　　　　　　　　　　　　　建设单位：
　　　　　　　　　　　　　　　　　　　　建设单位代表：
　　　　　　　　　　　　　　　　　　　　日期：　　年　月　日

表 11-12　工程开工报审表

工程名称：

致：_____(监理单位)
　　我方承担的绿化工程，已完成了以下各项工作，具备了开工条件，特此申请施工，请核查并签发开工指令。
　　附：1. 开工报告
　　　　2. 证明文件

总包单位：　　　　　　　　　　　　　　　分包单位：
项目负责人：　　　　　　　　　　　　　　项目负责人：
日期：　　年　月　日　　　　　　　　　　日期：　　年　月　日

审查意见：

　　　　　　　　　　　　　　　　　　　　项目监理单位：
　　　　　　　　　　　　　　　　　　　　总监理工程师：
　　　　　　　　　　　　　　　　　　　　日期：　　年　月　日

表 11-13　工程开工报告

建设单位		建设单位驻工地代表	
工程面积		工程地点	
工程造价	元	工程项目批建文号	
施工组织设计编制情况		完成	
图纸交底学习情况		完成	
水电道路临时设施情况		完成	
障碍物清除情况		完成	
资金来源		确定	
开工前需办理各项手续是否齐备		齐备	
质监人是否确定		确定	

本工程具备施工条件，拟于＿＿＿＿年＿＿月＿＿日开工，请核批。

工程负责人：
工程技术负责人：
施工现场负责人：
日期：　　年　　月　　日

监理工程师批复意见：

监理工程师：（签字）
日期：　　年　　月　　日

建设单位批复意见：

建设单位代表：（签字）
日期：　　年　　月　　日

表 11-14　绿化工程附属设施质量检验评定表

基本要求		符合 CJJ/T 82—1999《城市绿化工程施工及验收规范》质量检验要求			
序号	外观检查项目	质量情况			
1	如行道树透气砖	稳固、完好，外观平整，无崩角现象，符合设计要求			
2					
3					

序号	量测项目	允许偏差（mm）	各点测点偏差值	应量测点数	合格点数	合格率（%）
1	直顺度	±10				
2	相邻块高差	±3				
3	缝宽	±3				
平均合格率(%)				监理意见		
评定等级						

表 11-15　×××绿化工程竣工验收备案表

建设单位名称			
备案日期			
工程名称			
工程地点			
工程规模(m²)			
结构类型			
工程用途			
开工日期			
竣工验收日期			
施工许可证			
施工图审查意见			
勘测单位名称		资质等级	
设计单位名称		资质等级	
施工单位名称		资质等级	
监理单位名称		资质等级	
工程质量监督机构名称			
竣工验收意见	勘测单位意见	公章： 单位(项目)负责人： 日期：	
	设计单位意见	公章： 单位(项目)负责人： 日期：	
	施工单位意见	公章： 单位(项目)负责人： 日期：	
	监理单位意见	公章： 单位(项目)负责人： 日期：	
	建设单位意见	公章： 单位(项目)负责人： 日期：	

知识拓展

1. 关于竣工报告资料

竣工报告资料重在施工后现场作业完成情况的核验，有几个方面的重要资料：如竣工图、施工中各类签章资料、现场隐蔽工程验收资料、施工中设计变更资料、施工材料质验单据等。管理中相关技术人员必须到工地，不能别人说了算，特别是变更的各种数据要亲自现场测量与校对，并在竣工图中得到全面正确反映。

2. 关于施工资料的保管

施工资料复杂多种，一个工程项目多达几十种，叠加厚度相当可观，因此必须分类分单元分项目进行类别保管，这对资料员是个考验。在施工现场中有临时资料室的，要在资料室设置专业柜，并有专人负责。各种现场签字清单必须由资料员统一验查、签字交接。园林工程项目图纸中经常出现两种情况，一种是图纸上没有加盖设计单位或需要加盖单位章的，这类图纸不可能是蓝图，行业里称为"白图"；另一种是加盖有负责单位章的图纸，多为蓝图。在过去蓝图是用硫酸纸制图后通过特别的箱体（一般配有强光）将图纸晒拓到制图纸后，再将拓纸放置到有氨气的密封筒内熏，便可得到蓝图。

3. 关于监理单位资质等级

我国现阶段园林工程建设监理单位的资质分为甲、乙、丙 3 级。具体要求为：

（1）**甲级**（可跨地区、跨部门监理一、二、三等工程）

①单位负责人必须是取得监理工程师资格的在职高级工程师、高级建筑师或者高级经济师；技术负责人必须为取得监理工程师资格证书的在职高级工程师、高级建筑师。

②取得监理工程师资格证书的工程技术人员与管理人员不得少于 50 人，且专业配套，其中高级工程师与高级建筑师不得少于 10 人，高级经济师不得少于 3 人。

③注册资金不得少于 100 万元。

④务必监理过 5 个一等一般工业与民用建筑项目或者 2 个一等工业、交通建设项目。

（2）**乙级**（只能在本地区、本部门监理二、三等工程）

①单位负责人必须是取得监理工程师资格的在职高级工程师、高级建筑师或者高级经济师；技术负责人必须为取得监理工程师资格证书的在职高级工程师、高级建筑师。

②取得监理工程师资格证书的工程技术人员与管理人员不得少于 30 人，且专业配套，其中高级工程师与高级建筑师不得少于 5 人，高级经济师不得少于 2 人。

③注册资金不得少于 50 万元。

④务必监理过 5 个二等一般工业与民用建筑项目或者 2 个二等工业、交通建设项目。

（3）**丙级**（只能在本地区、本部门监理三等工程）

①单位负责人必须是取得监理工程师资格的在职高级工程师、高级建筑师或者高级经济师。

②取得监理工程师资格证书的工程技术人员与管理人员不得少于 10 人，且专业配套，其中高级工程师与高级建筑师不得少于 2 人，高级经济师不得少于 1 人。

③注册资金不得少于 10 万元。

④务必监理过 5 个三等一般工业与民用建筑项目或者 2 个三等工业、交通建设项目。

4. 关于养护及保修时间

（1）**绿化工程**

一般为 1 年。也有根据合同约定的，如 3 个月、6 个月。

(2)土建工程

一般为 1 年。某些小品工程可为 6 个月，或用合同约定。

(3)采暖工程

要求保修 1 个采暖期。

5. 关于竣工验收相关表格样式

表格式样见表 11-16 至表 11-22。

表 11-16 工程竣工验收报审单

致：_____ 监理工程公司或 _____ 园林局 _____ 工程监理处(所)

我方已按合同要求完成了 _____ 绿化工程(标号：_____)的施工任务，经自检合格，请予以检查和验收。

附：_____ 绿化工程验收办法。

工程承包单位(章)：
项目经理(签字)：
日期：

审查意见

项目监理机构(章)：
总/专业监理工程师(签字)：
日期：

表 11-17 ×××绿化工程外观评分表

工程名称		工程部位		施工单位		施工负责人	
评分项目	外观要求	存在问题	应得分	实得分	加权系数	最终评分	
乔木孤植灌木	1. 生长良好、发芽正常、无病虫害、无缺株						
	2. 种植定位合理，符合设计要求						
	3. 造型修剪符合设计要求						
	4. 植株主干垂直地同面，定向及排列符合要求						
	5. 树盘整齐、大小适合、无石块等杂物						
片植灌木草本地被	1. 生长良好、发芽正常、无病虫害、无缺株						
	2. 整形修剪整齐，线条流畅，符合设计要求						
	3. 种植标高适当，种植地平整，无低洼积水现象						
	4. 种植定位合理，符合设计要求						
	5. 无杂草、无枯黄叶、土壤疏松，表层无石块等杂物						

(续)

工程名称		工程部位		施工单位		施工负责人	
评分项目	外观要求	存在问题	应得分	实得分		加权系数	最终评分
草坪	1. 草坪青绿、整洁，无杂草、无枯黄、无病虫害，满铺						
	2. 地表平整，无低洼积水现象，坡度符合设计要求						
合　计							

记录人：　　　　　　　　检查人：　　　　　　　　日期：

本表说明：

①实测项目乔木、孤植灌木抽检品种不少于 50%，数量不少于工程总量的 10%；片植灌木抽检品种不少于 40%，数量不少于工程总量的 1%；草本地被、草坪抽检品种不少于 60%，数量不少于工程总量的 0.1%。

②加权系数为乔木、孤植灌木、片植灌木、草本地被、草坪在本工程中所占分数的比例。

③草本地被、片植灌木、草坪的实测以 $1m^2$ 为一个单元，乔木、孤植灌木以 1 株为一个单元。

④草本地被、片植灌木的高度、冠幅的实测实量值为抽检单元中的平均值。

表 11-18　市政工程竣工报告

建设单位		工程名称	
工程部位		工程地点	
结构类型	绿化工程	工程造价	元
施工与设计有何不同	按设计图及设计变更、工程业务联系单施工		
竣工图纸完成情况	竣工图已完成		
竣工资料整理情况	资料齐全并整理装订成册		
工序和单位工程自检情况	每道工序均严格按规范施工，并会同监理、设计、质监站对工序进行验收检查，质量优良		
施工现场清理情况	施工现场已清理干净		
项目经理		单位负责人	

表 11-19 绿化工程竣工验收单

工程名称:			工程地址:		
绿地面积(m²)					
开工日期	年 月 日	竣工日期		验收日期	
树木成活率(%)					
花卉成活率(%)					
草坪覆盖率(%)					
整洁及平整					
整形修剪					
附属设施评定意见					
全部工程质量评定及结论					
验收意见					
施工单位		建设单位		监理单位	
签字: 公章:		签字: 公章:		签字: 公章:	

表 11-20 ×××绿化工程竣工验收意见书

		工程名称		建设单位		开工日期	
		工程地点		施工单位		竣工日期	
		工程简要说明	建筑面积	造价	工程内容	绿化、土方	其他情况 无
工程档案资料情况	资料来源	建设单位资料	勘测单位资料	设计单位资料	监理单位资料	施工单位资料	
	份数	立项批文规划许可证、施工许可证、中标通知书、质检申报书等5份	实际勘测成果(图纸、文字)	设计计算、图纸、变更通知、设计质检报告等4份	监理合同、监理规范、监理记录、工程质量评估报告等4份	施工合同、施工组织设计、施工技术及管理资料、工程竣工报告等4份	
	审查结果	齐全、基本齐全或不齐全	齐全、基本齐全或不齐全	齐全、基本齐全或不齐全	齐全、基本齐全或不齐全	齐全、基本齐全或不齐全	
验收结论	1. 设计方面: 2. 施工方面: 3. 其他: (1)本工程共两部分,其中土方、种植、苗木达优良,优良率达: _____%。 (2)项目在监理单位的指导下,工程质量得到保证,且各种资料齐全。 (3)综合本工程外观得分: _____,实测得分: _____,资料得分: _____。 (4)本工程施工过程符合国家基本建设程序,无违反程序行为					工程质量评定结果: 优良、合格或不合格	

(续)

施工单位		建设单位		设计单位		勘测单位		监理单位	
负责人		负责人		负责人		负责人		负责人	
代表		代表		代表		代表		代表	
(公章)		(公章)		(公章)		(公章)		(公章)	

表 11-21 ×××绿化工程竣工验收报告

工程名称			
预估结算价		工程地址	
工程规模(m^2)		结构类型	
勘测单位名称			
设计单位名称			
施工单位名称			
监理单位名称			
开工日期		竣工日期	

工程验收程序、内容、形式：

1. 程序：

2. 内容：

3. 形式：

4. 其他：

建设单位执行基本建设程序情况	
对勘测单位的评价	
	建设单位(公章) 项目负责人： 单位负责人： 日期：

表 11-22 工程竣工移交证书

致建设单位＿＿＿＿＿＿＿＿＿＿＿＿：

兹证明＿＿＿＿＿＿号竣工报验单所报工程＿＿＿＿＿＿＿＿＿＿已按合同和监理工程师的指示完成，从开始，该工程进入保修阶段。

附注：（工程缺陷和未完成工程）

监理工程师(签字)：　　　年　月　日

总监理工程师意见：

签字：　　　年　月　日

注：本表一式三份，建设单位、施工单位和监理单位各执一份。

实训与思考

1. 模拟实训。不定期对已做课程设计图纸技术交底、模拟材料质量检查记录；也可配合技能考核对各个施工环节进行全面控制，学会方法。

2. 表格填写模拟实训。选择一园林工程，联系好各种技术资料，按要求整理全套工程施工基础资料，最后按资料整理归档方法编辑成册。

3. 自选一工程项目，按老师要求进行现场测核，记录数据，与原设计图比较，按规定的表格填写，得出施工资料，然后装订成册。

学习测评

选择题：

1. 俗称"一图一表一案"指的是（　　）。
A. 施工现场平面布置图、施工进度计划表、施工方案
B. 设计图、工程造价表、策划方案
C. 施工图、工资表、计划方案
D. 平面图、预算表、施工方案

2. 施工任务单是下达给（　　）的。
A. 施工班组或施工队　　B. 建设单位　　C. 主管部门　　D. 项目经理

3. 现场施工管理与组织要注意（　　）。
A. 人员控制、时间控制、环境控制、手段控制
B. 环境控制、人员控制、方式手段控制、材料控制
C. 人员控制、时间控制、环境控制、材料控制
D. 人员控制、机械控制、成本控制、进度控制

4. 工程施工管理说到的"PDCA"指的是（　　）。
A. 计划、实施、检查、处理　　　　　　B. 计划、实施、监督、指派
D. 计划、方案、设计、处理　　　　　　D. 调度、检查、实施、委托

5. 对地上用砖砌池壁水池的施工管理，应做好（　　）。
A. 池壁防水施工与检查　　　　　　　B. 池底混凝土浇灌施工

C. 池壁供水管、溢水管节点施工　　　　D. 水池试水

6. 草坪施工中说到"准备工作→土地平整→草坪铺设→淋水管理"施工程序，其中"草坪铺设"正确说法是(　　)。

A. 施工工序　　　B. 施工节点　　　C. 关键线路　　　D. 施工调配点

7. 下列不属于工程施工方式的是(　　)。

A. 流水施工　　　B. 平行施工　　　C. 交叉施工　　　D. 连锁施工

8. 为了确保现场施工安全，施工现场应设置有(　　)。

A. 临时医疗点　　　　　　　　　　　B. 安全警示语

C. 可视安全围栏　　　　　　　　　　D. 安全宣传栏

9. 在景石施工中，采取如下措施十分必要的是(　　)。

A. 现场标示安全警示语　　　　　　　B. 施工人员佩戴安全帽

C. 禁止非作业人员进入施工现场　　　D. 汽车起重机司机不需操作执照

10. 某瀑布工程竣工验收后不久出现瀑身"起霜"，可能是(　　)。

A. 验收人员不负责　　　　　　　　　B. 施工材料有问题

C. 验收后成品保养期限不够　　　　　D. 施工方为节约施工成本使勾缝不严密

数字资源

参考文献

边境，陈代华，2000. 测量放线工基本技术[M]. 北京：金盾出版社.

曹磊，2021. 风景园林规划设计原理[M]. 北京：中国建筑工业出版社.

陈科东，李宝昌，2012. 园林工程项目施工管理[M]. 北京：科学出版社.

陈科东，2014. 园林工程[M]. 2版. 北京：高等教育出版社.

陈祺，陈佳，2011. 园林工程建设现场施工技术[M]. 北京：化学工业出版社.

董君，2014. 公园景观[M]. 北京：中国林业出版社.

董三孝，2004. 园林工程施工与管理[M]. 北京：中国林业出版社.

窦奕，2003. 园林小品及园林小建筑[M]. 合肥：安徽科学技术出版社.

杜训，陆惠民，1997. 建筑企业施工现场管理[M]. 北京：中国建筑工业出版社.

樊思亮，2012. 景观细部设计集成Ⅲ[M]. 北京：中国林业出版社.

付军，2010. 园林工程施工组织管理[M]. 北京：化学工业出版社.

韩东锋，2011. 园林工程建设监理[M]. 北京：化学工业出版社.

何礼华，2020. 园林庭院景观施工图设计[M]. 杭州：浙江大学出版社.

何平，等，2001. 城市绿地植物配置及其造景[M]. 北京：中国林业出版社.

胡长龙，2014. 园林规划设计理论篇[M]. 北京：中国林业出版社.

胡佳，2013. 城市景观设计[M]. 北京：机械工业出版社.

黄政宇，赵俭英，1999. 混凝土配合比速查手册[M]. 北京：中国建筑工业出版社.

《建筑设计资料集》编委会，1994. 建筑设计资料集[M]. 2版. 北京：中国建筑工业出版社.

康永庆，1997. 石材工程施工技术[M]. 沈阳：辽宁科学技术出版社.

李世华，2004. 市政工程施工图集[M]. 北京：中国建筑工业出版社.

梁伊任，2000. 园林建设工程[M]. 北京：中国城市出版社.

麓山工作室，2013，园林设计实例与施工图绘制教程[M]. 北京：机械工业出版社.

毛培琳，2004. 中国园林假山[M]. 北京：中国建筑工业出版社.

毛培琳，李雷，1993. 水景设计[M]. 北京：中国林业出版社.

孟兆祯，2012. 风景园林工程[M]. 2版. 北京：中国林业出版社.

潘雷，2010. 景观施工图CAD资料集(综合分册)[M]. 北京：中国电力出版社.

唐来春，1999. 园林工程与施工[M]. 北京：中国建筑工业出版社.

唐学山，1997. 园林设计[M]. 北京：中国林业出版社.

天津市园林管理局，1999. 城市绿化工程施工及验收规范(CJJ/T 8299)[M]. 北京：中国建筑工业出版社.

田建林，等，2010. 园林工程管理[M]. 北京：中国建材工业出版社.

王庭熙，周淑秀，2000. 新编园林建筑设计图选[M]. 南京：江苏科学技术出版社.

吴为廉，1996. 景园建筑工程规划与设计[M]. 上海：同济大学出版社.

项玉璞，曹继文，2005. 冬季施工手册[M]. 北京：中国建筑工业出版社.

许明明，2021. 风景园林构造设计[M]. 北京：机械工业出版社.

杨良坤，2001. 建设工程招标投标合同文件编写范本[M]. 北京：中国建筑工业出版社.
杨守山，2000. 园林行业标准规范及产业法规政策应用全书[M]. 北京：光明日报出版社.
张建林，2002. 园林工程[M]. 北京：中国农业出版社.
张志伟，2020. 园林景观施工图设计[M]. 重庆：重庆大学出版社.
赵力正，1991. 园林绿化施工与管理[M]. 北京：中国科学技术出版社.
郑金兴，2005. 园林测量[M]. 北京：高等教育出版社.
中国建筑工业出版社，2000. 测量规范[M]. 北京：中国建筑工业出版社.
朱红霞，2021. 园林植物景观设计[M]. 2版. 北京：中国林业出版社.